生活小窍门

孙键◎编著

天津出版传媒集团

天津科学技术出版社

本书具有让你"时间耗费少，养生知识掌握好"的方法

免费获取专属于你的《生活小窍门》阅读服务方案

循序渐进式阅读？省时高效式阅读？深入研究式阅读？由你选择！
建议配合二维码一起使用本书

◆ 本书可免费获取三大个性化阅读服务方案

1、**轻松阅读**：为你提供简单易懂的辅助阅读资源，每天读一点，简单了解本书知识；

2、**高效阅读**：为你提供高效阅读技巧，花少量时间掌握方法，专攻本书核心知识，快速掌握本书精华；

3、**深度阅读**：为你提供更全面、更深度的拓展阅读资源，辅助你对本书知识进行深入研究，透彻理解，牢固掌握本书知识。

◆ 个性化阅读服务方案三大亮点

时间管理
科学时间计划

阅读资料
精准资料匹配

社群共读
阅读心得交流

图书在版编目（CIP）数据

生活小窍门／孙键编著. - - 天津：天津科学技术出版社，2018.1（2020.9 重印）

ISBN 978 - 7 - 5576 - 3424 - 7

Ⅰ.①生…　Ⅱ.①孙…　Ⅲ.①生活 - 知识　Ⅳ.①TS976.3

中国版本图书馆 CIP 数据核字（2017）第 169182 号

生活小窍门

SHENGHUO XIAOQIAOMEN

责任编辑：陈　雁

出　版：	天津出版传媒集团 天津科学技术出版社
地　址：	天津市西康路 35 号
邮　编：	300051
电　话：	（022）23332390
网　址：	www.tjkjcbs.com.cn
发　行：	新华书店经销
印　刷：	唐山富达印务有限公司

开本 670×960　1/16　印张 16　字数 300 000

2020 年 9 月第 1 版第 2 次印刷

定价：58.00 元

前　言

　　随着社会的进步和科技的高速发展，人们的生活水平不断得到提高，物质条件不断得到改善，新的生活用品和新的生活方式不断涌现并走进千家万户，我们的生活变得越来越丰富多彩。然而在现代生活日益丰富精彩的同时，新的矛盾和问题也层出不穷，需要人们予以科学、合理的应对和解决，比如膳食营养、医药卫生等等问题。

　　用科学知识丰富和指导现实生活已成为当今人们的普遍追求和迫切需要，而且人们也认识到只有将科学的、文明的行为方式贯穿于日常生活的各个方面，才能确保身心健康，才能快乐地享受高质量的生活。

　　由于生活本身的复杂性和多层面性，一个人在生活中要面对的诸种问题往往涉及营养学、卫生学、社会学、心理学等众多领域。由于个人的能力和精力有限，不可能对所有学科都熟悉和精通，因而会在一定程度上影响个人生活质量的提高。

　　另外，人们物质生活和精神文化水平提高，个人健康幸福成长和全面发展，与国家、社会的稳定和发展有密不可分的关系。

　　运用科学知识指导，可以提高人们的道德水平和知识水平，引导人们认识生活规律，选择正确的生活方式，过健康科学的现代生活；科学选择和合理消费各种精神文化产品，自觉抵制了腐朽思想和不良观念的侵害；引导人们根据社会主义人际关系的特征和道德原则正确处理人际关系，培养乐观向上的精神风貌，形成良好的社会风尚。人们在日常生活中能够穿好、吃好、住好、玩好、保健好，将直接有利于个人素质的提高，有利于家庭稳定与发展，从而最终有利于社区以至整个社会、国家的稳定与发展。

　　为此，我们立足于我国现代社会生活实际，以近几年各领域专家学者的最新研究成果为依据，借鉴了前人的生活经验，参阅了国内外各种涉及社会学、教育学等学科资料，最终编写成这本专为人们提供帮助、对人们生活有重要指导意义的生活宝典。全书内容分为服饰、饮食、家居、医疗保健等几个方面，全面介绍了现代家庭生活中所涉及的各种小常识、小窍门，简明清晰，实用全面，通俗易懂，一看便明，一学就会。但由于我们理论修养、思想水平以及资料来源的局限，书中可能会有不足之处，敬请读者朋友批评指正。

愿本书能成为您生活中的得力助手，能让您生活得更美满，更幸福。

目　录

第一章　好形象值千金

穿好戴好依靠诀窍——服饰的品质鉴别

皮革质量鉴定看仔细

优质皮革特点：皮质丰满柔软，手感滑爽，厚薄均匀，坚挺，无皱裂现象。革面少数糙斑，如不在明显的部位无妨。

皮革品种鉴别技巧：

猪革：粒面毛孔大而圆，呈斜形伸入革内。革面表层呈现众多的三角形。

牛革：黄牛革粒面毛孔呈圆形，排列不规则，但紧密均匀。

水牛革：粒面毛孔粗大，稀疏，革质松弛。

羊革：粒面的毛孔呈扁圆形，清晰可辨，排列如鱼鳞状，皮质柔软。

马革：粒面毛孔呈椭圆形，排列规则，革质较松。

皮革质量鉴定的窍门：

皮鞋面分光面革和反面革两种。

光面皮鞋应粒面粗细均匀，没有皱纹和伤痕；色泽鲜艳、明亮且均匀一致；用手指按压皮面，出现细小均匀的皱纹，放开手指后皱纹便立即消失；手感柔软润滑，富有弹性；皮革厚薄也均匀适度。

反面皮鞋的表面绒毛应均匀、细软，颜色一致，无明显折皱和伤痕，也没有油斑污点，手感与光面皮鞋相同。

皮鞋底有皮质和胶质两种。

皮质鞋底表面应厚薄均匀，光亮平滑，无油斑、污点和伤痕，手感坚实，用手指弹时，声响清脆。

胶质鞋底是合成革底，表面应光滑一致，花纹整齐且边角鲜明完整，从侧面看，无厚薄不均现象，无杂质。手摸时感觉到有韧性和弹性。粘胶皮鞋不应有脱胶现象；线缝皮鞋针码不宜太密，也不宜太疏。

如何识别皮鞋真假：

要鉴别真假皮鞋，可用手指按一下靠近鞋底的鞋面边缘部分，如果出现细小均匀皱纹的是牛皮，不过优质牛皮鞋不太明显。其他皮质的皮鞋则细纹较多，手指放开后，细纹会消失。而合成革皮鞋不会有皱纹出现，也不存在自然消失现象。

一般服装的鉴别法

1. 裘皮服装真假鉴别法

鉴别裘皮服装的真假，可拔一小撮裘皮上的毛点燃，人造毛会立即熔化，并发出烧塑料制品的气味；天然毛则炭化为灰黑色的灰烬，有烧头发似的焦煳味。

2. 羊毛衫质量鉴定

羊毛衫条干均匀、无断头、颜色和谐无明显色差、织物紧密无漏针、手感柔软有弹性的为上品；光泽灰暗、外观粗糙、手感僵硬的是劣品。

3. 毛线质量鉴别

条干均匀，表面的毛茸整齐，逆向的绒毛要少。色泽鲜明纯正，均匀柔润，手感干燥蓬松，柔软而有弹性。

4. 看清丝棉等级

识别丝棉等级，只需看商标的颜色：红牌商标为一等品；绿牌商标为二等品；白牌商标为三等品。

衣料质量鉴定法

布边整齐，较好的织物的纵横纹路应呈垂直交叉。毛料不应有油味，化纤面料不应有药味。

西装质量鉴定标准：

该直的地方要直得流畅，如西装的袖子、大身、门襟等处曲线要曲得柔和，呈自然态势；驳头不起泡，后背不起吊，两边对称。做工考究，线迹整齐，熨烫平伏，无极光。颜色要大方漂亮，易与上下内外服装相配。

分辨羽绒服质量的关键：

羽绒服的质量主要取决于羽绒，不能偏信衣服上所标明的含绒量。质量上乘的羽绒一般含绒量在 70% 左右，具有手感轻软、富有弹性等特点。如果手感厚、打滑、弹性不足则表明羽绒的含绒量少。用手拍打，有粉末从针脚处渗出的绒含有较多灰粉，质量差。手感里外不同，表层手感粗硬，而里层手感轻软，则可能有假；有些伪造的羽绒服只有表层絮一层羽绒，而里层则铺腈纶棉。此外还应注意面料、夹里的防绒性能，以防大量钻绒。

穿出好衣装，全靠会搭配——服饰的协调搭配

看好服装的号型

服装的号是用厘米表示的人体总高度。5 厘米为一个档，每档的适用范围为该号加、减 2 厘米。如 170 号，指该服装适合于身高在168～172厘米的人穿着。

服装的型是用厘米表示的人体肥瘦程度。选购上装时，型表示的是胸围；选购下装时，型表示的是腰围。一般用偶数分档。如 82 型，表示该服装适合于胸围在 81～83 厘米的人穿。

服装的号型均用阿拉伯数字表示。两者中间用一斜线分开，前为号、后为型。如 170/82，即表示 170 号，82 型。也有些在号型标志下再加具体尺寸。如某上衣 170/82 再标 72×82，即表示该服装适合于身高在 168～172 厘米，胸围在 81～83 厘米的人穿，衣长为 72 厘米。

服装的号型是根据正常人的体型尺寸，选最有代表性的部位设置的。不包括 185 厘米以上的男性，和 175 厘米以上的女性等特殊体型的人。一般只要记住自己的身高、胸围、腰围，就能购买到舒适合体的服装。

懂得服装颜色搭配

白色衣料由于反射光线能力较强，几乎各种肤色人穿在身上都比较协调。海军蓝也适合大多数人穿。

浅色使人感到膨胀，前冲和突起。发黑发暗的色调，使人感到收缩。

因此：

皮肤白者，不严格限定；肤色黑又红的人，不要穿粉红、淡红色服装；肤色暗淡者，不要穿咖啡色，或色调浑浊的衣服；肤色发黄者，不要选择鲜艳的蓝色或紫色；肤色深，身材胖者，不宜穿红色黄色服装；身高体胖者，宜选用深色或冷色；身材瘦小者，可选用浅色或暖色；瘦小文静者，穿淡而鲜艳服装，给人活泼亲切之感；活泼好动者，穿素淡服装，显得端庄稳重。

四季服装选择窍门

1. 选择春秋服装的窍门

男春秋装的款式主要有中山服、建设服、夹克衫、猎装、两用衫、西装、自由装等。其面料色泽以冷色或冷、暖之间的过渡色为主，如灰色、咖啡色、米色、蓝色等，颜色以素色或暗条、暗格为宜；可选用毛、棉化纤、混纺织品。上述款式中，中山服、建设服、西装适宜中老年人穿用；夹克衫、猎装、两用衫、自由装等则是青年人日常着装和旅游服装的佳品，能充分体现出青春的活力。

女春秋装的款式较男春秋装更为丰富，如大披肩春秋装、青年式外衣、春秋轻便装、自由装、毛巾式女上衣、东方衫等。此外，还有春秋裙装。

总之，青年人春季宜选用色彩鲜艳、造型活泼的服装，以适应万象更新的景色，秋季宜选用色彩丰富、款式多样的服装，以保持热情奔放的活力。中、老年人服装应宽松适体、色泽庄重大方。

2. 选择夏季服装的技巧

透气性要强。应该选择轻、薄、柔软、弹性好的机织布或针织品，以利于获得凉爽、舒适的感觉。

吸湿和放湿性能要好。吸汗能力差的衣服，会使汗水顺着皮肤流淌，起不到蒸发散热的作用。丝绸、亚麻和人造丝的吸汗能力很强，放湿速度也快，很适合夏天穿着。棉织品、棉纱织品也是做夏装的良好材料。

通风性能要佳。一般说来，夏装式样应以开口部分较大，穿着宽舒，衣服内外换气良好为原则。

衣服的颜色要有显著的防辐射作用。夏天的太阳辐射热是人体热负荷的主要来源。因此，夏装的颜色以对太阳辐射反射率高、吸收率低的淡白色衣服为好。

衣服外表面要平滑。衣服的内表贴近皮肤，粗糙一些能增加衣下气层，有利于透气和水汽弥散；而衣料外表面则要求相反，外表面平滑的衣料反射率高，吸收辐射热能较少，所以夏季服装的衣料应以外表面光滑为好。

3. 选择冬季服装的窍门

冬季服装以防寒防冻为主，保暖性是第一位的要求。冬装应该选择导热系数小的衣料，如羊毛、驼毛、鸭绒、蚕丝和棉花织物。此外合成纤维中的丙纶和氯纶保暖性也很好，其中氯纶的保暖性比棉花高 50%。

为了防寒防冻，冬季服装还应具有良好的防风性能、吸湿性能、透气性能。防风性能若差，风易侵入衣内，会扰乱衣料纱线之间和衣下气层的静止空气，强大的风压甚至可能影响纺织纤维中死腔空气的隔热特性，增加对流散热，从而减少了服装的隔热值。所以，冬装的外层应选择毛哔叽、呢绒、毛皮、革制品等致密、透气性小的材料。

此外，冬季服装宜多层化，一方面增加衣下空气的厚度有利于保暖，另一方面便于增减衣服。最外层的衣服应具有防风和吸湿性能，并以表面粗糙为好；贴近皮肤的衣服要选择吸湿性和透气性良好的柔软衣料制作，使皮肤附近有一温暖气层，以利于保温和皮肤呼吸，中间层和次外层衣服要含气量多，有一定的弹性和伸缩性，不妨碍自由活动，透气性和吸湿性比较好，不妨碍皮肤的水分蒸发。

最后，冬季服装的式样应尽量覆盖人体表面，减少外露面积。衣服肥瘦大小要适宜，领口、袖口、腰部和腿下部最好有紧缩或松紧可调的结构，冬季服装应尽量蓬松。

女性服装选择窍门

1. 女性着装优雅要领

鞋子的颜色通常应比裤、裙的颜色深，白鞋通常配白裤和白擦痕裙，或配以白色为主的套装。夏天则例外，只要上衣是白色的，白鞋和深色裤、裙相配也不错。要注意鞋与裤、袜颜色的对比。要割断了一条裤与鞋的连贯线，则会使人有变矮的感觉。鞋子不一定要配服装，但鞋子必须与服装的式样相协调。如不要将笨重的鞋，与柔软的纱绸衣服相搭配。鞋子的色彩不要太多，黑、白、灰三种颜色，就可以搭配了。冷天穿靴子时，如果穿裙子，其边应将靴子盖住，不要露出腿来。

裙子的长度以达到你腿部最美的部分为合适，这可以制造美感。除非你身材高挑，腿形修长，否则不宜穿长至小腿中部的裙子。如果你的脚踝很美，则适合穿长裙。短裙的长度以在膝上15~20厘米或刚过膝为好。

外套的长度应在身体最粗部位的下方，如果刚好在臀部或腹部，则会使人显得较肥胖。切勿敞开双排扣外套。双排扣外套的设计是要扣上纽扣的（坐下时当然可以解开）；不扣纽扣的话，则显得既无式样，也无美感，好似披上了一只麻袋。胸部丰满者应避免两点：垂在胸前的长围巾和长项链；有胸袋的衣物，特别是袋上钉有纽扣的。

2. 女性特殊体型着装的五个方法

平胸女性的装扮方法：穿上宽松的上衣（有茶叶边的最好），或穿着胸前打褶的衣服，效果会很不错。不要穿那些突出胸部的紧身衣服。

丰满女性的装扮方法：找一件较挺括的胸罩，再配上简单而宽松的上衣，开领的衣服也有帮助。不要穿双排扣的夹克，紧身、有前排扣款式的背心。

肥臀装扮法：轻柔些的打褶裙或一片裙就很适合臀围大的女性。长裤要宽松些的，上衣也要宽大。

大腹装扮法：最适合的裙子和长裤是前面和旁边都打褶的。避免宽大或紧身的腰带和上衣，那会突出你的小腹。

小臀装扮法：穿长马甲，衣服的长度要正好在臀围，不妨试试剪裁宽松的长裤和牛仔裤。但是，迷你短裤是一大禁忌。如果把衣服塞进裙子、裤腰里，也会使你的臀部看起来凸一点。

3. 女性巧用服饰掩盖缺憾

脸盘太大的妇女通常脖子也比较粗，这种人适合穿深V字领的服装，使面部和脖子有一体的感觉，造成纤细的效果。相反，如果脸形太窄，则应选穿能强调面部和脖子的衣服。

胸部太大可选用没有光泽而又具有弹性的布料，光泽容易引人注目，请避免丝质衣料服装。选择深色系装束也可以转移别人的视线。宽松的衣服特别能弥补大胸部妇女的缺点。

手臂太粗，只要衣服袖子宽度够，尽管放心穿。唯一要避免的是布料和袖口都贴身的衣服。宽肩的妇女特别适合穿外套，夏天试试穿露肩设计的服装，效果相当不错。腰粗的女性，请选择裁剪自然、曲线不太明显的款式。裤子宜穿松腰设计，把上衣放在外面。不要穿松紧带裙子，以免看起来更胖。

臀部太大的女性，请选择柔软的材料，避免裁剪的样式太夸张；颜色当然以深色为宜。如果衣料本身有图案，使用斜裁效果最佳。

小腹突出的妇女，可以尝试直线条的、在小腹一带裁开的西装。裙腰使用松紧带，造成腰部蓬松的感觉。用弹性良好的麻质布料极合适，但须避免柔软的布料。

对胖腿的女性，应选择有蓬松感的裙子，宽下摆和双层袖设计。宽大的裤子也有相当不错的效果。但请避免对褶裙，以免显露腿粗。

腿太短的女性，穿裙装时，选择高腰设计加一条宽腰带，长裤则应和上装同色。

4. 胖人配衣注意事项：

面料不要太厚或太薄。太厚有扩张感，会显得更胖；太薄又易显露肥胖体形。最好选用柔软而挺括的面料。

最好选择深色衣服。可选择颜色深而有光泽的藏青、蓝灰、绿灰、咖啡色等。这样可以显得有收缩感，看上去较为瘦削。

切忌大花纹、横条纹、大方格衣料，以避免造成体形横宽的错觉。

不要款式、花色、饰物繁多，条纹重叠，应简单、朴实，衣肩适当窄些，中腰略瘦些，后背扎一中缝更好。

胖人一般颈部较短，领子款式要合适，切忌关门领，圆角领，领口稍低为好。

此外，适当地选择衣着，常有改善情绪的功效。称心的衣着可松弛神经，给人一种舒适的感受。在情绪欠佳的日子里，不要穿容易起皱的麻质衣服。易皱的衣服使人看起来一团糟，心理上会产生一种很不舒服的感觉；也不要穿硬质衣料做的衣服，它会让你感到僵硬和不快。此时最好是穿质地柔软的针织、棉布、羊毛等衣料做的服装。情绪低落时，千万不要穿过分紧贴而狭窄的衣服，如果太狭窄了，会造成压迫感。穿宽松的服装会令你呼吸轻松、血液循环畅通，不良情绪得到缓解。

5. 增高感穿衣的窍门

使同色调的衣服看来有区别，不同质料的衣服，可以搭配得很出色。上衣应比下衣的质料厚重。

上衣应以浅色为宜，因为浅色会吸引人的注意。使别人注意你的上身。这样你就能显得高些。避免穿质料硬的裙子，因为质量太厚硬，会使人看上去很臃肿。

选择直身上衫：上衫胳膊不宜过阔。斜膊的款式若质料柔软，无缝合线，也能收到增高的效果。

颈上加装饰，或戴一对漂亮的耳环，都能有助于增高。鞋子的高度要适合，这能使你显得亭亭玉立。

选择衣服或裙子时，最好选择带竖条纹图案，但同是竖条纹，细条纹要比宽条纹显得纤细。同样，小格纹要比大格纹效果好。

小而密的水珠图案，加上得体的服装款式，可以令人看来显得个高。

线条集中在胸部，能起到显高的效果。集中在胸部的布带线条十分突出，即使褶子多的连衣裙也能显得苗条。不要夸张腿部，袜子和裙子的颜色对比不要太大。

6. 选择男裤的诀窍

要注意与自己的身材相协调。体型较瘦的男士适合穿无裥裤；大腹便便的则应选择有裥裤。体型矮胖的男士应选择萝卜裤；腿长的男士裤子颜色宜浅，腿短的男士裤子颜色宜深。

要注意与上装的款式、面料、色彩相协调。穿传统西裤西服会使你显得端庄、潇洒；穿西裤配夹克能给人洒脱的感觉；穿牛仔裤配 T 恤衫、休闲衬衫或休闲服会使你十分帅气。讲究裤子面料与上装面料质地一致，厚重面料的裤子不宜配轻薄面料的上衣，反之亦然。

7. 女性巧选裙子

粗腰女士：应选西服裙、筒裙。百褶裙的腰部，不宜过紧。不宜穿带松紧带的裙子。

高、瘦身材的女士：宜穿百褶裙、喇叭裙。再配上泡泡袖，灯笼袖，就显得丰满一些。

矮小身材女士：宜选柔软贴身的衣料制作的裙子，应和袜子颜色保持一致，以产生修长感。

身材丰满的女士：应选厚薄适中、柔软、挺括衣料制作的西服裙、筒裙。颜色深一点。不宜穿大花纹、横条纹、大方格图案布料制作的连衣裙、喇叭裙、百褶裙。

腿短的女士：应选较长的，腰身较高的连衣裙，再加上宽腰带，就显得匀称了。

小腹突出的女士：宜选麻质衣料制作的宽大裙子。避免柔软衣料。

臀部过大过高的女士：宜选柔软衣料制作的短裙子。上衣略短，再配上卡腰，就显得庄重大方了。

8. 巧择牛仔裤

腰肥者：不适合穿腰部有装饰的牛仔裤。如果腰宽粗而臀部小，也许可以在男装部买到比较合适的。穿牛仔裤时，不要将衬衣塞在裤腰内，衬衣的下摆最好放在裤外，上穿一件牛仔上装或背心。

细腰者：宜穿腰部有装饰物的牛仔裤，如在腰部束一条宽腰带就更显得漂亮了。

短腰身者：短腰的人上身比较短，适宜穿低腰的牛仔裤。这种牛仔裤穿在身上，腰部约比自然腰低3厘米左右，上身便显得修长。

臀部肥大者：选择暗色的牛仔裤，这样看起来臀部似乎小一点儿。这种体型的人最好穿合身而光滑的牛仔裤，但不要买臀部有口袋、横线或绣花的牛仔裤。不过，选择裤前有口袋的，可以显得比较苗条，裤管窄而紧的也不适宜。

臀部瘦小者：这种人可以穿任何一种牛仔裤，但如果想使臀部看起来比较丰满，最好选择后面有大口袋、绣花或漂亮缝线的牛仔裤。

粗腿者：应穿直筒或裤管较宽大的牛仔裤。为了减少别人对粗腿的注意力，要避免穿脚踝部分缩小裤口的牛仔裤和裤管上有双缝线的牛仔裤。

短腿者：宜选择直筒式牛仔裤，上面不要有横线，否则会使腿看起来更短。前面若有口袋则必须是斜口袋，臀后不要有口袋。

长腿者：这种身材的人穿任何服装都很好看，尤其是穿牛仔裤。贴身的牛仔裤更显出这种身材的修长和秀气。

9. 衬衫的选择

选择正确的领子尺寸。合乎尺寸的领子，应该有足够的空隙让你舒服地结上领带。你可以塞一根手指头在领子和颈项之间，试试看领子是不是合适。检查手臂的宽度和长度。如果它们很宽，肌肉丰满，你需要更松动的空间。如果袖子太窄，就会拉紧托肩，使领子起皱纹。袖子在垂直双手时，应能遮住手腕骨。

领子的款式。领子有三种标准款式：下扣型、标准型和全开型。下扣型的领子适合商务、休闲或非正式社交场合，但不适隆重的社交场合。经典的标准型领子最长见于上班服。它们有不同形状和大小，领尖有短或长、宽或细。此设计比下扣式领子更正式，更适合商务和社交场合穿着。开型领子较宽，领尖较短，分得较开，适宜商务、半正式或半休闲场合。

脸型和领子的搭配。圆脸、宽脸适宜穿着领子较长而尖的衬衫款式；长脸、狭脸适宜中长度领子，领尖全开型，或者圆形；如果颈项长，最好穿领子比较高的；反之，应找比较低的领子搭配。

购买高品质衬衫时，要细心观察条纹、格子或图案的连接是恰当，尤其是两侧车缝、衬衫前幅及口袋部位更应加以注意。

为女性衬衣选择合适的装饰品。

装饰蝴蝶结：在领口、前胸部位装饰蝴蝶结，穿上后可显现出文静而动人的气质。蝴蝶结可用本料或其他浅色料。

装饰尼龙纱边：领口、袖口、横断处、刀缝边等，用尼龙纱装边，简洁漂亮，不仅经济耐用，而且惹人喜爱。

用长细带点缀：长细带系在领口处，显得飘逸优雅。此带可用本料裁，也可用深色料作对衬。波浪式胸饰：选用细腻而柔软的绸料，上口与领口用一布条缝合，饰边用单针缝一趟。这种波浪式胸饰给人活泼、飘逸、利索的感觉。

条带式胸饰：一般多用黑色、红色、蓝色等对比深沉色的面料制作。如果在胸饰上衬一块衬布，效果就会更佳。这种装饰给人一种简洁、洒脱、庄重的美。

结花式胸饰：这一款式明快而绚丽，特点是花样可以随意改变，格调文雅秀丽，潇洒怡人。领带式胸饰：它与结花式有相同的特点，但又可以作为腰带使用。这种胸饰很随意，如果系在腰间则更显窈窕多姿。

10. 女性巧择西装

西装的主要特点是合身，能充分显出人体的健美，所以选择西装不仅不宜过肥过大或过小过瘦，而且还应视季节和年龄有所变化。年轻的女性穿西装应讲究时代感和线条美，所以可紧身些；中老年女性选择西装除美观之外，还要考虑宽松、大方，所以不妨稍大些；身体发胖的女性如果担心自己穿西装不好看，那么可选择深色隐条的面料；身材娇小的女性如选择上衣稍长些，颜色稍深些的西装则能给人以修长的感觉；新娘的西装则以浅色为佳，一身乳白色的西装，更能衬出新娘的妩媚娇美。

11. 巧择围巾

穿蓝灰色的西服套装常常会显得人脸发暗，如配上一条色彩浓郁、风格热烈的丝绸围巾，就会有种生气勃勃的效果。

穿藏青色衣服如围一条纯白色的绸围巾，不仅能衬托出红唇黑眸，又能保持藏青色的清爽如水的气质，人也会显得敏捷和果断。

穿红色绒衣，不妨用黑色透明的围巾压住红色，使之不太刺眼，还能使肤色显得白皙。

穿乳白色绒衣、黑色裤子，若围上一条玫瑰红色的围巾，便可在素淡中飘逸出优雅。

穿呢大衣、羊绒大衣，披上钩针织的花样复杂的大围巾，能表现出端庄的风度。大衣颜色深，围巾可鲜艳些；大衣颜色浅，围巾可素雅稳重些。

围巾有很多种系法，但适合自己的才是最好的。

领带系法：将丝巾折成长条，在颈侧打结，或采用领带的系法，都有不同的韵味。

腰带系法：将彩色围巾对角折，再折成长条形，围在腰上，系一个蝴蝶结，就是一条漂亮的腰带，能使朴实色调的着装增添光彩。

发饰系法：将小方巾四角打上结，包在发髻上，然后将四周向内塞好，就成了市面上买不到的小发饰。

内衣系法：将一条大方巾的中央打一个结，翻过来披在前胸，上边两角系于领后，并整理出领型，下面两角系于腰后，即成为一件花枝招展的内衣，配上素色外套，十分出众。

12. 女性胸针选用法

颜色鲜艳纯正，无杂色，光度要柔和，不宜太亮。造型精巧美观，新颖别致。应与佩戴者年龄、体型、肤色、职业、气质及服装款式相协调，以构成整体美。

男性服装选择窍门

1. 男士穿衬衫的秘诀

社交场合的男人需要塑造优雅、庄重随和的形象，应选择质地精良、做工考究的中性色衬衫，将那些柔软、艳丽、个性化的衬衫留待休闲场合再穿。

穿休闲衬衫时应该配灯芯绒、细帆布等同样休闲风格的裤子及休闲鞋。

西装配衬衫时最好不要穿羊毛衫，领子层次多了显得拖泥带水，为了保暖起见可在衬衫内陪衬羊毛内衣。

皮肤黑、黄的人穿含绿、灰色调的衬衫显得更黑更黄且有脏的感觉；皮肤白皙的人穿很亮丽的黄色、红色衬衫也许能将皮肤衬托得更白皙，但这往往会使人感觉男人缺少点阳刚之气。穿花衬衫戴金首饰的男人给人的感觉是摆摊做买卖的个体户。胖的人穿了小领型衬衫显得局促、拘泥，不如选择尖的大领型衬衫。领子上缀有装饰纽扣的衬衫固然正当流行，但是适合比较高大端庄的人穿，千万可不必盲目追随。如果对内外、上下服装色彩的搭配没有把握，那就穿白衬衫最好。

2. 男性巧择西装

衣袖：衣袖不要过长，最好是在手臂向前伸直时，衬衣袖子露出2~4厘米。

衣领：衣领不要过高，一般在穿西装时，衬衣领口外露2厘米左右。

纽扣：纽扣一般不要系上。较精制的西装在设计裁剪时，两块衣襟的重叠尺寸少于纽扣系结时的重叠尺寸，如果系纽扣，纽扣部位容易出现皱褶，影响服装原有形状。

袖口：服装买回时，要拆掉缀在袖口上的布条。因为这类布条是服装公司的广告标签，如不拆就穿会显得很不雅观。

3. 脸型与衣领配合窍门

圆脸：应穿能使脸型显长些的马蹄领、V字领衣服。若衬衫，可多解开一粒纽扣，拉长脸与衣服的距离。

长脸：可选船型领、高领、六角领等。在视觉上缩短脸型。

方脸：方脸给人的感觉不够柔和。可用细长V字领，或高领来增加脸部的柔和感。

三角脸：可选用小圆领，或缀有花边的小翻领，以便脸部较显丰腴。

4. 巧配领带。领带是西装的配套饰物，它能反映出一个人的学识、教养、品格、情趣、感情、态度。领带不仅要与西服、衬衫的颜色相配，而且要与佩带者的体形、脸型、年龄、肤色相适宜，同时要与使用场合和谐一致。

选配应从款式、规格、面料、花色、质量等着手。

浅色西服：配与其同色的，或色淡，柔和，颜色略深的领带。

深色西服：配面料挺括，图案富有变幻，颜色或深或浅，庄重大方的领带。

浅色衬衫：配各色图案、质地相符的领带。

深色、花色衬衫：配颜色浅淡，图案简洁、大方的领带。

体形显胖者：配条纹或深色宽领带。

肤色细白者：配色彩鲜艳、偏深色领带。

年轻者：配色彩对比强烈、现代气息浓郁、图案活泼的领带。

年长者：配庄重大方、图案变化柔缓的领带。

工作时间：配美观大方、冷色为主的领带。

业余时间：配颜色鲜艳、暖色为主的领带。

一身干净，一生轻松——服饰的洗涤去污

毛料衣服的清洗窍门

1. 清洗毛衣有窍门

先将毛衣挂起来，用小木棍轻轻抽打除去灰尘后，再用温水将毛衣浸透，并揉挤一会儿，然后捞出把水攥干，放入洗衣粉溶液中浸泡一刻钟。洗时只能轻揉，不能使用搓板搓洗。洗干净后在温水中摆几遍，这样不但可以中和碱性，而且可使毛衣蓬松光亮。毛衣洗后不可拧，以防变形。另外，不要用洗衣机洗毛衣，因为在洗涤过程中毛衣处于伸拉状态，受力面不均衡，这样毛衣晾干以后不能恢复原状，容易变形。

2. 洗涤纯毛毛线的关键

首先，用冷水将毛线浸湿，然后放入皂液中，水温不要过高，应在40~50℃之间，以不烫手为宜。

洗涤时应用中性皂片或无碱性皂粉经充分溶解后再使用，切忌用碱性皂。如用洗衣粉洗涤毛线时，请勿用带有增白剂和有颜色的洗衣粉。

洗线用的容器不宜太小，用水量不宜太少，浸泡的时间不能过长，用手轻轻揉洗，切忌用力擦搓，洗后用冷水冲洗干净。

3. 毛料服装干洗小窍门

毛料服装一般宜干洗。干洗既方便、迅速，又不使衣料变形、走样、脱色。

干洗的方法是：①先把毛料衣服上的灰尘轻轻抽打掉，然后再用毛刷从上往下轻轻地刷。

②去油腻。在沾有油腻的地方擦上汽油，这样，油迹就容易在干洗时洗净。

③用30%汽油、70%清水倒入盆中搅匀，把厚布放在盆里浸湿再拧干，平铺在衣服上，然后用电熨斗均匀推压。一般连续熨烫3次以后，毛

料衣服就干净了。

4. 毛料服装家庭湿洗法

毛料服装穿的时间较长，污垢较多，如毛裤等就须湿洗，家庭湿洗方法如下：

以洗毛料裤为例，可先准备一点汽油（一条毛料裤约耗油一两）、香皂片及软毛刷。在裤脚口、袋口、膝盖等积垢较多的地方，用软毛刷蘸汽油轻轻擦刷，除去积垢。

随后，将毛料裤浸泡在20℃的温水中约半小时，取出滤干水分，另放入溶化的皂液中，轻轻挤压，不能揉搓，以免粘合。

洗涤时，先在板上用软毛刷蘸皂液全面轻轻刷洗，再放入温水中冲洗漂清（一般换水4次左右）。最后，把毛料裤放入5%的氨水中浸约两小时，再漂洗干净，用衣架挂起晾在阴凉通风处，使之自然干燥，切忌用手拧绞、烘烤和曝晒。

5. 清洗毛毯的诀窍

纯毛毯大都是羊毛制品。羊毛的耐碱性较差，洗涤时应选用皂片或中性洗衣粉。

先把毛毯浸在冷水中泡一小时左右，再用清水提洗一至二次，挤出水分，再把毛毯泡入配好的40℃洗涤液中（两条毛毯用一两洗衣粉），上下拎涮。

如果边角较脏，可用小毛刷蘸洗涤液轻轻刷洗，拎涮过后的毛毯，先用温水浸洗3次，再用清水洗数次至无泡沫，洗净后还应放入浓度为0.2%的醋酸溶液或30%的食醋溶液中浸泡两三分钟，这样可中和残存的皂碱液，保持毛毯原有的光泽。

6. 洗绒衣裤不致变硬的窍门

绒衣裤洗涤时不要用力搓或用搓板搓洗，最好是大把大把地轻轻揉洗，洗净后不要拧绞，可用压水的办法压去水分，然后将带绒毛的一面朝外，晒干后再用双手轻轻揉搓一遍，衣服就不会硬了。

丝绸衣物洗涤窍门

丝绸衣物宜用碱性很小的肥皂粉或合成洗涤剂洗涤。先用热水将肥皂粉或合成洗涤剂溶化成皂液，待冷却后将衣物浸入，用手轻轻揉洗，不要搓，再用清水冲几次，直到皂液被冲净为止。然后将洗净的衣物晾在阴凉通风处，快晾干时，可用白布衬垫在衣服上用熨斗熨干，但不要喷水，以免形成水痕。

深色绸料衣服不宜用肥皂或皂粉洗，否则会出现皂渍，使颜色发花。最好用高级洗衣皂或高级洗衣粉洗，如用防尘柔软型洗涤剂。

其实，最好的办法还是要经常洗，若是久穿不洗，体中的盐分可使浅色丝绸夏装表面泛黄斑点，时间久了还会发硬，深色的绸装也会出现白色汗斑或发硬。

腈纶衣物的洗涤要领

腈纶衣物若只去灰尘污垢，可用肥皂或洗衣粉泡 10 分钟，再轻轻揉搓，而后用水冲洗干净即可。若有较多的油污，就应用汽油涂刷后再洗净。若有汗渍则应用 2% 的氨水溶液浸泡 10 分钟，再用 1% 的草酸溶液清洗，然后再用肥皂洗。

腈纶毛线洗后卷曲不直，可用 80℃ 的热水冲泡一下。但腈纶毛线或毛衣都不能拧，压去水后最好平摊晾晒，使纤维自由回缩，则衣形不变。

洗涤化纤织物的小方法

化纤织物不能用力揉搓或刷洗，以防起球；也不要用开水烫洗，以防收缩变形起皱。洗涤时要过净水，以免肥皂粒残留在衣服上，日久泛黄、变色。洗好后应放阴凉通风处晾干。

人造革外衣去污小窍门

人造革外衣如果只洗革面，可铺于板上，用纱布先蘸肥皂水擦洗，再蘸温水擦，一直到水清为止，然后用干纱布擦干。

如果里外全洗，应先用温水浸透，然后放在肥皂水中，用软刷子把里子刷净，再用纱布擦拭革面，然后晾干。

金银丝衣物洗涤小窍门

闪烁着光泽的金银丝，是用聚酯等透明薄膜，在高温下镀铝或镀镍铬合金，再加上醇溶性颜料和聚丙烯树脂，经过割制成扁状薄膜丝。

由于金银丝中的铝和镍铬合金在碱的作用下会产生化学反应，从而使其失去光泽，时间一长，还会改变表面的颜色。因此，在洗这种衣服时，最好不要用带碱性的普通肥皂，应选用中性的洗衣粉和洗净剂，洗时最好放在温水中轻轻揉搓，勿用力过大，最后用清水漂净。

洗涤羽绒服的三个步骤

先将羽绒服放入温水中浸湿，另取约两汤匙洗衣粉（选用含碱量较少的洗衣粉），用少量温水溶化，再逐步加水，加满一盆为止（水温为30℃为宜）。然后把已浸湿的羽绒服稍挤掉些水分，再放入洗涤液中浸没，浸泡半小时。

洗涤时轻轻揉搓和翻动，使衣服表面沾有的污垢疏松溶落下来。随后在领口、胸前、门襟、袖口等处擦少许肥皂，用软刷子按面料结构轻轻刷洗。待衣服全部刷洗干净，再放入清水中反复漂洗。在清最后一遍时，水中放一至二两食用白醋，使羽绒服洗后保持色泽光亮鲜艳。

漂清后将羽绒服平摊在洗衣板上，先用手挤压掉大部分水分，再用干毛巾将衣服包裹起来，轻轻挤压，让其余水分被干毛巾吸收，切忌拧绞。然后用竹竿串起来，晾在通风阴凉处（不要放在烈日下直接曝晒，以防晒花）吹干。干后用藤条拍轻轻拍打，使之恢复原样。

洗羽绒服，要选择晴朗的好天气，不要在阴雨天洗涤，衣服若不晾干，里面的羽绒会发热发臭。在收藏时要避免重压，并将拉链拉上，以免齿链变形。

去污窍门大汇总

1. 冷盐水易洗掉衬衣污迹

一般人认为，贴身衬衣一定要用热水才可洗净，其实不然。汗液中的蛋白质是水溶性物质，受热后蛋白质发生变性，生成的变性蛋白质则难溶于水，渗积到衬衣的纤维之间，不但难以洗掉，还会使织物变黄发硬。

最好是用冷水洗有汗渍的衬衣，为了使蛋白更易于溶解，还可以在水里加少许食盐，洗涤效果更佳。

2. 盐末易洗净衣服领袖口

衣服领口、袖口的汗渍很不易洗净，洗衣时可在袖口处先撒一把盐末，轻轻揉搓，然后再洗。因为人体汗液里含有蛋白质，不能在水中溶解，在食盐溶液中却能很快溶解。也可在衣领脏处倒少许"涤领净"，几分钟后搓洗或刷洗，污垢去除后再用清水漂净。

3. 塑料泡沫除呢制服装灰尘

先准备一小块厚实的塑料泡沫，再打一盆清水，将有灰尘的呢料服装面朝上，平铺在床上。用塑料泡沫放在水里浸透，挤去水擦拭衣服。衣服上的灰尘、污物吸附到塑料泡沫里后，再将塑料泡沫放到水里洗干净，挤出水继续擦拭，直到衣服被擦干净为止。

4. 牙膏除去墨汁渍

衣服沾到墨汁时，可用饭粒或浆糊加些洗涤剂，以手指直接在污处反复涂抹，即可将墨汁除净。取一颗淀粉酶锭剂，放在污处下面，墨汁中的胶质亦会溶解。最后再将衣物浸于清洁剂式含酶洗涤剂溶液中约30分钟，再洗干净。

衣物下有墨汁的污迹，用牛奶浸透污处或用柠檬汁，即可消除。

新墨迹亦可用4%的大苏打液刷洗。用研磨成粉状的白果在污渍处搓揉，或用牙膏加肥皂搓洗，用枣肉或灯芯草揉洗亦可。

陈旧墨迹，可用酒精与肥皂（1∶2）合制的溶液反复搓洗，再进行水洗，即可除去。溶液里可加进些牙膏，效果更好。

5. 除去蓝墨水渍的小窍门

棉织品：用洗涤剂洗；在草酸里浸泡1~2分钟，用水洗。

白色丝绸和毛织物：用洗涤剂洗；用3%氨水洗；在2%硼砂温液中浸泡。

白色尼龙、的确良：用热水10毫升，加少许中性洗涤剂，氨水一滴所组成的混合液擦洗。

6. 酒精除红墨水渍。先用洗涤剂洗，再用20%酒精液洗，然后用清水冲洗，用60%高锰酸钾洗涤效果也很好。

7. 盐水搓洗除水果汁渍

染上果汁，立即用盐水揉洗，如有痕迹，再用5%的氨水揉搓，最后用清水冲洗。若染上桃汁，可用草酸除去。呢绒可用酒石酸溶液洗，丝绸可用柠檬酸或肥皂、酒精溶液来搓洗。

8. 如何除菜渍、乳渍

先用汽油涂于污处，用手揉搓去油污，再用20%的氨水溶液涂于污处，轻轻揉搓，待污迹去除再用肥皂或洗涤剂揉搓，最后再用清水洗净。

新牛奶迹可放少许食盐，用冷水搓擦漂洗，陈迹先用洗涤剂刷洗，然后用3%氨水清洗。

9. 清洗柿汁渍

用维生素 C 注射剂涂在染处，颜色就会退掉，再用冷清水漂洗干净。

新渍用葡萄酒加浓盐水一起搓擦，再用肥皂和水洗净；也可用稀氨水和洗涤剂一起搓擦后再用水漂净。丝绸织物则用 10% 柠檬酸溶液洗除。

10. 汽水能除汤汁渍

吃饭时，汤汁溅到衣服上，可用汽水擦拭，擦时要用手帕沾着汽水擦，这是在餐桌上保持衣服干净的最经济措施。或先用汽油涂污处，用手揉搓，再用稀氨水溶液涂于污处，揉搓至污渍除去后用肥皂或洗涤剂揉搓，然后用清水洗。

11. 除霉斑的小方法

一般棉衣物用毛刷刷去霉斑，再用棉花蘸些汽油，在霉斑处反复擦拭，就可以彻底去除霉斑。化纤衣服上出现霉斑，可先将肥皂溶解在酒精中，用棉花蘸上仔细擦洗，再用稀释的双氧水漂过，最后用清水漂洗。丝绸衣服有轻微霉斑，可用毛刷轻轻刷去，比较重的霉斑可将衣服铺在桌上，将稀氨水喷洒在发霉的地方，霉斑就会立即消失，然后用不太热的熨斗熨平就可复新。白色丝绸衣服上的霉斑，可用 50% 的酒精轻轻擦洗，就可除去。

12. 妙除油渍

衣服染上油渍，可用食盐溶于酒精，用牙刷包上纱布，沾刷染有油渍的衣服，便能除去油渍。衣服上染有油，挤点牙膏于污染处轻轻搓揉后洗净，油渍可清除。

或用汽油擦洗，如油渍过重，可用烯料和松节油擦；待油渍溶化后，再用温肥皂水或碱水漂洗，然后用清水投净。如果是熟油（菜油等）弄脏了衣服，用温盐水浸泡后，再搓上肥皂冲洗便可去除。在油渍处放上吸墨纸，用熨斗熨，这样油渍遇热可以蒸发被吸墨纸吸收。

13. 除血渍的窍门

化纤织物沾上新血迹，立即用冷水冲洗，一般能除掉。切忌用热水洗，因血中含有大量蛋白质，受热后会凝固在化纤织物上难以洗除。除陈血迹，应先用洗涤剂溶液洗，然后用淡氨水洗除。洗血渍可先用双氧水，后用水洗，但切不可浸在热水中，否则难除血渍。

14. 甘油、蛋黄除咖啡渍

用甘油和蛋黄混合的溶液擦拭污渍处，待稍干后，再用清水洗涤。

用稀氨水，硼砂和温开水涂擦，也可以除去污渍。但羊毛衣物切忌用氨水，可改用甘油洗液。

15. 甘油、氨水除茶渍

一般衣服上沾染茶渍，可先用肥皂或洗衣粉等搓洗一次，再用放入少量氨水和甘油的水洗涤，去掉茶渍后再用清水漂净。如果被污染茶渍的衣服是毛料的，还应采用10%的甘油揉搓，再用洗涤剂搓洗，最后用清水漂干净。

16. 除咖喱油渍的窍门

先用水浸湿，再用含盐的肥皂水洗。必要时再用蛋白酶化剂涂抹，30分钟后用水洗。

对于丝、毛制品可以用稀醋酸洗。或用水浸湿后，加入些50℃温热甘油刷洗，最后用清水漂净。

17. 除酒渍的小技巧

衣服有酒渍而不能用水洗时，可改用粉笔或爽身粉吸，否则，把有污渍的布扎在一个大碗上，撒上细盐，从高处将热水冲之，直至污渍除去为止。

葡萄酒是有染色的饮料，如果衣服沾上色，可先用布蘸食盐水去擦洗，然后再用干毛巾去擦，就可使污渍完全消失。

时间较长的陈酒渍，需先用清水洗，再用2%的氨水和硼砂水混合液搓洗即成。

18. 智除圆珠笔油渍

先将污迹处用40℃的温水浸透，用苯揉搓，然后用洗涤剂洗净，最后用温水冲洗，也可用丙酮擦，再用洗衣粉洗净。

先用肥皂洗，后再用酒精擦拭，以清水漂洗，在未洗净之前忌用汽油揩擦。

或用冷水浸湿污处，用四氧化碳轻轻擦拭，或用丙酮擦拭，再用洗涤剂洗，温水冲净。

19. 清洗尿渍

新尿渍用清水就可洗净。旧尿渍（尿干在布上）就需用洗涤剂清洗。布、绸类（锦、维纶除外）衣服，可用10%的氨水液刷洗，再用稀醋液洗，最后用清水漂净。

20. 生姜能除汗渍

将汗渍衣服放入25%的淡氨水溶液里进行漂洗，再用清水搓洗。

将衣服放入3%的食盐水中浸泡30分钟左右，用清水漂净，再用洗衣粉或肥皂洗净。

将生姜切成碎末，撒在汗渍的地方，蘸水搓洗即可。

用淘米水或豆浆水效果更佳，且有漂白作用。

21. 加酶洗衣粉除冰淇淋汁渍

新渍可用加酶洗衣粉的温水溶液洗涤，污染面积过大时，可浸泡在溶液中30分钟后再揉洗，最后用清水漂净。或用汽油擦洗。

22. 洗衣香波除果酱渍

浸水后，先用洗发香波刷洗，再用肥皂、酒精液洗。

23. 除糖汁渍的小诀窍

用温水加洗涤剂洗，但忌用开水浸泡。或用10%酒精擦洗。或用3%氨水溶液洗。

24. 如何除润滑油渍

水烧开前倒进少许松节油，然后把衣服放在水里煮即可。

25. 除化妆品污渍的方法

先用氨水除去，然后用水洗净，再用3%的双氧水溶液擦洗。

各种化学香膏污迹，可用甘油除去，最后用水涮洗。或用酒精或汽油擦，然后用清水洗净。

26. 鲜姜水煮除白背心上黑斑

取鲜姜100克左右，洗净捣碎，加水500克放在铝锅内煮沸，约10分钟后，便一起倒入洗衣盆里，浸泡白背心10分钟左右，再反复搓几遍，墨斑即可消除。

27. 巧用面粉除滑雪衫油渍

若滑雪衫上沾了油渍，可在前一天用冷水冲调少许面粉成糊状，涂在油渍处。第二天用刷子蘸一些清水，刷去面粉，油渍就会消失。

28. 淘米水里清洗丝绸衣物黄迹

将泛黄的衣服泡在干净的淘米水里，每天换一次水，2~3天后黄色就可褪掉。若用柠檬汁漂洗，效果更佳。

29. 热水杯除干洗剂渍

用干洗剂干洗后的衣物，往往会出现圆形的淡淡的痕迹，可用一杯热水压在衣服的痕迹上，痕迹便会渐渐除掉。

30. 除绒衣上的白色斑的方法

用棉花蘸硼砂水，或汽油、双氧水擦抹3次，即可除掉。

31. 人造纤维衣物漂白法

人造纤维织物漂白，漂白粉浓度要比漂棉布减半，漂白时间不能超过1小时，其余与漂棉布基本相同。

32. 小苏打增白袜子技巧

将白袜子放入溶有少量小苏打的水中浸泡5分钟后再洗，袜子会变得洁白、光亮、柔软。

33. 丝毛衣物漂白窍门。用3%浓度的双氧水，液量为丝毛织衣物重量的10倍，另加少许氨水使其呈弱碱性，在一般室温下浸漂5~10小时后，洗清晾干。

34. 橘皮漂白衣物小窍门

将橘皮加水煮沸，用其汤水浸泡洗净的白衬衫，然后漂洗干净，衣服会变得洁白如新。

35. 棉麻衣服漂白方法

取7~10克漂白粉，2~3克小苏打或纯碱加水1升，澄清后将棉、麻织物投入浸漂约两小时后，出水洗清。如需加白，则加增白剂为织物重量的0.1%~0.3%，液量为织物重量的10倍，浸5分钟后不必再洗，晾干即可。

36. 蓝墨水漂白白衣服

白色衣服洗净后，再在清水中滴进3~5滴蓝墨水，用手搅匀。然后边搅动水，边将白衣服放进水中，上下反复提拉3~5次后捞出，晾干后衣服就会特别白。

37. 锦纶衣物漂白法

用2%保险粉液，加醋酸少许，在60%水温内漂洗锦纶衣物，然后晾干即可。

38. 漂白洗衣粉合理使用技巧

漂白洗衣粉是在洗衣粉中加入一定数量的过硼酸钠，在60%以下，能释放出活性氧，对衣物有漂白作用。超过60℃就无效了。它不可用于洗涤花色或其他带色彩的衣物，否则会褪色或变旧。

39. 增白洗衣粉合理使用技巧

增白洗衣粉是在一般洗衣粉的配方中加入了一定数量的荧光增白剂。溶于水中后，被吸附在衣物纤维上，将紫外线部分转为可见光，从而使白色衣物更显洁白，微黄污斑也能消除。

40. 白酒能去除胶鞋异味

穿新胶鞋前，用嘴含白酒，均匀地喷在胶鞋的海绵底上，到海绵底不再吸收为止，然后晾干，以后穿起来臭味就少。旧胶鞋洗净后也可用此法除臭。

41. 茶叶燃烟去除新布异味

将一把茶叶燃烧，将新衣服或新布料放到燃烧的烟上熏，即可去除新布料上刺鼻难闻的味道。

42. 盐去胶鞋异味法

把细盐均匀地撒在球鞋和其他帆布鞋的鞋底，可在短期内消除汗臭。

43. 橘皮去除煤油味

衣物沾上了煤油味，可用鲜橘皮擦拭污处，再用清水漂净，就可去掉煤油味。

44. 巧选家庭洗涤剂

①加酶型洗衣粉。在洗衣粉内添加适当酶制剂，具有去除血、汗、奶等蛋白渍的特殊功能，兼有普通洗衣粉的去污作用，对清洗的血渍衣物，领口、袖口上的蛋白质和脂肪混合物积垢有特效，适用于床单、枕套及内衣裤等的洗涤。操作时一定用温热水（40℃～50℃）浸泡15分钟以上，效果最好。

②彩原型洗衣粉。该产品配入一定比例的增白剂和漂白剂，具有增白加艳的效果，洗涤效率高，能使浅色衣服洗后更加洁白艳丽，是夏季服装的洗涤佳品。

③消毒型洗涤剂。本品含有消毒剂，兼有消毒、灭菌作用，能广泛用于餐具、水果、蔬菜及衣服、被褥、浴巾的洗涤消毒。

④防尘柔软型洗涤剂。用本品洗涤织物后，织物变得蓬松、柔软。对丝、毛纤维无损伤，减少收缩率，防止脱色。

⑤机用洗涤剂。为家庭洗衣机配套的洗涤剂，配方中含有泡沫抑制剂，具有去污力强、泡沫少、易漂洗的特点，并省水省时，适用于各类洗衣机。

45. 洗衣粉使用的禁忌

使用洗衣粉也是有技巧的，不能随便使用，否则收不到良好的效果。

首先，洗衣粉不要与肥皂混用。因为洗衣粉呈酸性，肥皂呈碱性，酸和碱相混便会发生中和，反而降低了各自的去污力。

洗衣粉不宜用沸水冲调。合成洗衣粉如用沸水冲调就会减少泡沫，失去去污作用。在使用合成洗衣粉时，冲调洗衣粉的水温度应以 50℃为宜。

使用加酶洗衣粉的水温则不得超过 40℃，以免破坏洗衣粉中酶的活性。

使用洗衣粉时，衣服要漂洗干净，贴身的衣服若漂洗不净，残留在衣服上的洗衣粉会损害皮肤。有过敏体质的人，如果使用加酶洗衣粉，或穿用加酶洗衣粉洗过的衣服，可能造成过敏反应。

洗衣粉不宜存放过久，特别是加酶洗衣粉，存放期以半年为限，以免酶的活性减低，影响去污效果。

46. 洗衣要领

①毛制衣服忌用机洗，应用手洗。

②呢绒衣服忌用水湿洗，最好干洗。

③化纤织物不应烫洗，洗涤时，水温以不烫手（45℃）为宜。化纤物怕碱不怕酸，应选用中性或弱碱性洗涤剂。

④膨体腈纶忌用井水洗。因为井水中矿物质含量较多，与洗涤剂或肥皂起作用之后，容易产生沉淀物，附着在花卷曲纤维内，使织物手感发硬。

保养维护不可少——服饰的保养维护

丝织服饰的维护技巧

1. 真丝衣物熨烫技巧

将真丝衣物喷水后，放在冰箱内，20 分钟后取出，再熨烫时就易熨了，而且熨烫平滑。

2. 丝绸衣服平整法。丝绸衣服可在衣服晾晒快干时取下折好压平，2～3小时再晾晒一下，即平整无皱。

3. 真丝绣衣熨烫过程。真丝绣衣烫前将干衣服均匀喷上水雾润湿，先烫反面，后烫正面，绣花部分要垫布烫，熨斗从肩部向下脚方面轻推，不要横向熨烫；熨烫温度在 120℃－130℃为宜。

4. 嵌金银丝衣物熨烫禁忌。熨斗温度不应超过 160℃，且用湿布垫好熨烫，以防金银丝变脆而易折断。

5. 真丝服装巧防缩水

真丝衣裙洗净后，直接从水中拎出，取一普通衣架撑住肩部，再取一多头衣架将衣摆或裙摆间隔均匀地夹好。将普通衣架挂好后，将多头衣架的衣钩上用一网兜装一重物。这样吹晾干后（切不可曝晒），除从未缩过水的外，一般的真丝衣裙皆能保持原来的尺寸。

常见服饰的熨烫技巧

1. 毛衣熨烫注意事项

熨烫时要注意：毛衣阴干之后，上面垫上湿毛巾熨烫。毛衣上如有刺绣之类装饰，可垫上毛巾，从里面轻轻熨烫即可。

2. 针织衣物熨烫技法

针织衣物容易变形，熨的时候要很细心，不可重重地压下去熨，这样衣服会变形的，轻轻按下去便可以了。至于绢类或合成纤维类，熨的时候，上面一定要铺一块布。

3. 如何使羊毛制品平整

久穿或久放在柜中的羊毛制品，如果挂在充满蒸气的浴室中，稍后在通风的地方晾干，就能非常平整。

4. 塑料雨衣去皱窍门

塑料雨衣出现皱纹时，可将其放在70℃热水里，浸泡3分钟，然后在桌子上铺平，皱褶则消除了。

5. 巧熨衣领

在衣服领衬和领料之间夹一层塑料薄膜，再用熨斗烫平，领子就会显得坚硬平整，怎么洗也不会变型。

衬衫穿过几次后，领子就有皱纹而变软，可在洗净的衬衫领子后面，均匀地涂上五色透明的胶水，使其均匀湿透，1小时以后，再用电熨斗熨平即可。

6. 巧熨裤子

在裤的底面裤骨位置，涂些湿的肥皂，然后隔一块薄布在外面压着熨，这些熨过的折痕便硬直不变。熨裤时，在喷壶里加入醋，然后喷在裤子里，再用熨斗来熨。

服饰及饰品维护的窍门

1. 旧皮夹克整染翻新技巧

皮夹克穿旧了，或者是袖口、胳膊肘处磨旧了，可以自己整染。

整染时，可先用软布蘸 50% 浓度的酒精，擦去皮衣表面的污垢，再用与皮衣颜色相同的刷光浆（化工原料，商店有售），兑温水 2～4 倍（视皮衣掉色轻重而定），分 2～3 次用毛刷涂染均匀。

稍干，再用福尔马林（医药商店有售）和食醋（1∶3）配制成混合液涂刷一次，最后用虫胶酒精溶液（油漆门市部有售）再涂刷一遍，即可如新。

2. 毛皮走硝巧复软

皮大衣、皮帽等毛皮制品，因水湿或受潮，皮板往往发硬，甚至还会折裂掉毛，这叫"走硝"，可采用下述简易方法处理：

用硭硝 1 千克，籼米粉 0.5 千克，加冷水 1.5 千克化开制成溶液，然后把走硝的毛皮皮板向上平铺在木案上，先喷洒冷水，使皮板湿润，再用刷子蘸着配好的溶液，往皮板上均匀涂刷。刷好后静置 2～3 个小时，再进行第二次涂刷，如此重复 3～5 次，一直到溶液浸透皮板为止。晾干后，再均匀揉搓，皮板就会变得柔软且富有弹性了。

3. 皮革服装防裂窍门

皮革一般含有一定的水分，如果存放时湿度过大，含水量就会增加，致使皮面发霉变质。此时若曝晒或烘烤，就会使皮革失去本身的水分而减弱原有的韧性，导致龟裂。所以，存放时的湿度不能太大。

当皮革服装淋雨或遇雪后，可擦干后在室温下自然干燥，切不可烘烤或日晒。此外，还要注意不要让皮革服装接触汽油、碱类物品，否则会引起皮革变质发硬、脆裂，失去光泽。整理好的皮革服装要用衣架挂好，不要折放，以免折皱或断裂。

4. 用鞋油去除皮衣划痕

皮衣的衣襟、袖口、肩头、背部，不小心容易留下划痕。可用棉花蘸上少许与皮色相同的皮鞋油涂擦，然后再用软布打光，即可消除。

5. 硬皮袄变软小窍门

皮袄穿久或受潮后往往会发硬，既有损美观，也影响保暖。使变硬的皮袄恢复弹性的办法十分简单，只要用一升清水、5 克明矾和 5 克食盐搅匀，将皮袄放入浸泡 10 分钟左右，然后用清水漂洗、阴干，皮袄就会变软了。

6. 巧除毛呢衣服"极光"

全毛呢衣裤穿着稍久，受磨部位经常会产生一种不悦目的特殊光泽，俗称"极光"，下面有方法可以消除"极光"：

①用稀氨水揩洗后待干，再用软刷刷起茸毛。

②在倒放的熨斗上覆一湿布，待产生蒸汽后把"极光"处在蒸汽上近熏几次，待干后再刷。

③将"极光"处敷上 50% 浓度的醋，干后再敷一次，盖上布用蒸汽熨斗熨一下，就可以除去光亮。

7. 巧使倒伏的长毛绒竖起

用长毛绒衣料做成的衣服、帽子、领子等，经过洗涤、压放后，毛绒常常倒状，穿在身上会影响美观。为使长毛绒竖起，可将半锅水烧到半开，将长毛绒背面对着热气，再用毛刷在绒毛上梳刷，绒毛随着热气的蒸腾，就会渐渐竖起。

8. 熨烫消除毛料裤鼓包

纯毛料裤穿一段时间，膝盖往往"鼓包"不美观。要消除"鼓包"，可先用汽油将油污擦净，再用浸湿的厚布平放在裤子上（最好不用毛巾，因毛巾上的短纤维会粘在毛料上，同时还会留下毛巾的印迹），在裤缝处进行熨烫，然后放在通风处吹干，使其自然定型。

9. 拆洗毛衣裤的小窍门

毛衣、毛裤如果拆洗不当，会使毛线粘并、褪色和脆化。

正确的做法是：先要轻拆，断头处随时接好，拆后分成小把，放入冷水中浸泡 30 分钟，再大把轻揉，洗去浮土、赃物，随即放入 50℃ 左右的洗衣粉溶化液中轻揉。

洗净后，先用温水涮一遍，挤去水分，放进适量的食醋后再洗，使洗衣粉残液的碱中和，最后再用冷水涮 2～3 遍，挤去水分，将毛线逐把抖直，搭在晾衣绳上风干即可。

10. 拉链保养技巧

①拉拉链时，应注意两边的牙带是否平行和松紧一致，牙带不可豁得太开，牙带和拉链的拉头应列成 60° 的三角形，顺势拉动，拉的速度不宜太急。

②配有拉链的皮包，装东西时不可装得过多过紧。

③拉链的拉头，不能受到外界的过重压力。

④配有金属拉链的服装或日用品，最好放在干燥的地方，预防拉链受潮生锈。

⑤为了使拉链能长期使用，应隔一段时期涂些机油或凡士林，以保持灵活。

⑥拉链衣服收藏时，必须将它拉合，以免重新穿用时拉链不灵活。

11. 裘皮服保藏前清理的小窍门

裘皮是由天然动物皮加工而成，其主要成分为蛋白质。当达到一定的湿度和温度，霉菌和蛀虫就会滋生和繁殖。

因此，在收藏前须加以清理。

方法是：先将裘皮放在温柔的阳光下吹晒（忌高温曝晒，以免幼嫩的毛绒卷曲、毛面褪色、皮质硬化），拍去灰尘；然后用酒精喷洒一遍；再用冷水把面粉调成厚浆，顺着擦刷毛皮面，最后用手轻轻搓擦，使油渍粘在面粉粒上。搓完后将粉粒抖去，用衣架挂起，边晾晒边用棍子拍拍衣里和轻拍毛面，弹去粉末。

一般粗毛皮（如羊、狗、兔等）的晾晒时间稍长些，将毛面朝太阳晒3~4小时即可。细毛皮（如紫貂、黄狼、灰鼠、豹狐等）则不宜直接曝晒，可在皮毛上盖一层白布，晒1~2小时，然后放在阴凉处吹凉。裘皮晾干凉透后，应置阴处冷却，抖掉灰尘，放入樟脑精块。取一块干净布遮挂住裘皮，以免与硬物摩擦碰撞，再用宽衣架挂入衣橱内。在大伏天，还须拿出来晾晒1~2天。

12. 收藏丝绸和毛织品的方法

丝绸和纯毛织品中富有蛋白纤维，因此，抗霉变能力比棉织品稍强，但羊毛中含有脂肪，耐酸怕碱，也会有受霉变虫蛀的可能，因此，收藏毛织品服装时，应先扣除或刷掉衣料上的灰尘，并用罩布遮盖起来。

而丝绸服装由于比较娇嫩，不宜长期挂放，挂放时间长了会使服装变形。因此，丝绸服装最好放在箱柜上层，避免压皱，并在上面放一块棉布，以减少潮湿空气的侵入。

13. 银饰品的擦拭

取少许牙粉，用热水拌和成糊状，涂抹饰物表面。然后擦亮，拭干即可。

为了使银饰品恢复失去的光泽，首先用洗涤剂洗净饰品表面，接着用硫代硫酸钠溶液（溶液制备比例：100克水加入20克硫代硫酸钠）清洗，最后再用清水洗涤。

首先用肥皂水洗净，用绒布擦亮。也可用热肥皂水洗涤，然后涂上用氨水（阿莫尼亚水）和白粉（白垩）掺和的糊状混合物，干燥后，用小块绒布擦拭，直到发出光泽。

14. 首饰重污垢清洗法

可用显影粉1包，兑入1千克清水，加以搅拌，使其充分溶化，然后将首饰浸入溶液中3~5分钟后取出（银首饰浸的时间可缩短一些），再用清水冲净溶液，用干净软布轻轻擦掉污垢即可。如果首饰花纹里的污垢未清除干净，可用旧牙刷蘸肥皂水刷洗。若首饰的光泽仍不足时，可用细布蘸绿油抛光剂和缝纫机油擦拭。

15. 清洗黄金饰品

可以将它浸入热溶液中2小时。热溶液应预先制备：100克水，加15克漂白粉、15克碳酸氢钠和5克食盐。然后，用热水加碳酸氢钠溶液（1公斤水加1茶匙碳酸氢钠）清洗即可。将变白的首饰放在酒精灯上烧几分钟，首饰就又会恢复其原来的闪闪金光了。

若用皂水清洗金项链，最好放在一瓶皂水中，并轻轻地抖动即可。

16. 宝石戒指的去污窍门

镶宝石的戒指上有了灰尘，大多积在下面。此时，可用牙签或火柴棒卷上一块棉花，在花露水、甘油或在氧化镁和氨水的混合物中蘸湿，擦洗宝石及其框架，然后用绒布擦亮戒指。切不可用锐利物清理宝石及其框架。

第二章　饮食学问大，处处需留心

一双慧眼，精挑细选——食品的选购

选购米的诀窍

米可分为粳米、籼米、糯米等。刚收割的米称为新米，含水量较大，煮熟的饭黏性较大，口味鲜香；存放时间较久的米称为陈米，其味稍次。

优质米有光泽，颗粒整齐，较干燥，无虫蛀、无沙粒、无灰尘、无霉味、异味。质量差的米，颜色发灰，米粒散碎，潮湿而有异味。

选购蔬菜的窍门

1. 蔬菜的颜色与其本身的营养价值基本上呈正比关系。即随着蔬菜颜色由浅白至淡黄至翠绿的逐渐过渡，其营养价值越来越高。因此除了品尝口味的选择以外，在买菜时可尽量购买绿色蔬菜，如芹菜、菠菜、柿子椒、油菜、韭菜、豆角等；其次购胡萝卜、西红柿、西葫芦、南瓜、红薯等浅绿色蔬菜。当然，并非说像冬瓜、白藕、茭白等浅白色蔬菜价值不高，这只是相对而言。

2. 购买蔬菜时要查体观色，给蔬菜以整体上的评价和估计。如色泽鲜嫩纯正，菜叶舒展肥厚，菜体饱满充实，无萎蔫老叶黄叶，闻菜时无怪味异味，摸菜时未感到在中间的蔬菜似在"发热"等等。

3. 有点虫眼也无妨。因为任何一种农作物都有遭受虫害虫咬的可能，如果所购蔬菜连一个小虫眼都没有，说明极有可能在该蔬菜的成长期间喷洒了过量的农药，食用这种蔬菜，便有在吸收营养成分的同时，不知不觉地吸收农药毒素的可能。

莴苣的选购

莴苣文名青笋。鲜嫩的笋茎表面无锈色、皮薄、呈浅绿色，鲜嫩水灵，有些带有浅紫红色。选购时，以茎粗大，中下部稍粗或呈棒状，叶片距离较短，不弯曲，无黄叶，不抽薹为好。

果蔬的选购窍门

1. 选购黄花菜的技巧

黄花菜亦称金针菜、南菜或西菜，学名萱草，是黄花的花蕾干制而成，味道鲜美，营养丰富。选购黄花菜时，应选色泽浅黄或金黄，身条均匀紧密而粗壮的；手感柔软且有弹性，无潮湿感，气味清香无霉味的。

2. 如何选购竹笋

①冬笋的选购。呈枣核形即两头小中间大，略带茸毛，皮黄，肉淡白色，鲜嫩水灵，无外伤的为佳。

②春笋的选购。挑选春笋有以下要诀：

壳要黄。笋壳黄色、肉嫩。选购时须注意分辨在笋壳上是否抹了一层黄泥巴的假黄壳笋。

肉要白。笋肉质白色最好，黄色次之，绿色最差。

痣要红。笋蔸（根）上的红痣，颜色鲜红最好，暗红色次之。

节要密。鲜笋节与节之间的距离越短，则笋肉就越厚越嫩。

蔸要大。蔸大尖小的笋子去壳后出肉率高。只要指甲掐得进，蔸子越大越好。

形要怪。那种歪斜、弯曲、奇形怪状的鲜笋是从石缝或坚硬的黄泥土中挤出来的，味道尤佳。

3. 霉干菜的选购

挑选时用手握紧霉干菜，放手后立即松软说明质干；若放手后松散较慢，说明较潮。并且无其他异味，干净整齐为佳。

4. 挑选四季豆的方法

上等的四季豆，荚肉肥实、豆荚鲜绿色，一般为扁平条（有些呈圆棍形），折之易断，豆粒和荚肉不分离，无虫咬，无斑点。

5. 木瓜选购技巧

选购木瓜时，应选椭圆形、皮色较深而且带些黑黄色的较好。

6. 选购玉兰片的三个标准

玉兰片是冬笋和春笋加工的干制品，一般作为辅料配在菜肴里。可从以下方面挑选：

①看色泽。质量好的玉兰片，表面光洁，颜色呈玉白色或奶白色。质量差的玉兰片表面萎暗，色泽不匀。

②量尺寸。一般讲长度短、阔度小的稚嫩。如一级品尖宝，长不超过8厘米，阔3~4厘米；二级品冬片，长不超过12厘米，阔4厘米左右。

③验水分。片体干、手捏片身无黏感的为上品，手捏发黏的过潮，易变质。

7. 巧选黑木耳

黑木耳营养丰富，味道鲜美。质量好的黑木耳，看上去朵大而薄，朵面乌黑光润，也有的呈黑褐色，朵背略呈灰色，有蒂头，干燥、分量轻，清香而无怪味。

8. 鉴别银耳的好坏

银耳，又名白木耳。优质的银耳，耳花松放，耳肉肥厚，色泽鲜白稍带微黄，蒂头无黑点和杂质，朵形圆大而美观。新鲜银耳无酸无臭无异味，洁净整齐。贮藏久的银耳，颜色变黄，有微酸气味。若将耳花放进口中，有刺舌辣椒就是硫磺熏的，不宜购买。

9. 百合干的选购

优质的百合干应干燥，色白，有光泽，片形肥厚，无杂质或杂质少，无锈斑。老片、焦片、嫩心，色微黄，片形碎瘦但较均匀者为次之。

10. 选购腐竹

腐竹的质量一般分为三个等级：一级呈浅麦黄色，有光泽，蜂孔均匀，外形整齐，质细且有油润感；二级呈灰黄，光泽稍差，外形整齐而不碎；三级呈深黄色，光泽较差，外形不整齐有断碎品。用温水浸泡10分钟，好腐竹则水色黄而不浑浊，有弹性，无硬结现象，且有豆类清香味。

11. 选购白果的技巧

选择白果时应选择外形饱满、色泽好，颗粒沉甸甸的果子。如果用手掂量时觉得很轻，手摇时有响声（肉仁已移动）的果为不饱满的次果或果仁已干或霉烂。

12. 选购板栗

板栗应选无黑斑，无虫眼，果实饱满，沉甸甸，肉质嫩黄者。外表颜色无论是赭色、紫色还是褐色都应色泽鲜明，带有光泽。

13. 香椿选购的窍门

香椿又叫春芽，即春天香椿树长出的首批嫩芽，香椿自带一种香醇味道。选购时应挑选枝叶呈红色、短壮肥嫩、香味浓厚、无老枝叶、长度在10厘米以内者为佳。

14. 选购龙眼的方法

龙眼应选果大肉厚，皮薄核小，呈黄褐色或黄中带青色，手捏富有弹性，味香多汁，果壳完整，表面洁净无斑点，剥壳后肉白厚实者。

15. 荔枝的选购

成熟荔枝果壳呈黄褐色略带青色。用手捏果，果壳柔软而有弹性，剥去果壳，肉质莹白，清香扑鼻，汁肉饱满，而且容易离核且核小而乌黑。

16. 选购槟榔

选槟榔应挑选外形呈梭形，表皮纹路不规则，果身紧实，无弹性的果子，这样的果子成熟适中，纤维细，果厚实，入口细嫩、柔软。

17. 巧选杨梅

购买杨梅时应挑选果面干燥、无水迹现象，个大饱满、圆刺核小，汁多味甜者。如肉质酥软者为过熟，肉质过硬者为过生。

18. 白兰瓜的选购

白兰瓜以八成熟为好。八成熟以上的白兰瓜色泽黄白，充分成熟的向阳面瓜皮黄色，着地面为白色，且瓜皮表面有不同深度的裂纹，弹上去发出"咚咚"的声音，有一股清香味道。

19. 猕猴桃选购诀窍

猕猴桃应挑选表面光滑，呈黄褐色，成色新鲜，富有弹性，果肉细腻，色青绿者，这样的猕猴桃汁多，味甜，清香可口。若外表颜色不均匀，剥开表皮，内瓤发黄则不宜选购。

20. 鲜蛋选购窍门

①观察法。鲜蛋外壳光洁，颜色鲜明，壳上有一层霜状粉末，若壳发暗无光泽，或用手掂之轻飘，则为陈蛋。

②晃听法。把蛋放在耳边摇动，鲜蛋着实；空头蛋有空洞声，贴皮蛋、臭蛋有敲瓦碴子声。

③光照法。将一只手握成筒形，对准鸡蛋的一端，向着灯光或太阳光照视，可见蛋内蛋黄呈枯黄色，无任何斑点，蛋黄也不移动，这是新鲜鸡蛋。坏蛋颜色发暗，不透明；孵过的蛋则有血丝或血环；臭蛋发暗或有污斑。

④清水测试法：将蛋浸放在冷水中，如果横卧在水里，表示十分新鲜；如果倾斜，表示至少已有 3 天；如直立水中，表示已是陈蛋。

奶的选购窍门

1. 巧识掺水牛奶

将钩针插入牛奶后，立即取出，如果是纯牛奶，针尖会悬着一滴奶液；如果针尖挂不住奶液则说明牛奶是掺了水的。另外，可将牛奶慢慢地倒入碗里，看其流注的过程，掺水的牛奶有稀薄感，在碗的边缘牛奶流过部分有水样的痕迹，同时牛奶颜色不如正常的白；煮时沸腾的时间需要较长；煮沸时香味也较淡。

2. 鉴别鲜奶的方法

①新鲜牛奶色泽应洁白或白中微黄，不得呈深黄或其他颜色；奶液均匀，而不应在瓶底出现豆腐脑状沉淀物质。

②新鲜牛奶应有乳香味而不应有酸味、腥味、腐臭味等异常气味。

③新鲜牛奶应微带甜、酸滋味融合而成的鲜美滋味，不应有苦味、涩味等异味。

④把一滴牛奶滴于指甲，呈球状停留的为新鲜牛奶，如果流走的则不新鲜；把一滴牛奶滴于清水中能下沉的为鲜奶，不新鲜的浮于水面且立即散开。

3. 鉴别酸奶窍门

质量好的酸奶凝块均匀、细腻无气泡，表面可有少量的乳清析出，呈乳白色或稍带淡黄色，吃起来酸甜可口，有一种酸牛奶特有的香味。而变质的酸牛奶则有一股臭味，而且凝块破碎，奶清析出，有气泡。

4. 巧选奶粉

①看包装。真品奶粉包装完好，商标、说明印制精美，封口严密，并印有厂名、生产日期、批号、保质期和保存期等。如无上述内容，或包装印刷粗糙、图案模糊，或包装袋封口不严、商标不清、标识字体模糊等，均属假冒伪劣产品。

②闻气味。正常奶粉有清淡的乳香味。如果有霉味、酸味、腥味等，说明奶粉已变质。

③看色泽。正常奶粉色白略带黄淡，色泽均匀且有光泽。如果颜色很深或呈焦黄色、灰白色为次。呈白色但是为不自然的色泽，或有结晶体则

为假劣货。

④尝味道。取少量奶粉放入口中品尝，真正口感细腻、发黏；假劣奶粉粒粗细不均，甜味重，溶解迅速。用手捏，塑料袋包装的正常奶粉应是松散柔软，发出轻微的沙沙声。

⑤摇动。铁罐装奶粉用手轻轻摇动，发出沙沙声，音响清晰，证明奶粉质量好。如摇动后，声音较重、不清晰，证明奶粉已结块。玻璃瓶装的奶粉用手轻轻摇，慢慢倒转，如瓶底不粘奶粉即为质量正常，如瓶底有黏底、结块现象则为质量不好。

豆浆鉴别技巧

1. 看外观。优质豆浆应为乳黄色，即乳白略带黄色，倒入碗中有黏稠感，略凉时表面有一层豆皮，这样的豆浆浓度高、彻底熟透。

2. 闻气味。豆浆做好后，优质豆浆有一股浓浓的豆香味，而劣质豆浆则为一股令人不舒服的豆腥味，是没煮熟。

3. 尝滋味。做好的豆浆豆香浓郁、口感爽滑，并略带一股淡淡的甜味，此为优质豆浆。反之，口感不佳，其味淡若水，则为劣质豆浆。

肉的选购窍门

1. 如何辨别鸡的老嫩

老鸡的爪尖磨损得光秃，脚掌皮厚，而且僵硬；脚腕间凸出物较长。嫩鸡爪尖磨损不大，脚掌皮薄而无僵硬现象，脚腕间的凸出物也较小，尤其是小鸡，腕间凸出物几乎没有，仔细看时，仅有一圆形小点。老鸡的毛孔粗大，肉色比嫩鸡要深。

2. 新、老鹅的辨别技巧

老鹅羽毛粗糙，毛孔粗大，肉色深，鹅掌较老、硬厚，另外老鹅头上的瘤为红色中有一层白霜，瘤较大；新鹅则没有白霜，瘤较小，鹅掌比较柔软、细嫩。

3. 新鲜光禽的识别标准

光禽是将家禽宰杀，如鸡、鸭、鹅等去毛后出售的食品。识别光禽是否新鲜，可以从以下几个方面观察：

看外表是否微干或稍微湿润，不粘手；用手指压后，凹陷是否立即恢复；看眼球是否饱满；看皮肤是否有光泽；气味是否正常，有无异味；煮沸后肉汤是否透明，脂肪是否团聚于表面，有无香味。

4. 巧选新鲜羊肉

肌肉有光泽，肉的颜色均匀，肉红油白，肉质结构紧密；骨骼切断后肉紧连骨骼，没有空隙和脱落。

肉外表微干，温度适中、不粘手，按下后凹陷部分可立即恢复原状。而且新鲜羊肉有正常的血腥味和膻味。

5. 根据烹饪需要选购羊肉的窍门

焖羊肉时，宜选择脖颈、腱子肉。涮羊肉时，宜选择磨档、三岔等部位肉，这部分的羊肉肥瘦适中，鲜嫩无比。炒羊肉时，宜选择外脊、里脊、外脊里侧、磨档、三岔、肉腱子等部位肉。烧羊肉时，宜选购脖颈、肋条、三岔、肉腱子、羊尾。扒羊肉时，宜选择腰窝肉。熘羊肉时，宜选购胸口、外脊等部位肉。

6. 巧识老、嫩羊肉

同一品种的羊肉，老羊肉与嫩羊肉有着显著的特征：从颜色上看，老羊肉颜色深红，较暗，小羊肉颜色浅红，看上去比较鲜嫩。从肉质上看，老羊肉肉质较粗，纹理深、大。小羊肉肉质坚而细，纹理细小，且富有弹性。

7. 鉴别山羊肉、绵羊肉的技巧

绵羊肉、山羊肉吃起来口感有明显差异，而且选购时也有不同的特征。山羊肉有较浓的膻味，而绵羊肉的膻味很淡。山羊肉肉质较粗，但松软，弹性较差。绵羊肉肉质细软，且坚实，弹性较好。山羊肉的颜色虽呈暗红色，但较淡。绵羊肉的颜色暗红较深。

8. 根据烹饪需要选购牛肉的窍门

新鲜牛肉肉质坚实细嫩，光滑富有弹性，色泽是鲜红色，同时具有浓烈的味道。肉纹清楚，间有血丝流出，这是用利刃切开后常出现的现象。

烧、炖：应选择肋条，肥瘦相间是理想的烧、炖材料。

炖、焖：应选择胸脯肉，该部位肉中有夹筋膜，且筋多肉少，肥瘦相间，熟后色泽透明，食之脆而嫩。

涮、烤、炒：应选择里脊，该部位肥瘦相间，肉质肥嫩。只需片刻功夫便肉熟味出。

爆、汆、熘、炒、炸：应选择外脊肉，该部位肉质松软、肥嫩、油而不腻。

凉拌、腌卤、红烧：应选择腱子肉，腱子肉的特点是"肉里包筋，筋里镶肉"，肉质虽老，是理想的腌卤、红烧原料。

9. 根据烹饪需要巧选猪肉

①红烧、粉蒸：应选择五花肉。此肉肥瘦相间，五花三层，是理想的烧、蒸、烤原料。

②炸、煎、炒：可选择臀尖肉。此肉多是瘦肉，肉质细嫩，可与里脊肉相媲美。

③酱、腌：应选择猪头肉。此肉特点是骨多肉少。

④熘、爆、炒：应选择里脊肉。这是猪肉中最嫩的部位，可切成片、丁、丝，急火快炒，鲜美无比。

⑤卤、拌：应选择坐臀肉。该部位肉质较老，不宜快熟，但做成蒜泥白肉、炒回锅肉，味道极佳。

10. 巧识注水猪肉

取普通软纸 1 片，紧贴于瘦肉部分，1 分钟后揭下，因正常肉内不含游离水，故软纸不湿，只沾油腻，易揭不易烂；而注水肉中含游离水，纸片很快变湿，容易揭烂。

另外还可以用手摸瘦肉，正常猪肉应有粘手的感觉，这是因为猪肉的体液有一定的黏性。注水猪肉由于冲淡了体液，所以没有黏性。而且正常猪肉外表干燥，瘦肉组织紧密，颜色略微发乌。而注水猪肉则表面看上去水淋淋的发亮，瘦肉组织松弛，颜色也较淡。

11. 怎样识别病猪肉

在买猪肉时，拔 1 根或数根猪毛，仔细辨认毛根的颜色，如果毛根白净，则不是病猪肉；毛根发红则为病猪肉。

一般健康猪的肉皮色白，脂肪呈白色；而病死猪肉皮肤表面常有许多出血点或暗红色血斑，剥皮猪肉的表面常有渗出血液形成血珠。

切开后，健康猪的肉有弹性，有光泽，颜色一般为粉红色，没有液体浸出或流出；而病死猪，切面没有弹性，摸上去发粘发软，颜色紫红，有积血或液体流出，有腥臭味。

另外，健康猪的血管一般不留残血，而病猪肉的血管中多充满大量黑色血液。

12. 腌腊肉制品质量鉴别

①腊肉。质量好的腊肉色泽鲜明，肌肉呈鲜红色或暗红色，脂肪透明或呈乳白色；肉身干爽、结实，富有弹性，指压后无明显凹痕。变质的腊

肉色泽灰暗无光，脂肪明显呈黄色，表面有霉点、霉斑，肉身松软、无弹性，且带黏液。另外，新鲜的腊肉具有固有的香味，而劣质品有明显酸味或其他异味。

②叉烧肉。优质叉烧肉应富有光泽，肌肉结实紧绷，纹理细腻，肉香纯正为上品。

③火腿。优质火腿的精肉呈玫瑰红色或桃红色，脂肪呈白色、淡黄色或淡红色，具有光泽，质地较坚实细腻。劣质火腿肌肉切面呈酱色，上有各色霉点斑点。脂肪切面呈黄色或黄褐色，无光泽。组织状态疏松稀软，甚至呈黏糊状，闻之有异味，并有汁液浸出。

④烧烤肉。好的烧烤肉表面光滑，富有光泽，肌肉切面发光，呈微红色，脂肪呈浅乳白色（鸭、鹅呈淡黄色）。肉质紧密、结实，压之无血水，具有独到的烧烤风味，无异臭味。

⑤酱卤肉。优质的酱卤肉色泽新鲜，略带酱红色，具有光泽，肉质切面整齐平滑，结构紧密结实，有弹性，有油光，具有酱卤熏的风味，无异臭味。

⑥咸肉。质量好的咸肉肉皮干硬，色苍白、无霉斑及黏液浸出，脂肪色白或带微红肌肉切面平整，紧密而结实，呈鲜红或玫瑰红色。变质的咸肉肉皮黏滑、质地松软、色泽不匀，质似豆腐状，肌肉切面暗红色或带灰色绿色。

13. 劣质香肠巧识别

①掺淀粉香肠。最明显特点是外观硬挺、平滑，貌似瘦肉，比例高且干燥。表面缺乏正常香肠干燥收缩后所出现的凹陷；掰开香肠，即可见断面的肉馅松散，粘结程度低，可见淀粉颗粒和不规则的小粉块。另外，有淀粉的香肠，吃在嘴里有明显的粉腻感。

②母猪肉香肠。母猪肉灌制的香肠看上去瘦肉比例高，但瘦肉部分颜色较仔猪肉深，呈深紫黑褐色，掰开观察，瘦肉纤维粗，并可见绞不碎的白色纤维状筋膜。

③混入合成色素的香肠。正常香肠有一定比例的肥肉，为白色，瘦肉为玫瑰色或深红色，红白分明。掺有色素的香肠呈不正常的胭脂红色，十分鲜艳，肥肉上也染上浅红色。如剥去肠衣，把肉馅放在水中，水立即会变红。

④用变质香肠制作的香肠。把变质香肠粉碎后掺入新鲜肉灌制，香肠的两端呈黄色，中段可见分布不规则的紫黑色的瘦肉硬结；掰开香肠，在

肉馅中亦可触摸到这种泡不开的硬结，同时异味感觉十分严重。

⑤杂肉香肠。优质香肠在选肉、卫生检疫、制作工艺、辅料的使用、干燥收缩、包装、成品检测等方面都有严格的规定和要求。所谓杂肉，是指猪身上的头肉、血脖肉、前臂尖肉、软五花肉和分割下来的丢弃的杂碎肉，甚至掺人其他死动物肉。用这些肉制成的香肠腥杂味很重，色泽也差，故用过量的辅料来掩盖。

14. 巧选鲜鱼

最好的活鲜鱼游在水的下层，呼吸时鳃盖起伏均匀。稍差的活鲜鱼是游于水的上层，鱼嘴贴近水面、尾部下垂。病鱼或即将要死的鱼常横漂在水面上，奄奄一息地呼吸。

如果是已死的新鲜鱼，手握鱼头时，鱼体挺而不软，肉质坚实有弹性，体表有清洁、透明而带有腥味的粘液。鱼鳞完整紧密有光，眼睛明亮稍凸，眼球饱满，洁净而无白蒙；鳃盖紧闭，鳃色鲜红或粉红，无异味，腹不膨胀，色泽正常。如果鱼鳞稍有脱落，眼睛灰暗，鱼体肉质软化，就不是鲜鱼。

15. 海味干品的选购

墨鱼干：体形完整、光亮洁净、颜色柿红，有香味的为优质品。体形基本完整，局部有黑斑，表面带粉白色，背部暗红的次之。

鱿鱼干：体形完整、光亮洁净、具有鲜虾肉似的颜色，表面有细微的白粉的为优质品。体形部分蜷曲，尾部及肾部红中透暗、两侧有微红点的则次之。

章鱼干：体形完整、色泽鲜明、肥大、爪粗壮、体色柿红带粉白，有香味、够干、淡口的为上品；色泽紫红带暗的次之。

鲍鱼干：体形完整、结实、够干、淡口、柿红或粉红色的为上品，体形基本完整、够干、淡口、有柿红色而且背部略带黑色的次之。

海参：体形完整端正、够干（含水量小于15%）、淡口、结实而有光泽、大小均匀、肚无沙的为上品，体形比较完整、结实、色泽比较暗的则次之。

16. 如何挑选对虾

对虾又称大虾或明虾，其体形完整，光泽反射新鲜，背部、头背呈暗青色，两侧呈淡青色或白色，体长约在15厘米以上为质量好的。掉头、脱皮，体表黄红色，有异味的是次品。

17. 牡蛎的选购

牡蛎又名海蛎子。牡蛎的优质品应该是体大肥实、颜色淡黄，而且干燥。而那些颜色褐红，个体不均匀，有潮湿感的质量较差。

18. 选购干贝

优质干贝应该是干燥，颗粒完整均匀，颜色淡黄略有光泽，肉质嫩，鲜味浓，回味微甜，具有特有的腥香，而且无杂质，略带咸味。那些颜色暗黄、稍有松碎残缺的质量较次。色泽深暗或呈黄黑色的质量更差。

19. 海蜇的选购

选购海蜇皮以片大色白，肉质透明结实，无红皮、无泥沙杂质为优质品；海蜇片中等，白色稍有红皮，略有沙子的质量次之；片小，色发黄、有红皮、有泥沙杂物的最次。

20. 挑选好虾米的窍门

买虾米时，应选择那些肉细结实、洁净无斑、色鲜红或微黄、光亮、有鲜香味、够干、淡口、大小均匀的为好；肉结实但有一些黑斑或黏壳、色淡红、味微咸的次之。

21. 鱼翅的选购

鱼翅分为青翅、明翅、翅绒和翅饼等，其中青翅质量最好。鱼翅的品质一般是以够干、淡口、割净皮肉、浅黄色的为佳品。

果汁真假识别法技巧

判断一种果汁饮料是否为真正的100%纯果汁，可通过以下几个方面来辨别：

1. 标签。合格的产品包装上都配有成分说明，100%纯果汁的说明中一般注明为100%果汁，并清楚写明"绝不含任何防腐剂、糖及人造色素"。2. 色泽。100%纯果汁应具有近似新鲜水果的色泽。选购时可以将瓶子倒过来，对着阳光或灯光看，如果饮料颜色特别深，说明其中的色素过多，是加入了人工添加剂的伪劣品。

3. 气味。100%纯果汁具有水果的清香；伪劣的果汁产品闻起来有酸味和涩味。

4. 口感。100%纯果汁尝起来是新鲜水果的原味，入口酸甜适宜（橙汁入口偏酸）；劣质产品往往过甜，入口后回味不自然。

真正的100%纯果汁有着难以仿造的好品质，比如苹果原汁呈淡黄色，汁液均匀，浓淡适中，闻起来有苹果的清香味；葡萄原汁呈淡紫色，有葡萄应有的风味，没有沉淀及分层现象。

茶叶的选购技巧

1. 条索。凡是条索粗大轻飘的，质量都不好。绿茶以条索紧结，形似鱼钩者为好茶。一般红茶、眉茶、烘青、乌龙以条索紧细、白毫多、枝叶完整重实的为佳，粗松开口的为差；珠茶以紧细、细圆、重实的为佳，松散、长扁、轻飘的为差；扁形茶（如龙井、大方）以扁平、挺直的为佳，短碎、弯曲、轻飘的为差。各种茶应以茶条紧结，形稍尖长，叶身细嫩者为上品。

2. 色泽。凡色泽调和一致，明亮光泽，油润鲜活的茶叶，品质一般都优良；反之则品质较次。一般绿茶要求油润碧绿，茶香清幽，含有较多白毫的为高级茶。乌龙茶要求乌润，鲜明，闻上去有一股茶叶特有的清香，略带红褐色色晕为佳；黄绿无光的质量差。红茶要求乌黑油润，芽尖呈金黄色。花茶以深绿无光泽的为上品。

3. 净度。净度是指茶叶中杂质含量的多少。成品茶中不允许有非茶类杂质。除此，茶叶中茶梗、茶片、茶籽、茶末的多少，是判断茶叶品质优劣的一个重要标志。

4. 匀度。将茶叶倒入盘内，让茶盘朝一定方向旋转几圈，不同形状的茶叶会在盘内分出层次，如中层的茶叶越多，说明匀度越好。

西湖龙井的识别

西湖龙井产于浙江杭州西湖区，茶叶为扁形，叶细嫩，条形整齐，宽度一致，为绿黄色，手感光滑，一芽一叶或二叶，小巧玲珑，味道清香。

碧螺春的鉴定

碧螺春产于江苏吴县太湖的洞庭山碧螺峰。银芽显露，一芽一叶，芽为白毫卷曲形，叶为卷曲清绿色，叶底幼嫩，均匀明亮。

信阳毛尖的特点

信阳毛尖产于河南信阳车云山。其外形条索紧细、圆、光、直，银绿隐翠，内质香气新鲜，叶底嫩绿匀整，青黑色。

君山银针的鉴别方法

君山银针产于湖南岳阳君山。由未展开的肥嫩芽头制成，芽头肥壮挺直、匀齐，满披茸毛，冲泡后芽尖冲向水面，悬空竖立。

祁门红茶的鉴别技巧

祁门红茶产于安徽祁门县。茶颜色为棕红色，切成0.6～0.8厘米，味道浓厚。

都匀毛尖的鉴别窍门

都匀毛尖产于贵州都匀市。茶叶嫩绿匀齐，细小短薄，玲珑秀气，一芽一叶初展，色泽绿润，内质香气清嫩、新鲜、回甜。

铁观音的鉴别窍门

铁观音产于福建安溪县。叶体沉重如铁，形美如观音，多呈螺旋形，色泽砂绿，光润，绿蒂，具有天然兰花香。

巧识真假名酒

1. 真酒商标做工精细，工艺考究，裁边整齐，背面有出厂日期、检验代号；假酒商标粗制滥造，字迹不清，裁边不齐，图案偏色，出厂日期、检验代号模糊不清，甚至没有。

2. 一般名酒使用固定瓶，瓶上有特定标记，瓶盖使用扭断式防盗盖，或印有厂名的热胶套；而假冒酒往往使用杂瓶或旧瓶，瓶盖一般为塑料盖或铁盖，细看封口胶膜有折迹，没有厂名。

3. 真酒清澈透明，无杂质沉浮物；假冒酒有杂质浮物，酒液浑浊不清，或颜色不正。

黄酒（料酒）质量巧鉴别

黄酒的颜色为浅黄色或紫红色。品质优良的黄酒酒液清澈透明，无沉淀浑浊现象，无悬浮物。开瓶后能嗅到浓郁的香味，酒精含量低，入口无辛辣、苦涩等异味。而劣质黄酒，酒液浑浊，颜色不正，没有特有的酒香，入口苦涩、辛辣。

真假西洋参鉴别技巧

沙参和白参类似于西洋参。其鉴别技巧就在于：

1. 西洋参整支参体较短，呈圆锥形，表面土白色，下端有1～3个不等的支根或支根痕，有的支根较粗。而沙参整支参体较长，表面白色，呈长圆棍形或长圆锥形。白参参体主根较长呈圆柱形，表面淡白色，下端虽也有 1~3 个不等的支根，但支根较长。

2. 从表面看西洋参横向皱纹稀少而且较细，纵向皱纹较多，较细浅。而沙参上端有较规整而且深陷的横纹，多为加工时用细马尾缠绕所致。白参上端有较密较细的环状纹，有时整支白参可见加工留下的针眼状痕迹。

3. 西洋参质地坚硬，不易折断，参味浓，味微苦。而沙参质地疏松，体轻，容易折断，断面常有纵向裂隙，气味略带香味甜，不带苦味。白参则质地坚硬、较重。

其他食物的选购技巧

1. 葡萄干的选购窍门

葡萄干应选果粒干燥，均匀，无僵粒，无柄梗，更没有泛糖油现象者。好的葡萄干表面还应有薄薄的糖霜，拭去糖霜，白葡萄干色泽晶绿透明，红葡萄干色泽紫红呈半透明，肉质柔软，味甜，有韧性，鲜醇可口，肉质内无其他杂质。

2. 核桃的选购

质量好的核桃，壳体浅黄褐色，有光泽，核桃仁整齐、肥大，无虫蛀，味道醇香，未出过油，用手掂掂有一定分量。如壳体深褐色，晦暗无光泽，则是陈年核桃，不宜选购。

3. 杏仁的选购

应选颗粒大、饱满、有光泽的。仁呈浅黄略带红色，色泽清新鲜艳，皮纹清楚不深，仁肉白净。同时，要干燥，成把捏紧时，其仁尖有扎手之感，用牙咬松脆有声。年长的陈货，色、香、味都会逊色，即使不虫蛀、霉变，也不宜购买。

4. 蜂蜜优劣鉴别技巧

色：真蜂蜜透光性强，浅琥珀色而透明，颜色均匀一致，有一种很强的凝重感；劣质蜂蜜混浊而有杂质，间或有泡沫。

香：真蜂蜜在采收后数月还能散发出特有的蜜香，香浓而持久，开瓶便能嗅到，如香气太浓郁，则可能掺入香精。

味：蜂蜜清爽甘甜，绝不刺喉，加开水略加搅拌即溶化而无沉淀者为好蜜；劣质蜜不易溶化，且有沉淀，并带有苦味、涩味、酸味甚至臭味。

浓：上等蜂蜜浓度高，流动慢。以一滴蜂蜜放于纸上，优质蜂蜜成珠形，不易散开，用消毒玻璃棒将蜂蜜挑起，蜂蜜会成丝状，极为绵长；而劣质蜂蜜不成形，容易散开。

方法对路，省力又省心——食品的加工

猪肉的加工

1. 指甲钳巧拔猪蹄毛

将洗净的猪蹄先在沸水中煮一下，再放入清水中，用指甲钳拔毛，又快又好又干净，比用其他工具快好几倍，用同样的方法也可以拔鸭子的绒毛。

2. 快速拔猪毛法

用夹子一下一下拔猪毛太费劲。可以用一块松香，放在铁勺里溶化，趁热倒在猪毛处，等松香冷却后，揭开松香，猪毛就会随着松香全部被粘拔下来。

3. 淘米水巧洗猪肉

猪肉沾上土或其他污物，用清水难以洗净，若用淘米水浸泡数分钟再洗，赃物即可洗净。

4. 洗猪心可加面粉

将猪心放在面粉中滚一下，放置一小时后再清洗，烹炒时味美纯正。

5. 洗猪肝的技巧

将猪肝用水冲5分钟，切成适当大小，再用冷水泡四五分钟，取出沥干，不仅可洗净而且可去腥味。

6. 如何巧洗猪肠的技巧

用少量的醋、微量的盐兑水制成混合液，将猪肠放入浸泡片刻，再放入淘米水中泡一会儿（在淘米水中放几片桔片更好），然后在清水中轻轻搓洗两遍即可。

或先用清水冲去污物，再用酒、醋、葱、姜的混合物搓洗，然后放入清水锅中煮沸，取出后再用清水冲，这样就可以洗得很干净了。

7. 巧法去猪肺腥味

取白酒50克，从猪肺管里慢慢倒入，然后用手拍打两肺，让酒液渗入到肺的各个支气管里，半小时后，再灌入清水拍洗，即可除去腥味。

8. 除猪腰子腥臊良方

①把猪腰表面的薄膜去除，从中间剖为两半，腰子内的臊味即可去除。

②将腰子剥去薄膜，剖开，剔除污物筋络，切成所需的片或花状，先用清水漂洗一遍，捞出沥干，按 500 克猪腰用 50 克白酒的比例用白酒拌匀揉搓，然后用水漂洗两三遍，最后用开水烫一遍即可。

③取约 15 粒花椒放入锅内水中，待水烧沸后，放入腰花，水再沸，即可捞出腰花，沥去水，便可加工各式菜肴了。经过这样处理的猪腰，成菜后味道鲜美，毫无异味。

9. 巧洗猪肚

剖开猪肚并清理（不要下水）上面所附的油等杂物后，浇上一汤匙植物油，然后正反面反复搓揉匀后，用清水漂洗几次，这样，猪肚不但无腥臭等异味，而且还光洁发滑。

羊肉的加工

1. 如何除羊肉膻味

①烧羊肉时放一些胡萝卜，再加些姜、葱、酒等作料，以去除膻味。

②烧羊肉时放点杏仁、桔皮、红枣等，可以去除膻味。

③煮羊肉时，加少许食醋，或放 50 克胡萝卜，膻味即可减轻。

④烧羊肉时，加入 3% 的咖喱粉，不但可去除膻味，而且有咖喱香味。

⑤羊肉下锅时先放少许食油焙透，待水分焙干后再加米醋焙干，然后加姜、葱、酱油、白糖、料酒、茴香等调料。最后，在羊肉将要炖熟时，加少量辣椒略烧，起锅时加点青蒜或蒜泥，其味香醇，膻气大减。

2. 巧妙处理冷冻羊肉

步骤一：冲洗。用净水冲洗一次，去掉表面浮土，再用净布擦干。

步骤二：化冻。放在室内慢慢化冻，如反复翻动羊肉位置，可缩短化冻时间。注意千万不要用热水泡，更不要用火烤。

步骤三：整理。待肉化至似冻不冻时，选出适于爆、炒的部位，如前后腿中的瘦嫩部分，根据自己所需加工成片或丝，其余部位可做别用，如腱子可炖，腰窝可做馅等等。

步骤四：浸泡。将加工好的羊肉放入净水中浸泡，待其完全化透后捞出，控去多余水分，但不要挤干。这样既保持了羊肉原有的水分，也去掉了残留在羊肉中的血污。常常见到各副食商场加工羊肉时，须经水泡，就是这个道理。

经过上述简易处理，用冷冻羊肉做出的家常菜便会细嫩可口。

鸡肉鸭肉的加工

1. 速褪鸡鸭毛窍门

烧一锅开水，加醋1匙，将宰杀后的鸡鸭放入锅中，使水浸过鸡鸭，不断翻动，待几分钟后取出，鸡鸭毛轻拔即会脱掉。

2. 烫鸡鸭防止脱皮放食盐

在沸水中放一汤匙食盐，先烫鸡鸭的脚爪和翅膀，再烫鸡鸭的身体，能防止拔毛时脱皮。

3. 鸡肉去腥小窍门

刚宰杀的鸡有一股腥味，如将宰好的鸡放在盐、胡椒和啤酒的混合液中浸一小时，再烹制时就没有这种异味了。

4. 巧除冻鸡异味

从市场上买来的冻鸡，有些从冷库里带来的怪味。在烧煮前先用姜汁浸3～5分钟，就能起到返鲜作用，怪味即除。

切牛、猪、鸡肉的窍门

"横切牛、斜切猪、竖切鸡"。厨师的这句话很有道理。牛肉老韧，纤维粗，横切熟得快。猪肉较为细嫩，如果不顺着纤维的纹路斜切，在加热或上浆时，容易破碎，变成肉末。鸡肉比猪肉还要细嫩，切时应顺着纤维竖切，在切丝时，切得稍粗些。

巧除狗肉异味法

狗肉好吃，但烹制不当容易产生异味，怎样去除呢？制作时，先将狗肉切成方块，用凉水浸泡后，煮至半熟，然后将狗肉取出，切成薄片，另换新水浸泡1小时，这样就可去除异味了。

解冻速冻肉的禁忌

有不少人在急于食用冻肉时，用热水浸泡，这种方法很不科学。正确的方法应该用冷水浸泡，或将速冻肉放在6℃~9℃的地方，使其自然解冻。

水产的加工

1. 除鱼腥味两则

①鱼虽鲜美，但有腥味，做鱼时，往炖鱼的锅内放入少许牛奶，这样可以去掉鱼的腥味，还能使鱼变得酥软可口。

②把鱼放在温茶水中泡洗。一般1000~1500克的鱼用一杯浓茶兑水，然后将鱼浸泡5~10分钟后清洗即可除腥味。

2. 酒或小苏打除鱼胆苦味

洗鱼时不小心弄破鱼胆污染了鱼肉，就会有苦味，从而影响食用。其实只要在污染过的鱼肉上涂一些酒或小苏打，再用水冲洗，就可去掉苦味。

3. 茶水洗手除蟹腥味

螃蟹肉很鲜美，但食蟹肉后，双手会留下令人不快的腥气味。这时用喝剩茶的茶渣或茶水洗手可除去腥味。如在手掌心滴少许白酒，两手摩擦几下，再用清水冲洗，也可除去腥味。

4. 巧去虾仁腥味

①把虾仁放在容器里，加入料酒、姜、葱，揉捏、浸泡。

②在滚水中放一根肉桂棒，将虾放入烫一下。此法去腥不但效果很好，还不影响虾的鲜味。

5. 胆汁可除甲鱼腥味

在宰杀甲鱼时，从甲鱼的内脏中拣出胆囊，取出胆汁，待将甲鱼洗净后，再在甲鱼胆汁中加些水，涂抹甲鱼全身。

稍待片刻，用清水漂洗干净，经过这样处理以后，烹调出来的甲鱼不但没有腥味，而且味道更加鲜美。

6. 巧使贝类吐泥窍门

把贝类养在放有如菜刀、火钳等铁器的淡水里2~3小时，贝类闻到铁的气味，就会很快吐出泥沙。

7. 宰杀黄鳝妙技巧

把黄鳝用水洗后捞入容器内，倒入一小杯酒（酒度不能太低），片刻黄鳝醉晕过去（但还未死），即可任由宰杀。

8. 杀甲鱼的简易方法

①把甲鱼放在平板上，使其四脚朝天，这时甲鱼因无法爬行，必将伸出四脚和头颈奋力挣扎。此时，用左手按住肚底，右手举刀对准其颈部一刀斩下即可。

②将甲鱼腹朝上平放在案板上，逼其头颈伸出，或用竹筷子等让其咬牢，拖出头颈，将头斩杀。再把甲鱼放在70℃左右的热水中浸泡，除去黏液，刮尽裙边上的黑色和老皮，然后剖开腹壳，取出内脏，清洗备用。

9. 鱼类巧洗的两个方法

①有污泥味的鱼，用凉浓盐水洗一洗，污泥味即除。

②刮鱼鳞前用香醋擦一遍，鱼鳞易除。

10. 带鱼去鳞的三个技巧

①把带鱼在温热碱水中浸泡一会儿，然后用清水冲洗，鱼鳞就会洗得很干净。

②把带鱼放入80℃左右的热水中烫15秒钟，然后立即移入冷水里，用刷子刷，鱼鳞也能很快去除。

③将带鱼放在温水中浸泡一下，然后用脱粒后的玉米棒来回擦，鳞易除又不伤带鱼肉质。

11. 巧切鱼片

步骤一：必须选择新鲜的鱼，否则鱼肉质松弛，切片后容易断。

步骤二：鱼宰杀洗净，切下鱼头，沿脊椎骨平刀顺长一剖两片，去掉全部鱼骨、鱼皮（小黄鱼可以不去）。

步骤三：持刀平稳，用力均匀，刀要随时擦干，案板要清洁。

步骤四：鱼肉横卧案板上，皮朝下，斜刀自上而下切成秋叶形片，约3厘米。切好的鱼片放在容器中，上浆挂糊，就可以炒出一些美味的鱼片菜肴来。

12. 巧切咸鱼干

往刀刃上涂些生姜汁和麻油，再硬的咸鱼干也能顺利切断。

13. 咸鱼返鲜妙法

①将咸鱼放进一盆淘米水中，再加入约50克食用碱面，搅拌均匀，浸

泡 4 – 5 个小时即可烹调。浸泡过的咸鱼咸味减轻，而且味道鲜美。

②在一盆温水中加进约 200 克食醋，将咸鱼浸泡半日，也可使咸鱼返鲜。

14. 巧化冰冻鱼

冻鱼烹饪前需要解冻，最好是在鱼身上洒上米酒，然后把鱼放入冰箱冷藏室，这样鱼很快就可以解冻，而且不会损失营养成分。

15. 巧洗墨鱼干鱿鱼干

洗前将鱼干泡在溶有小苏打粉的热水中半小时，这样就很容易去掉鱼骨，剥去表皮。

16. 生发鱿鱼的窍门

先用清水将鱿鱼浸泡一天后捞出，按每 500 克鱿鱼 50 克烧碱的比例，将烧碱用清水化开，加适量水（以能淹没鱼为度），把鱿鱼放入浸泡，勤加翻动。待鱿鱼体软变厚时，捞入清水中浸泡即成。

17. 泡发鱼翅的方法

发鱼翅首先用开水浸泡，然后用刀刮皮上的沙子，翅子较老则须反复泡刮，至沙掉为止。将干净的鱼翅放入冷水锅加热，水开后即离火，待水凉取出翅脱去骨，再入冷水锅，加少许碱，开锅后文火煮 1 小时左右，待用手掐得动时出锅，再换水漂洗一两次，去尽碱味即可烹制。

18. 收拾鱼时防滑法

收拾鱼时，由于鱼表面的黏液作怪，鱼总是从手里滑出去，此时在鱼的表面涂些醋，就可以解决这个问题了。

清洗螃蟹要除掉四样东西

①除去蟹胃（俗称"蟹和尚"）。就是蟹斗中与蟹黄在一起的一个近似三角形的骨质小包，其里面藏有污物，不能食用。

②除去蟹肠。这是在蟹脐中的一条黑色污物，可在蒸蟹前洗时清理掉，也可以在食用时除去。

③除去蟹心脏（俗称"六角虫"）。就是在靠近蟹黄处的一个近似六角形的东西，此物据说寒性较重。

④除去蟹鳃（俗称"蟹眉毛"）。就是长在蟹肚面上两排软绵绵如眉毛状的东西，此物味道不好。

蛋的加工法

1. 妙分蛋清蛋黄法

①将蛋打在漏斗里，蛋清可顺着漏斗流出，蛋黄则留在漏斗中。

②将蛋的大头和小头各打一个洞，大头一端洞略大些，将鸡蛋朝下，让蛋清从中流出，待蛋清流完后，打开蛋壳即可取出蛋黄。

2. 煮鸡蛋小窍门

煮鸡蛋要用凉水，开始用文火，待水开一会后再加大火，这样蛋内的空气便从蛋壳的微孔慢慢释出，不致骤地而使蛋壳破裂。还可将鸡蛋先在冷水中浸湿，再放进热水中煮，也可避免蛋壳破裂。

还须注意煮的时间不宜过长，不然不仅有碍消化，而且会使鸡蛋出现怪味。

果蔬加工法

1. 切洋葱不刺眼诀窍

葱和洋葱是辛辣植物，在切葱或洋葱时，它们含的酶会刺激人的眼睛，使之流泪不止。要使切葱时不刺眼，有下面 3 个窍门。

①葱放进冰箱冷冻室，过一两分钟后拿出来再切，就不会刺眼了。

②在开着的水笼头下切葱，酶分子会溶化在水里流失，可避免眼睛受到酸辣的刺激。

③切时经常把刀放在水中浸一会儿，同样能起到减少眼睛受刺激的作用。

2. 用温热水泡大蒜易剥皮

食用大蒜须一瓣一瓣地剥皮，既不好剥又费时间，若把蒜头掰成瓣，在温热水中浸泡 4~5 分钟，用手一搓皮就掉了。

3. 去苦瓜苦味两法

苦瓜是南方菜肴，它营养丰富，夏日食之可清火去烦，还有防癌的功效，但美中不足的是苦味太重。要去苦瓜的苦味，可以采用以下两种方法：

①瓜切好以后，加少量盐渍一下，沥干后再烹炒，苦味就可减轻。

②炒苦瓜时，加少许白糖，再淋少许醋，亦可起到减轻苦味的作用，

这样烹炒出来的苦瓜特别清香可口。

4. 蒸煮芋头巧去皮

芋头削皮太麻烦，费时费力，又脏又累。可将芋头浸泡水中半小时后洗净，放进压力锅蒸或煮，开锅盖上限压阀10分钟即熟，出锅用冷水冷却后挤皮，既快又干净。

5. 沸水烫西红柿易去皮

在西红柿底部划个小十字，放入沸水中烫五六秒钟，立即取出浸入冷水中，即可轻易地从十字形部位剥皮。

6. 巧妙泡发笋干

笋干是用鲜竹笋加工而成，常见的有玉兰片、晒笋干和熏笋干等品种。玉兰片是用冬笋蒸熟后，再用炭火焙干而成，色泽呈乳白或淡黄色。晒笋干是将春笋煮熟，在阳光下晒干而成，色泽深黄。熏笋干是将春笋煮熟，再用烟熏而成，色泽发黑。上述品种以玉兰片为上，晒笋干次之，熏笋干则又次之。

笋干因加工方法不同，泡发的方法也不尽相同。现将各自泡发的方法介绍如下：

①玉兰片。因其质地软嫩，不宜用开水泡发，一般入凉水中浸泡一天，水冷浸后，再用温水浸泡半天即可烹制。

②晒笋干。先用温水浸泡两小时，切除老苑部分，切成薄片，再用温水泡半天即可。

③熏笋干。因其烟味较浓，用开水煮1小时，捞出后入清水中浸泡约48小时，中间需换清水两次，最后切为片或丝，再用温水浸泡半天即无烟味了。

7. 加淡醋洗蔫菜可变鲜

冰箱中的蔬菜因贮存时间较长而显得发蔫，可以在清洗时滴3～5滴食醋小泡一会儿，洗好的蔬菜将鲜亮如初。

8. 土豆去皮妙法

①用金属丝球刷土豆皮，效果理想，既省时又省力。

②洗净的土豆用开水烫上3～5分钟（水淹过土豆为宜），再用小刀或手指甲盖轻轻地刮，土豆皮就可剥落。

③鲜土豆用水浸湿，粗略洗一下以去泥土，然后用丝瓜络（丝瓜瓤）搓土豆的皮，皮即可大片除去。

9. 发豆芽法

步骤一：选颗粒饱满整齐的豆粒，用清水浸泡豆粒到表面无皱纹、能捏扁时捞出，装入经过消毒的箩筐或木桶（桶底要有几个漏水小孔）中。装豆不可太多，以免影响空气流通，妨碍生长。

步骤二：接着在底层铺草以保持水分，豆面上铺草防淋水时冲断芽根。在生芽期，夏天每天淋 6 ~ 8 次，冬季每天 5 次，室温保持到18 ~ 22℃为好。

步骤三：当豆芽长到0.5厘米时，把漏水孔堵住，放水轻搅，使有芽豆上漂，无芽豆下沉，然后排水，这有助于发芽。

步骤四：当豆芽长到1厘米时，豆面上铺布压块木板，上面加砖，第一次一块，以后逐渐增加，这样会使豆芽粗壮。芽生到3厘米左右就能吃了。

10. 干蚕豆加碱焖易去皮

把干蚕豆放入陶瓷或搪瓷器皿内，加入适量的碱，倒入开水焖一分钟，即可轻易把蚕豆皮剥下，但其豆瓣要用水冲洗一下，以去掉碱味。

11. 泡发香菇小窍门

香菇的鲜味是由核糖核酸形成的，核糖核酸只有在60℃以上的热水中浸泡，才能被水解成具有鲜味的鸟苷酸，因此香菇不宜用冷水泡发，应用热水浸泡。

12. 泡发木耳应使用凉水

木耳在生长中含有大量水分，干燥后变成革质，用凉水浸泡，缓慢的渗透作用可使木耳恢复到生长期的半透明状，每千克可涨发至3500 ~ 4500克，吃起来脆嫩爽口。

热水发木耳每千克只能涨发2500 ~ 3500克，且口感绵软发粘。

13. 桃子除毛法

①桃子用水淋湿（先不要泡在水中），抓一撮细盐涂在桃子表面，轻轻搓几下，注意要将桃子整个搓到，接着将沾着盐的桃子放水中浸泡片刻，此时可随时翻动，最后用清水冲洗，桃毛即可全部去除。

②桃子外面全身覆盖着一层细细的毛，用手擦洗，或用洗涤液都不能有效去除，若用清洁球擦拭，效果明显。

14. 巧使柿子脱涩法

①浸泡法。把柿子浸泡在50℃的水中，24小时后涩味即可去除。

②将涩柿子和成熟的梨、苹果一类的水果混装在密闭的容器里，一周

后可去除涩味。

③将涩柿子放在陶瓷容器里，喷上白酒，3～4天后可去除涩味。

④水浸泡法。用1∶5的石灰水（澄清后）浸泡涩柿子，约一周后，柿子的涩味就消除了。

15. 用滚水巧剥桃子皮

桃子剥皮时，只要把它浸在滚水中一分钟，再浸到冷水中，皮便会很容易剥下。

16. 巧用白酒催熟水果

有些水果虽已成熟，但所含淀粉的糖化以及有机酸和单宁的氧化等过程都进行得很慢，吃起来不太甜，而且带有涩味。采用下述催熟的方法可改善水果的色香味。

把不太成熟或将要成熟的桃、李、杏、梨、香蕉、青枣等果品放在罐或坛内，喷上白酒盖严，经过2～3天，青色变成鲜艳的红色，甜味大增，酸涩感全部消失。

17. 小苏打可除蔬菜残留农药

蔬菜施洒农药之后，部分农药可通过根部吸收，进入植物体组织中，逐步扩散到叶、茎、果实和种子等部分，造成积累残留。

清除方法是：买回蔬菜后，可放入木桶或盆内，先用清水冲洗干净，再换一次清水，适量放入小苏打或漂白粉，任其浸泡10分钟左右，然后再用清水多冲洗几遍，这样即可除去留在蔬菜上的有机磷农药。

18. 蒜酒醋巧除肉中残留农药

畜禽如果食用有残留农药的蔬菜和其他农作物后，肉类食品中也会有残留农药，要去除残留农药，可将肉炸到橙黄色，其时能减少10%～40%的农药残毒，用高压锅蒸肉20分钟，可减少30%，在烹调中加入适量的大蒜、酒和食用醋，不但肉味更加鲜美，也能有效地降低肉中农药的毒性。

干果加工法

1. 核桃去壳剥皮妙法

吃核桃时，用一个锤子或砖头砸开硬壳就可以吃果仁，但往往同时果仁也被砸碎，怎样取出完整的果仁呢？

将核桃放在蒸笼内用大火蒸8分钟取出，立即放入冷水中浸泡，3分钟后捞出，逐个破壳，就能取出完整的果仁。

把去了壳的果仁再次投入开水中烫 4 分钟，取出后只要用手轻轻一捻，就能把皮剥下。

2. 开水浸泡易剥生板栗

把板栗用刀切成两瓣，去外壳后放在盆里，加上开水，浸泡一会儿后用筷子搅拌，板栗的薄皮就会脱去。

不过要注意，浸泡时间不宜过长，以免板栗的营养成分损失掉。

3. 巧去栗子皮法

①生栗子置阳光下晒一天，栗子壳会开裂，这时无论生吃还是煮熟吃，都很容易剥去外壳和里面那层薄皮。

②将每个板栗切一个小口，然后加入沸水浸泡，约 1 分钟后即可以从板栗切口处很快地剥出板栗肉。

巧妇烹调技巧多——食品的烹调

食材加工技巧

1. 肉类烹调火候掌握的三个方法

①炒肉丝、肉片、猪腰、猪肝：腌渍上浆后，放入油温 4~5 成热的油中滑一下油，随即捞出，改用旺火、热油，快速煸炒后出锅。

②焦熘肉片：旺火、热油，将肉片挂糊后放入热油中炸一下，再改用中火使原料炸透，捞出备用。锅中热油倒出，留些底油，放在旺火上，加入调料搅拌，待稠浓，倒入炸好的原料，拌匀即成。

③与蔬菜同炒：旺火、热油，分别翻炒，再回锅同炒，迅速出锅。

2. 蛋类烹调火候掌握三法则

①煎荷包蛋：小火热油，以保持形态完整，外香内熟。

②炒鸡蛋：旺火热油，油量要多，能使成品松软可口。

③炖蛋汤：将蛋加适量水搅匀，水烧开后放入锅中，用中小火蒸，约 15 分钟即成。

3. 蔬菜烹调火候掌握三法则

①炒青菜、油菜、芹菜、韭菜等：用旺火热油，菜下锅后快速翻炒，

断生即可出锅。炒菠菜如前法，时间更短。②炒豆芽：旺火热油，不断翻炒，边炒边淋些水，以保持豆芽脆嫩。

③炒土豆丝：先将土豆丝放在水中洗几遍，旺火热油，翻炒至土豆丝呈黄色，加调料，再炒几下即成。

4. 判断油温高低的窍门

烹调用的炉火可以分三档：①急火。于爆、煸、炒，能使主料迅速受高温，纤维收缩迅速，肉内水分很难溢出，菜肴既脆又嫩。②中火。用于烹、炸菜品尤其是外面挂糊的主料，外脆里嫩，色香味俱佳。急火会使主料焦煳，小火会出现脱糊现象。③小火。用于清炖牛肉、猪蹄等菜品，宜先用急火沸水焯一下，清除血沫和杂质，然后移入中火加副料，稍煮片刻移入小火，烧到一定的时间再加调料炖煮至熟，吃起来酥烂可口。

5. 油温识别方法

烹调术语常用油温几成热，掌握的方法是：3～4 成热：80～130℃，油面平静，无烟和声响，菜入锅后，有少量气泡，伴有沙沙声。5～6 成热：140～180℃，油面波动，有青烟，原料下锅后，气泡较多，伴哗哗声。7～8 成热：190～240℃，油面平静，有青烟，菜勺搅动时有声响，菜下锅后，有大量气泡，并伴有噼啪的爆破声。9～10 成热：250℃以上，油面平静，油烟密而急，有灼人的热气，原料下锅后，大泡翻腾伴有爆炸声。

6. 油炸食品温度基本原则

炸制食品关键是掌握好油温：①炸花生米、蛋松：100℃左右为宜，油面由四周向中间翻动，没有油烟，有 3～4 成热。②炸咕老肉、松鼠桂鱼：170℃左右，油烟开始升起，有 5～6 成热。③炸糖醋排骨（第二遍）：油面趋于平静，出现较大量油烟，7～8 成热。

7. 烹调油温适用

烹调油温的基本原则：需上浆滑油的，油温 4～5 成；要挂糊炸的菜肴，油温 7～8 成，炸制的食品外脆里嫩；爆制的，油温 8 成以上。另外，油温还要根据原料大小、用油多少、火力强弱等调整，但尽量不要让油温太高。

8. 家宴菜品配备

①荤素搭配。素菜应超过 1/3，荤菜宜以鱼、虾、海鲜为主，少用鸡、鸭、肉。②色彩缤纷。荤菜的色彩要淡雅、明快。如雪白如玉的目鱼卷，红而不艳的油爆虾等；翠绿的豌豆、橙黄的胡萝卜、嫩黄的笋片、艳红的

樱桃等都可用来配菜，使人赏心悦目。③软硬兼顾。有适宜老人的软嫩、酥烂的菜肴；也有香脆的凉菜，脆嫩的干炸菜肴。④口味多样。酸甜、麻辣、咸甜、鲜淡、咸爽，相互交织。⑤营养丰富。营养素搭配平衡，高蛋白、低脂肪、绿叶素、维生素等种类、数量、质量的比例要符合人体的实际需要。

9. 烹调配菜

①主次分明。两种以上原料构成有主料、辅料之分，如咖喱鸡块，鸡块是主料，应当多些，土豆是辅料。也有不分主次的，如炒三鲜，三者用量相近。②营养充分。把几种营养成分不同的原料搭配在一起，使菜肴营养更丰富全面。③形状匀称。块、片、条、丁基本做到整齐、均匀。④色彩悦目。配色有"顺色"和"异色"之分，"顺色"以一种颜色为主调，配以相近的色彩，"异色"则以不同的色彩反衬主料。⑤口味调和：各种原料的口味要互相配合、协调。

10. 冷油煎鱼防粘锅小窍门

将炒锅洗净烘干，先加少量油，使油布满锅面后将热的底油倒出，另外加上已经烧熟的冷油，形成热锅冷油，再煎鱼就不会粘锅了。

11. 煎蛋防粘锅的技巧

先把锅烧热再加适量的油，然后用中火煎蛋，就不会粘锅。

12. 茄子烹调防变黑的四个方法

①削去茄子皮再烹调。②茄子切后立即下锅，或浸泡在水中。③烧茄子时，放入去皮去子的番茄，既可防变色，又能增添美味。④烹调茄子的铁锅必须洗净，且不能长时间盛放。

13. 藕片烹调防变色

嫩藕可切成薄片，用滚开水烫片刻取出，用盐腌一下，然后冲洗；加醋、姜末、味精、麻油等调拌凉菜，不易变色。上锅爆炒，颠翻几下，放食盐、味精立即出锅，也不会变色。炒藕丝时，可边炒边加水，才能保其白嫩。

14. 蒸菜防干锅

蒸锅里放入碎碗片，会随沸水跳动不断发出声响，听不到响声就说明锅里没有水了。

15. 炒菜省油小窍门

炒菜时可先用少许油炒，待将熟时，再放一些熟油进去，翻炒后即出锅，可使菜汤减少，油渗入到菜里，油虽用得不多，但油味浓、菜味香。

16. 麻花炸制加水省油

先在油锅中倒入 300 克水，水沸后再倒入油，油开后就可放入麻花炸制。这样，约能炸 5 千克面的麻花，炸出的麻花好看好吃又省油。

17. 煮粥不溢三法则

①滴入芝麻油法。煮粥稍不注意米汤就会溢出来。如果在锅里滴几滴芝麻油，开锅后用中、小火煮，那么再沸也不会溢出来了。②温水下锅法。煮粥时，先淘好米，待锅半开时（水温 50～60℃）再下米，即可防止米汤溢出来。③加笼屉法。在煮粥的锅上加一层金属的笼屉后再加盖，便可放心地煮粥，无须揭盖，米汤也不会溢出来。因为米汤升温沸腾上涌时，遇到温度较低的笼屉及其上方较冷的空气便会自行回落，米汤如此反复升降而不溢出锅外，用此法煮粥时，还可顺便在笼屉上热些馒头和菜等食物。

18. 牛奶嫩化鱼肉小窍门

做鱼汤时加入少许牛奶，可使鱼肉白嫩，汤味鲜美。

19. 凤仙子能使牛肉更嫩

在烧牛肉时加入几粒凤仙子，肉就容易煮烂，可节省时间和燃料。

20. 白糖嫩化火腿

在火腿皮上涂一些白糖再煮，很快就能煮烂，肉嫩而可口。

21. 芥末嫩化牛肉

先在老牛肉上涂上一层干芥末，次日再用冷水冲洗干净，即可烹调，这样处理后肉质细嫩容易熟烂。

22. 啤酒嫩化肉片

用少量芡粉和啤酒淋在肉片上拌匀，5 分钟后入锅烹制，炒出来鲜嫩、味美、爽口。

23. 猪胰嫩化老鸭

取猪胰 1 块，切碎与老鸭同煮，鸭肉易烂，汤汁鲜美。

24. 鸡蛋能除辣

辣椒太辣，可打一只鸡蛋进去一起炒，可减轻辣味。

25. 番茄汤酸味消除窍门

番茄煮汤，离火后再放适量的精盐调匀，汤就不会酸了。过早放盐，汤就会发酸，影响鲜味。

26. 紫菜去除油腻

汤过分油腻时，可将少量紫菜先放在火上烤一下，然后放入汤内，再放一点芫荽，就能减除腻味。

27. 食用色素合理使用法

加工食品不宜使用色素，必要时，则宜用天然色素，而且不能过量。目前，我国批准使用的四种色素的使用标准量是：苋菜红、胭脂红不得超过万分之零点五，柠檬黄、靛蓝不得超过万分之一。

28. 干菜烹调技法

干菜红烧时应先用温水将干菜泡 30 分钟，然后再烧。不能用开水泡，以免泡烂菜叶。熬煮时可多放些水，用小火慢慢煮。煮时可先放糖，熟后再放油，味美而又省油。

29. 土豆烹调技法

烧土豆火急了会外糊内生，因此用文火好。烧土豆时，应待其变色后再加盐升温，否则土豆会形成硬皮，出锅易碎，味道欠佳。

30. 花菜烹调窍门

煮花菜时加 1 汤匙牛奶，会使花菜更加白净、色味诱人。

31. 烹调香椿窍门

香椿洗净后要用开水烧透或烫一下。这样处理过的香椿颜色转绿，香味浓郁，经久不退，用来拌豆腐、炒鸡蛋都十分可口。

32. 烹饪嫩玉米的窍门

选嫩度适中的玉米，搓下玉米粒；将 100 克瘦猪肉切丝，加佐料和水淀粉拌匀；油烧热后放入肉丝，滑散后盛起；另放油、盐，烧热后放入玉米粒爆炒至熟，再放入肉丝，翻炒几下即出锅，红白相间，清香可口。

33. 酥软鱼骨的技巧

烧鱼时，可在锅里放入少许山楂子同煮，能使鱼骨酥软，鱼肉可口。

34. 巧煮牛肉

煮牛肉时，放几颗山楂，或生嫩的木瓜皮，或几块土豆，牛肉可烂得快些。

35. 煮鸭增香技巧

用几片火腿肉或腊肉与老鸭同煮，能增加鸭肉的鲜香味。

36. 巧炸猪排技巧

炸猪排前，先在有筋的地方切二三个口子，然后再炸就不会缩了。猪排炸好后放于盘中，再将制好的芡倒入盘中，这样就可保持猪排脆酥了。

37. 奶粉炸鸡味更美

用奶粉代替面粉，或两者适量混合挂糊，炸出的鸡色、香、味俱佳。

38. **米酒炒鸡蛋风味独特**

炒蛋时加米酒，炒出的鸡蛋鲜嫩松软、光泽鲜艳。

39. **速冻蔬菜烹调的技巧**

烹调速冻蔬菜前无需化冻，不要洗涤，只需用冷水氽一下去掉冰碴。炒菜时要用旺火，做汤时待汤沸后再下菜，可保持速冻蔬菜鲜嫩美味。

40. **啤酒烫制凉菜增加风味**

把菜放在煮沸的啤酒中烫浸一下，热啤酒中的叶酸、烟酸分解为食物中的矿物质钙，可大增凉菜风味。

41. **啤酒焖牛肉异香扑鼻**

用啤酒代水烧煮牛肉，肉嫩质鲜，异香扑鼻，为传世佳肴。

42. **啤酒蒸鸡味道纯正**

将鸡肉浸泡在含20%啤酒的水中，作为清蒸鸡的辅料，蒸出的鸡，嫩骨爽口，味道纯正。

43. **如何烤制哈蜊**

烤蛤蜊时，应将连接两个贝壳的韧带切断，便可防止蛤蜊自动跳离烤盘。

44. **鲜鱼蒸制的技巧**

用盐、味精、料酒、胡椒将鱼腌透，水开后放入，时间越短越好。如鱼眼鼓起，则表明已熟了。

调料配给技巧

1. **姜汁防粘锅的窍门**

焖饭、炸鱼前，先在锅内底面抹上姜汁，能有效地防止粘锅底。

2. **正确添加调料**

烹调时加调料的正确顺序是：先加糖和酒，其次加盐，然后加醋，最后才加酱油、味精。

3. **烹调加盐时机掌握**

炒菜加盐宜迟，待菜快熟时再加盐，煸炒均匀即可出锅。烧汤加盐也宜迟，盛起前放盐即可，菜中的水分大量渗出，使菜不容易酥烂。

4. **巧用花椒防溢油**

炸食物时，油的体积很快增大，有时会溢出锅外，只要投入几颗花椒，胀起的油就会消下去，不致外溢。

5. 加盐防溅油

在热油中先放少许盐，再煎炒食物时油就不会外溅。

6. 热油消沫法

油热泛起泡沫后，加入一点水，油沫就消除了。或者在油内放几段葱叶，稍炸片刻，油沫也会消除。

7. 醋嫩化肉质

很硬的肉难以煮烂时，可用叉子蘸点醋逐次叉到肉里去，放置30分钟，就可以使肉质变软变嫩，因为醋的用量很少，所以不会影响肉味。

8. 汤过咸处置三个技巧

如果汤做得过咸，用纱布包一些煮熟了的大米饭放进去，能吸收盐分，减轻咸味。或切几块土豆片下锅一起煮，煮熟立即捞起，汤就不那么咸了。

9. 米酒可去除酸味

放些米酒，可使多放了醋的菜减轻酸味。

10. 米酒浸淡咸鱼

咸鱼过咸时，可将鱼洗净后放入米酒中浸泡2～3小时，咸味就能减轻。

11. 盐水减轻咸肉咸味

过咸的咸肉应该用淡盐水来漂洗，按咸味轻重可连续漂洗几次，最后用清水洗净。

12. 烹调加酒时机掌握

烹调中最早加入的调料是酒。加酒的最佳时机是锅中温度最高时。具体的加酒时机是：炒虾仁，在虾仁滑熟后加酒；炒肉丝，在肉丝煸炒完毕时加酒；红烧鱼，在煎后立即加酒，以保持酒香入味。

13. 葡萄酒可防鱼粘锅

煎鱼时，在锅里喷半小杯葡萄酒，可防止鱼皮粘锅。

14. 合理使用料酒

大火炒菜，应及时喷上料酒，马上起锅。过早喷酒，容易挥发。腥气较浓的鱼、肉可先用料酒浸一会儿，让酒精渗透到胺类物质中，然后烹调，腥味就能消除。或先将鱼、肉表面用料酒抹一遍，再加点葱、姜，然后入锅清蒸，锅内温度不断升高，腥味随之挥发。煎鱼、炖肉，可将适量的酒放在佐料中。在烹调过程中，让鱼肉的腥味，被酒精溶解并随热量而挥发。

食品鲜为贵，储存显真功——食品的储存

蔬菜储存技巧

1. 存放香菜三个窍门

①将香菜根去掉，烂叶、黄叶摘去，然后编结成一根长辫子，挂在阴凉通风处，干后可长期食用。食用时，将干了的香菜用温水浸泡一下，香菜依然鲜绿，香味不减。

②把新鲜香菜的根部浸入食盐沸水中，半分钟后全部浸入，约10秒钟，待叶迅速变成翠绿时取出，挂起来阴干，然后剪成1厘米长的小段，装入带盖的玻璃瓶或瓷罐中。食用时可以直接撒入汤锅，或先用少量开水泡一下，其味芳香，与鲜菜几乎无异。

③将新鲜香菜捆成小捆，包上一层报纸，把菜根部插入塑料袋中，稍捆扎留出一定空隙，以防根部腐烂，然后将根部朝下，置于阴凉处。采用这种方法，香菜一星期内仍然鲜嫩如初。

2. 塑料袋保鲜韭菜

将鲜韭菜装入塑料袋放于阴凉的地方，可保鲜三四天，冬天可保鲜一星期左右。

塑料袋贮藏西红柿

夏季西红柿大量上市，可挑选青红色的放进食品袋，30厘米×40厘米的食品袋大约放3500克左右的西红柿，扎紧口袋。放在阴凉通风处，每隔一天打开口袋一次，并揩去袋里的水和泥，5分钟后重新扎紧口袋，以后可以陆续把红熟的取出食用，待全部转红以后，就不要再扎口袋。

此法一般可贮藏西红柿1个月左右。秋西红柿用此法贮藏，效果更好，可使整个冬天有鲜西红柿吃，但换气时间间隔为3～7天一次。

3. 用盐渍保存鲜蘑菇

先把蘑菇放进10%的盐水中煮沸30秒至1分钟，迅速捞出晾干水分。冷却后，按500克蘑菇250克盐的比例，先在缸内铺一寸厚的精盐，然后放一层蘑菇盖一层盐，直到把缸填满，上面再用饱和盐水灌缸封口，压上石块，以防蘑菇漂浮。

如此，腌藏的蘑菇可保存一年不变质。食用时，捞出来用清水洗净便可烹调，味道鲜美如初。

4. 冬藏莲藕

收获后的莲藕处于休眠状态，具有喜阴凉潮湿的特点。它皮薄肉嫩，保护层较差，在空气中暴露时间过长，表皮易变为铁锈色。现介绍冬藏莲藕的两个方法。

①土藏法。挖一个坑，除去石块等杂质，坑的大小根据莲藕的多少而定，先在坑底铺一层湿土，然后小心放入一层无病无碰伤的莲藕，接着再放一层湿土一层莲藕，放置 5~6 层止，上面覆盖 10 厘米左右的细土，然后盖 0.3 米厚的树叶、柴草，下雪后及时扫除积雪。食用时，随取随即盖严。

②水藏法。把莲藕上的泥土洗净，放入缸内用清水浸没，5~6 天换一次水，能储藏 2 个月，保持嫩白。

5. 贮藏冬笋技法

①沙藏法。取废旧木箱（纸箱亦可）或旧铁（木）桶一只，底部铺 6~10 厘米厚的湿黄沙，将完好无损的冬笋尖头朝上排列在箱（桶）中，然后将另一部分湿沙（以不沾手为度）倒入并拍实。湿沙要埋住笋尖 6~10 厘米，然后将箱（桶）置于阴暗通风处。用这种方法可贮存 30~50 天，最长的可达 2 个月以上。

②封藏法。取酒坛或沿口完整的陶土罐或缸一只，将无破损的冬笋放入，并用双层塑料薄膜盖口扎紧，或取不漏气的塑料袋，装笋后扎紧袋口。此方法亦能保鲜 20~30 天。

6. 豆腐保鲜二法

①先烧一点水，水中放少许食盐，待盐水冷却后，把豆腐放在里面，豆腐可保存两三天。

②将豆腐放入泡菜坛水中，四五个月不会变质，而且味道变得较为鲜美。

7. 巧妙存放干豆角

挑选个大、肉厚、籽粒小的豆角品种，摘去筋蒂，用清水洗净，上锅略蒸一下，然后用剪子或菜刀按“之”字形剪切成长条，挂到绳子上或摊在木板上晒，至干透为止。

然后把晒好的干豆角拌少量精盐，装在塑料袋里，放在室外通风处。吃时，用水洗净，再用温水浸泡 1~2 小时，捞出，控干水分，与各种肉食品同炒，其鲜味不减。

8. 大葱贮存小窍门

秋后家庭贮存大葱，应挑选葱白粗壮无烂伤的葱，散开在阳光下略晒几天，待叶晒蔫时，七八棵为一捆，用叶子挽成一个结，在干燥、阴凉、避风处排开，可贮存到来年。

9. 埋生姜巧保鲜

可取花盆或旧脸盆一个，在底部垫上一层半湿不干的沙子，放一层鲜姜，鲜姜要选择质量好一些的，鲜姜上要再放一层沙土，埋好后向上面洒些水，使之保持潮湿，这样鲜姜能保存半年以上。

注意，沙土要保持潮湿，太干姜则变干，太湿姜会烂掉。另外，干净的鲜姜埋入食盐中，也可延长贮存期。

10. 大蒜头保鲜

①可将大蒜头在石蜡液中浸一下，使大蒜的表面形成一层石蜡薄膜，从而隔绝空气并防止水分散失。处理后的大蒜头能够长期保存，不发芽，不干瘪，无异味，不变质，另外还能防虫蛀。

②先在箱、筐或坑的底部铺一层厚约 2 厘米的稻壳，层层堆至离容器口 5 厘米左右时，用糠覆盖，不使蒜头暴露在外面。这种方法也可将蒜头保鲜时间延长。

11. 妙储大白菜

首先要选好菜，选择晚熟青口菜最耐存放。

储存要晾晒，白菜帮、叶晒白发蔫后才能储存。菜的外帮是保护白菜过冬的重要条件，不能去掉。

晾晒后，单行码放在楼道、阳台、过厅等处均可。

储存白菜前期怕热，后期怕冷。在天气未大冷时可放屋外，晚上注意苫盖好。当气温下降时，必须严密苫盖，防止冻坏，白天天气好时要打开通风。如发现菜冻了，要及时搬入温度较低的室中（以 3～8℃为宜），缓慢化冻，切忌放到高温处回暖。

视菜质变化情况，每隔五六天翻动一次，轻拿轻放，减少外帮损失。

12. 冬瓜贮存妙法

选择一些不腐烂、没有受过激烈撞击、瓜上带有一层完整白霜的冬瓜，放在没有阳光的干燥地方，瓜下放上草垫或木板。这样，冬瓜可以放4～5个月不坏。

13. 贮存花生米

将花生米晒干，装入塑料袋，同时放进几只干辣椒，把口扎紧。用这种方法保存花生米，可以防虫、防霉，安全过夏，一年不坏。

14. 巧用白酒保鲜奶粉

用一个小棉花球或卫生纸蘸点白酒塞在奶粉口袋的开口处，再扎住袋口，这样奶粉可以长久地保持不坏。

水果储存技巧

1. 巧用塑料袋保鲜香蕉

香蕉买回来一次吃不完，如放在冰箱或保存于一般条件下，香蕉易冻坏变黑。如果将香蕉放在食品包装袋或无毒塑料薄膜袋内，扎紧袋口，使之不透气，即可保鲜 1 周以上。

2. 橘子保鲜妙诀窍

①挖 1 米深、0.5 米宽的一条沟，沟底铺上高粱秆，再放鲜橘，用砖盖顶，上面再封 10 厘米厚的湿土，但不能让顶和壁上的土漏下去。用此法贮存的鲜橘，橘皮不干，水分不减，可放至第二年新橘上市，橘味保持甜酸可口。

②将锯木屑晒干到含水量为 5%～10%，用洗净晾干的木箱或纸箱，在箱子底垫上 2 厘米厚的锯末，再摆好橘子。橘子的果蒂向上，洒一层锯末，摆一层橘子，依次放满全箱，最后覆盖 3 厘米厚的锯末屑，加上箱盖但不可盖得太严，然后将箱子放在阴凉通风、离地面 20～30 厘米的架子上。用此法保鲜，百日后好果率达 90% 以上。

3. 荔枝保鲜储存的关键

如果将鲜荔枝果实放在比较密封的容器内，由于荔枝本身的呼吸作用，放出二氧化碳，容器内氧气少而二氧化碳增多，会自发形成一个氧气含量低、二氧化碳含量高的贮藏环境。

采用这种方法贮藏荔枝，在 1～9℃ 的低温下，能保存 30 天，在常温下能保存 6 天，品质变化不大，其中维生素略有减少，但不影响风味。家庭如果没有冷藏设备，可以用塑料袋密封后放在阴凉处，这样一般可以保存 6 天。

4. 巧用苏打水保存鲜果

柑橘等鲜果好吃却不易久存，它的外表很容易被细菌感染而烂掉，柑橘等可在放有小苏打的水中浸泡 1 分钟，捞出晾干后再装入塑料袋，可保鲜 3 个月。

5. 巧存苹果法

先将中等大小、无病斑、无机械损伤的成熟苹果选出来，在 3%～5% 的食盐水中浸泡 5 分钟，然后捞出来晒干，再用柔软的白纸包好，按下述方法贮存。

①水缸贮存法。先将水缸洗净晾干，然后放在荫凉处，在缸底放一个盛满干净水的罐头瓶，瓶口要开着，低温时将包好的苹果层层装入缸内，装满后用一张塑料膜封闭缸口。这种存放法可贮存苹果 4～5 个月，好果率达 90% 以上。

②纸箱或木箱贮存法。首先箱子应清洁无味，并在箱底和四周放上两层纸。将包好的苹果 5～10 个装入一个小塑料口袋中，乘早晨低温时，将装满苹果的口袋两袋对口挤放在箱子里，一层一层地将箱子装满，上面先盖 2～3 层纸，再盖一层塑料布，然后封盖，放在阴凉处。一般可贮存苹果达半年以上。

6. 储存葡萄窍门

①将亚硫酸氢钠和硅胶按 1:2 的比例混合在一起，分别装在若干个纸袋里，每纸袋装 13 克，5 千克葡萄用 3 个袋，装入容器内盖好，放入冰箱内，一个月换一次纸袋。如果是在 9 月份贮存的"玫瑰香"葡萄，可存到第二年春节，仍珠新水足。

②选取成熟的龙眼、巨峰等葡萄，用纸箱垫上两三层纸，然后将葡萄一排排紧密相接地放在箱内，并将箱子放在阴凉处，温度保持在 0℃ 左右，可存放 1～2 个月。

7. 贮藏西瓜妙法

①选择硬皮硬瓤的西瓜品种，在八成熟时，带蒂柄摘下，一个西瓜用一个塑料袋装好，封住袋口，放在阳光晒不到的阴凉处，如有条件能放到地下室或菜窖更好，使西瓜经常处于低温和自然缺氧环境。如果贮藏量少，可在地面单层摆设，如数量多，就要架设隔层，分层存放。最好在瓜的底部垫上草垫，防止压伤。

②挑选成熟度适中的无损伤带蒂的西瓜，放在阴凉通风的房间，把瓜蒂弯曲用线绳扎起来，每天用干净毛巾擦瓜皮一次，目的是将瓜皮的气孔堵塞。

8. 巧妙保存红枣法

①放在阳光下晒几天，为防止枣发黑，可在枣上遮一层篾席，或者在阴凉通风处摊晾几天。然后放入缸中，盖上木盖，也可在枣中拌上草木灰，放在桶中盖好。

②用30～40克盐，炒后分层撒在500克红枣上，然后放入缸中封好，红枣就不会坏，也不会变咸。

9. 贮存栗子窍门

①罐藏法。取一只干净的陶土罐，将栗子倒入其中，上口用双层油纸或塑料膜封住扎紧，过半个月或20天做一次翻拣，拣出坏了变质的，适当透气半天，然后仍封藏。这样栗子可保存到来年春天。

②沙埋法。找一只白纸箱或木箱，在底部铺放6～10厘米的潮黄沙，以不沾手为宜，栗子与潮黄沙以1∶2的比例拌匀，放在中间，上面再盖6～10厘米的潮黄沙，拍实，放在干燥通风的墙角，定期检查。用此法贮存一般可延长到来年清明。

10. 巧贮鲜蛋窍门六则

①在盛放鸡蛋的容器中先放一层谷糠，放一层蛋，再铺一层糠，放一层蛋，如此将容器放满。用这种方法保存，一般几个月不会变质。

②将鲜蛋放进80%的石灰水中浸泡，可保存6个月左右。

③将鲜蛋（质量好的）洗净，用毛巾擦干。在坛或罐的底部撒一层食盐，摆一层鸡蛋（注意鸡蛋摆时要互相隔开），再撒一层盐把鸡蛋盖住，然后再摆一层蛋，撒一层盐。如此直到坛罐装满为止。最后一层仍要用食盐盖严。用此法保存的鸡蛋，不咸不干，半年内新鲜如故。

11. 放胡萝卜巧贮红糖

在存放红糖的容器中，放一个或几个胡萝卜，5千克红糖里放一个胡萝卜，就能有效避免红糖变硬。

12. 不能存放在一起的食品

①粮食与水果。粮食易发热，水果受热后变干瘪，而粮食吸收水分后会发生霉变。

②蛋与生姜、洋葱。蛋壳上有许多小气孔，生姜、洋葱有强烈的气味，易透进小气孔使蛋变质。

③面包与饼干。面包含水分较多，而饼干一般干而脆，两者存放在一起，面包变硬，饼干也会失去酥脆。

④红薯与马铃薯。红薯喜温，存放的最佳温度是15℃以上，若9℃以

下就会僵心，而马铃薯喜凉，存放的最适宜温度为 2~4℃，两者存放在一起，不是红薯僵心便是马铃薯发芽。

虾蟹肉制品储存技巧

1. 鲜虾妙储存

将鲜虾放入冰箱贮存前，先用开水或油汆一下，这样即使存放时间稍长些，也依旧保持着虾原有的色、味、质。

处理后能使虾体内的游离生态、蛋白质、显色物质滞留在细胞内，成为不易变味的固态氨基酸分子，这样可使红色固定，鲜味持久。

2. 如何贮藏鲜蟹肉

将买来的活蟹洗净蒸熟，剥出蟹黄，剔出蟹肉（最好先准备几件专用工具，方可得心应手），放入炒锅内，加上适量姜末、精盐、料酒及清水，待水烧干后，盛入干净的瓦罐中，加上熬热的猪油（以淹没蟹肉为度），冷却后，密封罐口，置于阴凉处。

食用时，拨开猪油，挖取蟹肉，再迅速盖好贮存。

3. 保存火腿用香油

火腿切开后，对不吃用的部位，将切口面涂上香油，用食品塑料袋或洁净的纸贴紧包好，存放时，切口面向上，以免走油、虫蛀，产生哈喇味，但是要注意，火腿一经斩开，存放的时间不宜过长。

4. 放大蒜巧藏海味

一些海味的干制品，如干鱼、干虾、虾皮、海带，存放期间很容易发霉变质。若在收藏以前，先将海味晾干，剥几瓣大蒜放在罐子下面，再放入海味，将盖盖严，这样存放就不易变质。

粮食储存技巧

1. 夏季存放大米防虫的二条途径

①花椒防蛀法。用锅煮花椒水（花椒20粒、水适量），凉后，将布袋浸泡晾干后，把大米倒入，再用纱布包些花椒，分放在米的上、中、底部，扎紧袋口，放置阴凉通风处，既防米霉变，又能驱鼠、虫，使米安全过夏。

②海带防霉杀虫法。干海带吸湿能力强，还有抑制霉菌和杀虫的作

用。将海带和大米按重量 1：100 的比例混装，1 周后取出海带，晒干后再放在米中，便可保持大米干燥不霉变，并能杀死米虫。

2. 巧放花椒贮挂面

将买回来的挂面摊开，充分晾干，装进塑料袋里，再放入一小袋花椒，然后将塑料袋口扎紧。如需食用，取用后再将袋口扎紧，这样可防挂面霉变生虫。

3. 加白糖或盐可保鲜猪油

炼好猪油后，趁油尚未冷凝之时加点白糖，大约 500 克油加 50 克白糖，或加入少许食盐，拌匀后装入瓶中加以密封，就能使猪油长期保持醇香和鲜味。

茶酒储存技巧

1. 贮存茶叶三防

①防潮湿。茶叶经烘烤加工成品后，自身含水量低，吸潮性强。受潮后很容易发霉变质，因此，贮存茶叶的容器要放在室内干燥的地方。

②防曝晒。太阳光直接曝晒会影响茶叶的外形与内质，造成质量下降，因此贮存茶叶的容器不要靠近门窗和墙壁，即使茶叶受潮也只可以用文火烘烤，不宜放在阳光下曝晒。

③防串味。茶叶千万不要与有异味的物品混放，特别是不要和海味、烟、酒、肥皂、药品、香水、化肥、农药混放在一起。因为和这些用品放在一起，容易串味，导致茶叶质量下降，甚至失去饮用价值。

2. 巧放生姜贮蜂蜜

选择纯净而不含杂质的蜂蜜，再将蜂蜜放入干净的玻璃瓶或陶瓷罐内（千万别用塑料罐久贮蜂蜜）。每 500 克蜂蜜内加一小片生姜，密封后放在阴凉处贮存，这样可使蜂蜜久放而不变质，不变味。

如果发现蜂蜜发粘发酵，就应把蜂蜜盛在玻璃容器内，放在锅中隔水加热到 63～65℃，保温 30 分钟，即可阻止发酵。

3. 加红枣贮黄酒

黄酒是一种低度酒，如果贮存时间稍长一些，便会变质发酸。可以在黄酒中放进几颗红枣，这样不仅不发酸，而且两三个月内香味不减。

4. 贮藏啤酒，温度最重要

①鲜啤酒（生啤酒）未经过杀菌，酒中有活酵母，稳定性差，如存放

时间稍长或温度偏高，酒中的活酵母就会繁殖，使啤酒出现浑浊不清的现象，所以鲜啤酒保存时间短，在夏季不能超过 3 天，保存温度在 0～15℃之间。

②熟啤酒经过杀菌工序而成，它不易继续发酵，稳定性较好，贮存期较长，一般可保存半个月至一个月以上（与生产质量有关）。熟啤酒的保存温度在 5～25℃之间，不允许日光直射，一定要保持干燥和空气流通。

饮食禁忌多，切莫胡乱来——饮食禁忌

饮食搭配禁忌

1. 鸡蛋煮后忌冷浸

煮熟的鸡蛋如果不马上吃，最好不要用冷水浸。一些人常将煮熟的热鸡蛋浸在冷水里，利用蛋壳和蛋白的热膨胀系数不同，使蛋壳容易剥脱，但这种做法不卫生。因为鸡蛋刚生下时，其外表有一层保护膜，使蛋内水分不易挥发，并防止微生物的侵入。鸡蛋煮熟后壳上膜被破坏，蛋内气室腔的一些气体逸出，此时将鸡蛋置入冷水内会使气室腔温度急骤下降并呈负压，冷水和微生物可通过蛋壳和壳内双层膜上的气孔进入蛋内，时间长了容易腐败变质。因此，煮熟的鸡蛋不马上吃时，最好不要用冷水浸。

3. 忌冷水煮饭

人们煮饭时，往往都用生冷的自来水，其实这是不科学的。因为未烧开的自来水中含有大量的氯气，在煮饭过程中，会破坏大米中所含的人体不可缺少的维生素 B_1。一般情况下，损失30%左右。若用烧开的自来水煮饭，维生素 B_1 就可免受损失，因为烧开的自来水，氯气已随水汽蒸发掉了。

4. 忌在铝锅搅拌鸡蛋

蛋白遇铝会变成灰色，蛋黄碰到铝会变为绿色。所以，搅拌鸡蛋时不要在铝制器皿里进行，最好是用瓷器皿。

5. 忌用生豆油拌菜

豆油营养丰富，且有一种自然的清香味。因此，有的人常直接用来拌馅或拌凉菜。其实这种吃法很不科学，长期下去容易引起苯中毒。

因为，生豆油中含有微量的苯，对人体危害极大。苯遇高温容易挥发，加热是去除苯的有效方法。所以，用豆油拌馅或拌凉菜时，最好事先把豆油放到锅中烧开，这样，油中残存的微量苯就随之挥发了。其实用熟豆油拌馅和拌凉菜，同样美味可口。

6. 炒青菜忌加醋

烧菜时加少许醋，有利于维生素的保存，但并不是所有的蔬菜都适宜，如青菜就例外。

因为青菜中的叶绿素在酸性的条件下加热极不稳定，其分子中的镁离子可被酸中氢离子取代而生成一种暗淡无光的橄榄脱镁叶绿素，营养价值大大降低。所以，在烹调青菜时不宜加醋。

7. 忌用热水洗猪肉

有人喜欢把刚买回来的鲜猪肉放在热水中浸洗，以求干净。这样做会使猪肉丢失不少营养物质。

猪肉的肌肉组织和脂肪组织中，含有大量的肌溶蛋白和肌凝蛋白，肌溶蛋白极易溶于热水中。当猪肉在热水中浸泡时，大量肌溶蛋白就溶于水中。在肌溶蛋白里含有机酸、谷氨酸和谷氨酸钠盐各种鲜味成分。这些物质被浸出后，影响了猪肉的味道。

因此，猪肉不宜用热水浸泡。正确的方法是将买回来的猪肉先用干净粗布擦洗，除去污垢，然后用冷水快速冲洗干净即可。

8. 忌用热水发木耳

木耳为干菜制品，营养丰富，食用方便，耐储存，是居家必备的食品之一。

怎样发制木耳好呢？一般家庭大多是用热水发泡，觉得涨得快，便于急等使用，但是这种方法并不好。因为木耳是一种菌类植物，生长时含有大量水分，在发制时用凉水浸泡，是一种渐渐地浸透作用，可使木耳恢复到生长期的半透明状。所以凉水发木耳，每斤可出3.5～4.5公斤，且脆嫩爽口，也便于存放；热水发木耳，每斤只能出2.5～3.5公斤，且口感绵软发粘，不易保存。

如果不是急需使用，一般要提前3～4小时，用凉水将木耳浸泡在干净无油的碗中，这样发制的木耳效果较好。

9. 忌用保温杯沏茶

茶叶中含有大量鞣酸、茶碱、芳香油和多种维生素，只宜用七八十摄氏度的开水冲泡。如果用保温杯沏茶，使茶叶长时间浸泡在高温、恒温的水中，就如同文火煎煮一般。这样，茶中的维生素就会大量被破坏，芳香油大量挥发，鞣酸、茶碱被大量浸出，不但大大降低了茶的营养价值，还会使茶汁无香气，茶叶苦涩，有害物质增多。如果长期饮用这种茶汁，就会危害健康，导致消化、心血管、神经和造血系统的多种疾病发生。

10. 忌用保温瓶装啤酒

散装啤酒比较经济、实惠，又新鲜，很受人们的欢迎。夏天，人们喜欢把鲜冷的啤酒装在保温瓶里，认为这样既保证啤酒的新鲜度，喝起来又凉快。

实际上把啤酒装在保温瓶里是错误的。因为保温瓶内壁，长期存留热水，会有一层水垢，其中含有镉、铅、铁、砷、汞等多种有害物质。啤酒是一种酸性饮料，可以将上述有害物质溶解在啤酒里，如果饮用这种啤酒，就容易危害身体健康。

11. 忌用不锈钢器皿存放盐、酱油、醋

不锈钢是由铁铬合金，再掺入镍、钼、钛、镉、锰等微量金属元素制成的。虽然亮丽、耐腐蚀，但是如果使用不当，不锈钢中的微量元素会在人体内慢慢积累，而积累的数量达到一定的限度，就会危害健康。

人们喜欢用不锈钢器皿存放食品。如果用不锈钢长时间存放盐、酱油、醋、菜汤等，就会容易中毒。这是因为不锈钢与其他金属一样，容易和电解质发生化学反应。长时间用不锈钢存放的食物中，含有很多的电解质，一旦起化学反应，就会使有毒的金属元素溶解出来，这样就容易中毒。

所以，盛放盐、酱油、醋等，最好用陶器或者玻璃制品，不要用不锈钢器皿存放，以防中毒。

12. 牛奶与酸食忌同食

牛奶不宜与酸性水果、饮料同时饮用。因为牛奶进入胃后，先由胃蛋白酶和胰蛋白酶与牛奶中的蛋白质结合，然后进入小肠，此时吃进的酸性水果或酸性饮料（橘、橙及其汁等），会使牛奶中的蛋白质与果酸及维生素 C 凝成块，不仅影响消化吸收，而且还会出现腹泻、腹痛和腹胀等。如果要吃酸性水果或橘子汁等，应在饮用牛奶 1 小时后进行。

13. 柿子忌与白薯同吃

柿子、白薯分别吃，对人身体是有好处的。但若同时吃，就对身体不利了。吃了白薯，人的胃里会产生大量盐酸，如果再吃柿子，柿子在胃酸的作用下产生沉淀，沉淀物积结在一起，形成不溶于水的结块，难于消化。排泄不掉，人就容易得结石病，严重者还要住院开刀。

14. 忌胡萝卜与白萝卜混合吃

许多人喜欢把胡萝卜和白萝卜切成块或丝，做成红白相间、色香味俱全的小菜，其实这种吃法是不科学的。

白萝卜的维生素 C 含量极高，对人体健康非常有益。但是，胡萝卜中含有一种叫抗坏血酸的解酵素，会破坏白萝卜中的维生素 C。不仅如此，胡萝卜与所有含维生素 C 的蔬菜配合烹调，都会充当这种破坏者。

如果一定要将胡萝卜和维生素 C 含量较高的蔬菜一起烹调，可加一些食用醋，这样，胡萝卜中的"抗坏血酸解酵素"的作用就会急速减弱。

15. 忌菠菜与豆腐同煮

在素食中，人们喜欢把菠菜与豆腐一锅煮。这种做法容易损失营养成分。

因为，菠菜中含有叶绿素、铁等，还含有大量草酸。豆腐中主要含蛋白质、脂肪和钙。二者一锅煮，草酸会与钙起化学反应，生成人体无法吸收的草酸钙，白白浪费了宝贵的钙。

因此，为保持营养，最好不要将菠菜与豆腐同煮，或先将菠菜放在水中烫一下，让部分草酸溶于水后捞出来，再和豆腐一起煮。

日常饮食禁忌

1. 炒菜时忌先放盐

炒菜时如果放盐过早或先放盐后放菜，由于菜外渗透压增高，菜内的水分会很快渗出。这样菜不但熟得慢，而且出汤多，炒出来的菜无鲜嫩味。所以，炒菜不宜先放盐。但用花生油炒菜不宜后放盐，因为花生容易被黄曲霉素污染，霉菌会产生黄曲霉菌毒素。花生油虽然经过处理，但仍残留微量的毒素。炒菜时，等油热后先放点盐，过半分钟到 1 分钟再放佐料和菜，可以利用盐中的碘化物解除黄曲霉菌毒素。此外，用动物油炒菜也宜在放菜前放盐，这样可减少动物油中有机氯的残余量，对人体健康有利。

2. 打开的罐头忌存放

罐头是便于存放和携带的方便食品，深受人们的喜爱。但是打开的罐头就不能再存放了。

罐头水果含有大量的糖分及有机酸，打开后被空气中的乳酸菌和酵母菌等侵入污染，糖和有机酸分解成乳酸、醋酸、乙醇以及其他物质，从而使糖汁混浊，水果有酸败味和酒精味。同时在氧的作用下，还会使糖和水果变色。所以，水果罐头打开后，应该一次吃完，切忌再存放。

3. 储存熟食忌时间过长

一般地说，熟食比没有加工熟的食品储存的时间要长一些。但是，熟食存放的时间过长，营养成分会发生转化，使食品失去原来的色泽和香甜鲜味，甚至使细菌在熟食上迅速繁殖生长，使食物变酸和发霉，人吃了以后会中毒。还有人认为把熟食放入冷藏箱内，时间再长也不怕。其实，冷藏箱内的温度均在1℃以上，即使在0℃以下，也只能抑制细菌生长，不能杀灭，有些甚至仍能繁殖。所以熟食切忌不要储存时间过长。

4. 生吃瓜果忌食皮

瓜果受到病虫害，常用农药喷杀。大多数水果表皮都被农药渗透或残留在蜡质层中，雨淋水洗是冲不掉的。如果长期连皮一起生吃瓜果，农药残毒在人体内逐渐积累，会引起农药慢性中毒，损害神经系统，损坏肝功能，造成生理障碍，影响人的生殖与遗传。

5. 忌吃得太快

吃饭太快，大口吞咽，就不能利用唾液和食物混合来提高食物的消化效率，不利于人体对营养物质的吸收，亦容易引起发呛和打嗝。严重的可因吞咽不当，造成食物团梗塞气管而发生窒息的危险。吃饭时狼吞虎咽，还会使食物不经嚼碎就入胃，从而加重胃的负担，常成为胃病的重要诱因。据统计，习惯于狼吞虎咽的人，各种胃病的发生率比一般人要高2～3倍。

6. 忌生吃鲜藕

生藕吃起来虽然鲜嫩可口，但有些藕寄生着姜片虫，很容易引起姜片虫病，造成肠损伤和溃疡，使人腹痛、腹泻、消化不良，儿童还会出现面部浮肿、发育迟缓、智力减退等症状，严重者还会发生虚脱而死亡。因此，鲜藕一定要煮熟后再吃。

7. 忌空腹吃黑枣

黑枣中含有一种未挥发性物质易和人体内胃酸结成硬块，所以不能空腹食用，特别不能在睡前过多食用，患有慢性胃肠疾病的人最好不要食用。

8. 忌空腹吃香蕉

香蕉中含有大量的镁元素，当空腹食用较多香蕉后，可使血液中含镁量骤然升高，致使人体血液中的镁、钙比例失调，从而对心血管产生抑制作用，不利身心健康。

因此，对常吃香蕉者，特别是一些以香蕉作为食疗的高血压、心脏病、溃疡病、肺炎、便秘等病患者，更应引起注意，不要空腹食香蕉。

9. 几种不宜多吃的食物

松花蛋：多吃会引起铅中毒。味精：人均日平均不超过 5 克。方便面：多吃易造成营养不良。葵花子：多吃影响肝脏功能。菠菜：多吃引起铅、锌缺乏。臭豆腐：多吃引起蛋白分解。猪肝：多吃容易引起动脉硬化。烤牛羊肉：多吃诱发癌症。腌菜：多吃致癌。油条：多食对大脑及神经细胞产生毒害。

10. 慎吃海鲜

所有海产食物最好在捕获之后尽快吃。如果不是立刻吃，便要加以冷冻以防细菌滋生。生吃海鲜要特别小心，因为可能带有绦虫、线虫等寄生虫。

11. 5 种开水不能喝

在炉灶上沸腾一整夜或很长时间的水；装在暖水瓶内已几天的开水；经反复煮沸残留的开水；开水锅炉中隔夜重煮或未重煮的开水；蒸饭、蒸菜时用的开水。

12. 忌常吃粉丝

粉丝是一种被广泛食用的加工食品，许多人很喜欢吃。但是经常吃粉丝则有害健康。

因为粉丝的原料虽以淀粉类作物为主，但在制作过程中加入了 0.5% 的明矾，明矾的化学名称是硫酸铝钾。铝是对人体有害的元素，食用过量，对人的脑、心、肝、肾的功能和免疫力都有较大的损害，尤其是对脑的影响，可导致儿童智力发育障碍，老年人发生痴呆症。

由此可见，粉丝虽然好吃，但是为了健康，还是不宜常吃和多吃。

13. 忌空腹喝豆浆

人们往往认为空腹喝豆浆，可以提高其吸收率，其实这是一种误解。空腹时豆浆在胃里停留时间短，营养成分不能充分吸收。吃一些其他食物，喝进胃里的豆浆停留的时间较长，与胃液发生充分的酸解作用，才利于豆浆中的营养成分被吸收利用。

14. 忌生喝牛奶

牛奶不经消毒就喝，有引起疾病的危险。最常见的是结核病就可经牛奶传播。因为，有一种牛型结核杆菌常常会污染牛奶，人们喝了这种牛奶，结核杆菌便会在肠道里繁殖，从而造成消化道结核。

第三章　打造更完美的生活空间

不可忽视的一门艺术——居室布置与装饰

家居布置与装饰概述

1. 居室布置的一般原则

①在涡流区布置床、大衣柜、组合柜等高大家具。

②气流流动区作为会客区、活动的场所。

③阳光射入区为学习、活动场所，大型家具应远离窗户，避免日光照射和遮挡光线。

④充分利用空间，如可布置组合柜、悬挂式家具。

⑤居室内的工艺品、挂画、盆景等做适当点缀，不宜过多。如多幅挂画布置，应注意相互间的协调统一，可以不做对称布置。

2. 巧识装修设计三大风格

装修居室要先做好符合自己个性爱好的装修风格设计。主要有三大风格：

①中国传统风格。它融合了中国字画、瓷器、雕塑、明清式家具、中国传统木装修造型及古典型灯饰等，以其综合的艺术色彩，体现出中国的文化艺术氛围。

家具布置上多采用传统和对称法。地上铺一块手织的地毯，墙面挂几幅中国山水画和对联，案上摆一些珍玩盆景，再陈设几样唐三彩或瓷器，室内空间隔断采用传统残角的木装修或屏风等。

②欧美风格。特点是顶、壁、门窗等装饰线角变化丰富，色调淡雅，家具陈设及灯饰都要显欧式特色，多采用有欧式轮廓的组合家具，颜色一般选用白色或浅粉色，同时再配上 1～2 幅西洋画和雕塑。

③日式风格。较适合于起居室空间，装饰简洁、淡雅，但要适应自己的生活习惯，用清水浅木格式隔断，木架的灯饰，地板上铺"榻榻米"，再放上几个坐垫和日本式矮桌，用纸糊的木格推拉式移窗、移门，手绘的日本风景构图的漆器、木碗、瓷器。

3. 居室美化应注意的问题

①不能随意进行管道的改装。安装坐便器，不能变动排水口的位置。

②不能随意改变居室建筑结构。未经房屋原设计单位认可同意，承重墙、共用部分隔墙、抗震墙等，不得随意挖墙、打洞，不得擅自拆改。

③居室电器线路，要合乎用电和煤气管道的安全要求。电线设备与煤气管的水平距离不得得小于 10cm，交叉距离不得小于 3cm.

④在粘贴学生间、厨房地面材料前，必须对地面作防水处理，并办理检验合格的鉴认手续。

⑤阳台承重小，只能粘贴较轻的地板材料。如塑料地板砖、木地板等。

⑥未经房屋安全鉴定部门鉴定的房屋装修，其地面装饰材料的重量不得大于 40 千克/平方米。

⑦不要打通居室与阳台的隔墙。因为隔墙有半数是砖混结构的承重墙，一旦拆除，将后患无穷。

4. 布置小房间的窍门

①图案法。利用人们视觉上的错觉来改变人对空间高低、大小的估计，比如墙壁上的花纹不同，就会使人对房间空间产生扩大或缩小的效果。所以，如果墙壁用带菱形图案的墙壁纸装饰后会给人带来宽阔感。

②色彩法。色彩是一种有明显效果的装饰手段，不同的色彩赋予人不同的距离、温度和重量感。比如红、黄、橘等暖色，给人一种凸起的感觉；而蓝、青、绿等冷色，则给人一种景物后退的感觉。利用色彩的这个特点，比较小的房间就应该用亮度高的淡色作为主要色调，比如淡蓝或浅绿等。这样的色彩使空间显得开阔、明快。另外，也可以使用中性的浅冷色来改变窄小空间的紧迫感。如果房间不但小而且低矮，那就应该用远感色，即把天花板和墙面涂成同一浅冷色，这同样能取得空间开阔的效果。另外，沙发套、床单、桌布等如果选用与墙壁颜色相同或相似的颜色，这种单调的配色也能使室内空间产生沿各个方面扩大的视觉。

③重叠法。采用上下重叠组合的家具，把它们尽量贴墙放置，使房间中部形成比较大的空间，便于室内活动。

④空间延伸法。利用透明体的反光作用，使室内空间得以贯通。比如用镜子悬挂于迎门的墙上或用镜面做壁檐，桌子和茶几等的表面装放玻璃板，尽量选用半透明质料的窗帘等，都能收到这样的效果。

5. 居室三大生活区的特点

在设计时要使休息区、工作区、活动区兼顾各自的生活要求，根据个人爱好，安排室内空间，反映出一室的个性。

①居室休息区。它的特点是静。此处的家具以卧式为好，色彩宜淡雅，光线应柔和，能给人以静谧、温馨之感。

②居室工作区。工作区泛指写字、看书区，"明"是它的条件，尽可能面壁临窗，色彩清新，光线明亮，有利于专心致志地工作。

③居室活动区。"动"是此区的特点，家具造型讲究变化，色彩可采用补色以加强对比，配上合适的灯光，更增添活跃气氛。

6. 新潮居室的特点

①不求合理，但求惊人。壁镜反射、壁画满墙、新潮组合、以柜当墙等等。

②物少、品精，超凡脱俗。现代人多数为3口之家。物质生活水平都在极大地提高。人少、空间大，有较大的活动余地，是当前生活变化的趋势，也有利于身心健康。要购买的家具、用品、物件，样样都是少而精，讲究豪华、舒适。

③注重局部效果。除色彩与线条巧搭配，注重整体效果外，还注重局部的视角效果。错落有致、情调浪漫，让人一看就感到愉快、舒适。

④家具经常换位，常换常新。变换家具摆放的位置和角度，能给人以新鲜感，也使生活变得更加富有朝气和色彩。

7. 怎样为长者布置居室

①实用、安全。老年人房间不宜过大，但要安全、实用。

②家具的开启高度要合适，通道部位尽量使用圆角，减少凹凸起伏，使之平坦、圆顺、通畅、安全。

③光线柔和，室静神安。利用窗帘和室内灯饰，将光线调至半明半暗的柔和状态。

④室内最好铺设地毯，防潮、防滑、保温、消除噪音，有利于长者静心养神。

家中各房间的布置与装饰

1. 卧室的布置

①床铺不宜摆在门的对面。通常在门的正对面宜放置一些矮小的家具。

②高大的橱柜应靠近墙边或墙的角落，避免靠近门窗外，否则会阻挡自然光的射入，或有碍人的活动。

③一般来说，橱柜不宜摆在门的对面。带有镜子或玻璃的家具也不宜对着窗户，以免强烈的反光。尽可能不要将带有大面积镜子的家具正对着床铺。

④要注意以床的色调为主体，配以同类或邻近色调的家具、灯具以及床单、枕头、毛毯等，使整个卧室形成一个协调的整体。

2. 书房的布置

①雅洁。家具不求豪华，但求简洁、实用。写字台宜放于窗前，书橱应靠近写字台，沙发宜靠近书橱而面对窗户。

②光线明亮。光线应从左手上方照射过来。能调整灯罩的方向、光源与桌面的位置和距离。灯罩最好也有一定的透光度，让灯的四周形成一个半明亮的过渡区。

③要舒适、安静，没有嘈杂声。

3. 厨房的布置

水池应砌在厨房内的一角。灶具宜放置在避风直吹的地方。烹调台（案板）应布置在水池与灶具之间。碗橱应采用多用橱、悬挂柜。这样占地面积小、储存器具多，而且整齐、方便。

4. 如何布置餐厅中心的居室

确定以餐厅为中心之后，则可购买一张大些的餐桌。

客厅区摆设1、2张躺椅，这样可以保证面积宽敞，不显得拥挤。

餐椅可选择普通式样的，也可以选择其他样式的。可多购置几把，以备客人来时用。

家居布置与装饰窍门

1. 充分利用屋角的窍门

①在屋角放一张茶几（最好是稍大而方形的），两张沙发成直角放。这样不仅能充分利用空间，而且人坐着促膝谈心，也显得更为亲切。

②在屋角放一台电视机，不仅能背光，而且能防晒，也容易腾出更多观看的地方。

③无论是一个大音箱，还是考虑立体声而用左右两个，最好也是放在屋角。因为相对来说，距离远些，声场分布便比较均匀。

④落地灯灯罩的尺度很大，只有放在屋角才不过于突出。落地灯下，最好安排沙发或者躺椅。

2. 布置房间的简易缩排技巧

①首先画出房间缩小的平面图，尺度要精确，按1：20缩小。画出门、窗、壁橱、暖气片等位置并标明尺度。

②将需要布置的家具及大件诸装饰物按比例缩小，画在白板纸上并剪下注明名称。

③把剪下的"缩样"放在房间平面图上，按自己的设想摆布，要注意交通线路的合理，直到满意为止。如此办法，可一次性地布置诸实物，免除了因考虑不周全而反复搬弄笨重实物的麻烦。

3. 使房间显得宽敞的窍门

①巧选家具。选用组合家具既节省空间又可储放大量实物；家具的颜色可以就用壁面的色彩，使房间空间有开拓感；选用具有多元用途的家具，或折叠式家具，或低矮的家具，或适当缩小整个房间家具的比例，都会产生扩大空间的感觉。

②利用配色增加宽阔感。可以以白色为主要的装饰色，墙、天花板、家具都用白色，甚至窗帘也选用与墙一样的白色，稍加淡色的花纹。生活用品也选用浅色，最大限度地发挥浅色产生宽阔感的效果。再适当用些鲜明的绿色、黄色，可使宽阔感效果更好。

③利用镜子产生宽阔感。将镜屏风作为房间的间隔，从两个方向反射，宽阔感增强。在室内面对窗户的墙上，安挂一面大小适当的镜子，一经反射，室内分外明亮，并显出两个窗户，宽阔感大增。

④利用照明产生宽阔感。间接照明虽不太亮，但可产生宽阔感，有些

阴暗部分，可使人想到另有空间。

⑤室内的统一可产生宽阔感。用橱柜将杂乱的物件收藏起来，装饰色彩有主有次，统一感明显，看起来房间就要宽阔得多。

4. 怎样使居室明亮

居室如果光线明亮，能使人情绪高涨，生活更舒适、愉快。墙面以淡色为佳，它比深色显得典雅、整洁，室内也会明亮些。窗帘、床罩、桌布等可相配以淡色，既与墙面色彩协调，也使室内增辉不少。室内还可以挂上一两面镜子，借助镜面的反射使室内更明亮些。墙上的挂画的画面应选择开阔些的，如蓝色的大海，也可增加室内的亮度。室内家具、物品要少而精，台面、桌面摆设尽量少些，可在花瓶里插一些鲜花，如能配以吊灯或壁灯，即使居室不大，也会给人以明快的美感。

5. 夏天如何使房间更凉快

①物理因素方面的处理。夏天，将窗帘换上浅色的，最好能在窗户玻璃外面贴层白纸。在太阳能晒到的窗子上加挂百叶窗。加强屋面隔热层。在居室周围加强绿化，调节小气候。比如在墙面上引种爬山虎，周围种上一些白杨或藤蔓植物，在晒台上多放些盆花。上午 9～10 点钟至下午 5～6 点钟，尽可能关闭门窗，挂上窗帘。如果天气干热，还可以在地面上洒些凉水，借助水的蒸发吸热。

②心理因素方面的处理。房间的色彩采用冷色。例如，将墙面涂刷成淡蓝、淡绿色，室内换上蓝色、绿色小功率的灯具；窗帘、门帘改用质薄色冷的织品。采用嵌入式组合家具，将房间陈设变得整齐划一，空间显得大一些，会给人以凉爽的感觉。室内物品堆放零乱，也会使人有不适和闷热感，故必须保持居室的卫生和整齐。

6. 绿化室内空间

充分利用居室空间，形成立体观赏效果，既可扩大绿化面积，又可拥有观赏的艺术价值，主要方式有：

①悬挂。可将盆钵、杠架或具有装饰性的花篮，悬挂在窗下、门厅、门侧、柜旁，并在篮中种植吊兰、常春藤、鸭趾草及枝叶下垂的植物。

②运用高花架。高花架占地少，易搬动，灵活方便，并且可将花木升高，弥补空间绿化的不足，是室内立体绿化理想的器具。

③运用花格架。将花格架板镶嵌在墙壁上，上面可以放置一些枝叶下垂的花木。室内一些不适宜挂字画，而又需要装饰的墙面，如沙发侧上方，门旁墙面等，均可安放花格架。

居室"增高"法

天花板、灯饰注重上轻下重的颜色过渡。

选用特高与特矮的家具。特高的壁柜一直顶到天花板，特矮的沙发、睡床等可反衬出屋子的高大。

地面装饰颜色偏重些，华贵中应有花色图案。

墙上挂画宜细高型，油画宜小巧，圆形画框效果更好，能减轻人们对矮墙的注意。

用2~2.5米的高大轻型屏风将较大房间适当地隔出小区域，这样相对有了高度感。

地面的中心与屋顶的灯池中心最好偏离，而不是上下相对。偏离才会显出高度来。

7. 居室颜色对人的影响

人的视觉对色彩的感受非常敏感。进入室内以后，首先映入眼帘的、给人较深印象的是室内的色调气氛和色彩综合效果，其次才是室内的造型、结构、家具样式及其他摆设等。

白色能给人以宽广、分散等感觉；红、橙、黄色能显示温馨、愉快及刺激的效果；青、蓝、紫色能给人以幽静及舒畅的感觉；而黑色则给人以集中、压迫的感觉。

一般地面的颜色，应比家具和墙面的色彩重些，这样才能增加房间里的美感，才能使墙面、家具、地面三者的整体色调有稳定性和沉着感。

8. 用工艺品点缀居室的诀窍

在房间里的桌、柜、茶几上，陈列几件工艺品，可点缀环境，美化居室。首先要根据居室的条件，如房间的布置风格、色彩等，使选配的工艺品与整个居室的气氛协调。布置工艺品要少而精。选购工艺品要注意其造型、质料、釉彩以及制作技艺，而且宜小不宜大。

9. 用纺织装饰品点缀居室的诀窍

首先要根据室内家具的颜色，选择同一色调的用布，使色调与室内陈设协调统一。也可按使用性质分类，每类以一个基调为主，以避免一室之内，五光十色，凌乱不堪。挑选台布时，花纹图案不宜过多、过碎，色彩以素淡自然色为佳，其尺寸应和覆盖的家具面积相符；缝纫机、电视机、电风扇罩等，主要用于防尘防晒，面料应选择质地厚实的灯芯绒、平绒、纤维布等；枕套、床单，既是实用品，也具有美化房间的作用。

10. 摆放家具电器的学问

①电视机旁不宜摆放花卉、盆景。因为盆景蒸发的水分，对电视机有影响。电视机 X 射线的辐射，会破坏植物生长细胞的正常分裂，使花木日渐枯萎、死亡。

②电视机不宜与大功率的音响和电风扇放在一起。它们产生的振动容易将电视机内显像管灯丝震断。

③洗衣机切忌放在潮湿的厕所、厨房里。否则，机箱和电器控制部分会受潮损坏。

④电饭煲、电烤箱等大功率电热炊具，不能经常移动电线，否则易造成触电事故和火灾。

⑤机械手表不要放在收音机上，因为收音机磁场会使手表磁化，使其走时不准。

⑥录音机、电唱机如果没有采取特殊减震措施，不要放在音箱上，因为震动会传导到唱头和磁头上，使音质变差。

11. 使室内飘香的方法

①将各种花瓣晒干后混合置在一匣中，放在起居室或餐厅，就能使满室飘香。或将其置于袋中，放在衣柜里，能把柜内的衣物熏上一股淡淡的幽香。

②也可以将香水喷洒在吊灯、壁灯、台灯上，利用灯泡的热量将香味扩散到整个房间。

③还可用吸墨纸在香水里浸泡后，拿出塞进抽屉、柜子、衣褥等角落，香味可保留较长时间。

12. 家具有合理高度

①电灯：白炽灯，15 瓦白炽灯距桌面的高度应为 25 厘米，25 瓦为 40 厘米，40 瓦为 60 厘米，60 瓦为 105 厘米。日光灯，8 瓦灯管距桌面高度应为 55 厘米，15 瓦为 15 厘米，20 瓦为 110 厘米，40 瓦为 150 厘米。

②椅子：椅子面距地面的高度应比小腿的长度低 1.5 厘米左右。这样，当人坐下时下肢可着力于整个脚掌部，以便于两腿的前后自由移动。

③办公桌：桌面高度应为身体坐正直立，两手掌子放在桌面上时不用弯腰或屈肘关节。使用这一高度的桌子，能减轻因长时间伏案工作引起的腰酸背痛。

④床铺：床面的高度一般以稍高于使用者的膝盖为宜。

⑤枕头：枕头高度一般以 10～15 厘米为好，少年和儿童要相对低些，对未满 1 周岁的婴儿，则以不高于 5 厘米为宜。

13. 卫生间的美化窍门

一般家庭住宅的卫生间都比较小，这就需要一番必要的装饰和美化。首先，要想办法装上洗浴设备，周围可用绿色或白色的瓷砖。为了使洗浴环境有温暖的感觉，人们常采用暖色系，如咖啡色、橙色和黄色。

用新颖的现代画，使小空间更加生动活泼；如采用褐色和白色相配，可增加空间视觉趣味；采用低调子的色彩，会产生温馨怡人之感。另外，卫生间水气多，如有自然采光，可以栽植盆景增加情趣和美感，哪怕有几片绿叶，也会使人顿觉生机盎然。

14. 空间巧利用

①较高的房间，可以在 1.8 米以上的空间，搭个阁楼，储藏日常不用的杂物、衣箱等；可能的话，还可以安排床铺睡觉。

②老式结构房屋中的中间通道，也可把上面隔成间，利用起来。

③室内门、窗、床顶等上面都可挂设小吊篮。

④房角、门后、床头及衣柜上端等空间，均可利用。

⑤充分利用屋角，摆放电视机、收录机等。

15. 配置灯饰应注意的事项

①应同屋顶的材料、顶部承重的能力相适应。房屋的吊顶，必须有足够的荷载能力，满足安全的要求。

②应同房间的面积相适应。若灯光不足，可增加辅助灯。但也不能过多，否则，既浪费又显得头重脚轻、杂乱无章。一般灯饰占房间的总面积在 2% ~3% 即可。

③应同房间的环境相适应。在厨房、浴室等特殊的环境中，应选择有防爆防潮等功能的灯具，以确保正常使用和安全。

④要与房间的装修风格相协调。灯具的品种、式样繁多，应有尽有。选配时不仅要根据自己的爱好，还应在式样、颜色等方面与房间的整体装修风格协调一致。

16. 家庭灯光选配的原则

①要从实用的角度出发。为适应不同季节和环境的需要，可在房间内装上两种不同光源的灯具。日光灯光色冷，能给人凉爽之感；白炽灯色偏暖，给人以温暖的感觉。

②根据房间光彩的具体情况。运用色彩的反射知识，精心构思，巧妙安排。如浅淡色墙面宜配一种富有阳光感的黄色或橙色为主色调的灯光，使室内环境给人以温暖感。若是一套褐色的家具，则宜选白色或黄色灯

光。夏季，室内灯光以蓝色、绿色为好，给人以安静、舒适的感觉。

③光量要适当。一个 20 平方米的房间，只需 1 只 30 瓦的日光灯；10 ~15 平方米的房间，装一只 15 ~20 瓦的日光灯或 40 瓦的白炽灯即可。

17. 镜子的装饰效果

①狭窄且光线暗的房间，装饰不同形状的镜子，会显得宽敞明亮，使呆板的墙壁变得有生气。

②窗户对面放面镜子，能将室外光线更多地折射到室内。

③在走廊等狭窄地段的两侧，挂上镜子，就好像置身于幻境之中。

④在较矮的家具上，挂块镜子，能使家具显得高一点。

⑤在较小而缺少深度的房间内，装上一面大镜子可造成一定的深度感。

⑥在梳妆台前，除正面的镜子之外，从别的角度，再装饰一面镜子，可以从正面、侧面顾盼自己。

18. 矮房装修技巧

天花板要尽可能不呆板，可以采用木角线或石膏油饰物贴饰法装饰。饰物的造型与图案以精巧为好。天花板的照明以吸顶灯为首选，安装位置不应在屋顶的中央，而是以 2 ~4 个对称式装在天花板的边缘处，这样可扩大视觉空间。

注重对地面的处理。如果铺木地板，首选无龙骨的，因为设置龙骨，会损失有效空间。亦可选漂亮的瓷砖、大理石等材料或者在无图案的地面上再铺一块羊毛毯。

对房间四面墙的装修装饰应整体考虑。低矮房间最好不采用墙裙式的装修，这种方法会使房间显得更矮。应选择垂直花色线条的图案来装修，而不是水平的，从房顶一直装到地面，不需要保留地脚部分，且墙面的贴饰图案以碎小精细为好，给人以较远的感觉。

最实用的清洁招数——家庭清洁卫生

厨房的清洁

1. 墨鱼骨去盛油器皿油污

墨鱼（乌贼）骨捣碎，加热水放入油器中，静置一小时，再用力摇晃，反复数次。洗刷后，再用清水洗刷几次，即可去掉油腻残物。

2. 沙子可除盛油器皿油污

干净沙子一把，加适量清水放入油污器皿中，用力摇晃几分钟，倒出浊水，用清水洗刷几次后，即可去掉油腻残物。

3. 木屑加碱去油器残物

木屑加少量碱，加温水放入油器中不断摇晃。洗刷后倒出浊水，再用清水洗刷几次，即可去掉油腻残物。

4. 醋和酒精除厨房油污窍门

厨房地面的油污比较多，可以在拖布上倒一些醋，再拖地，地面就可擦得很洁净。

厨房门窗的玻璃由于油烟污染，往往附着许多又脏又黑的污垢，很难擦洗干净。如果用棉纱蘸些温热的食醋或酒精擦洗，便容易擦干净了。

厨房的窗帘布油污也很重，不易清洗，可在洗衣粉液中加少许牛奶，这样洗出的窗帘和新的一样。

5. 墨鱼骨可除煤气灶油污

煤气灶用的时间长了，会积上一层厚厚的油污，用碱水或去污粉都很难去掉，只要用墨鱼骨在煤气灶上摩擦就可将油污除去。

6. 浓盐水可保持洗涤槽清洁

厨房中的洗涤槽使用时间久了，排水管内积聚了赃物，产生了油渍，会散出一股不好闻的气味。可用浓盐水倒入洗涤槽的排水管内，就可保持清洁，防止发臭和油渍。浓盐水的浓度以水能全部溶解掉盐为度。

7. 巧除污痕和斑垢

苹果皮、梨皮放在金属锅里煮沸，能消除锅里的黑污痕迹。茶壶里、锅底上有薄层斑垢时，在里面放点土豆皮煮一煮即可消除。

8. 制作多次使用的厨房擦布

在厨房打扫卫生时，一次又一次地洗擦布，很麻烦。

可以把旧毛巾剪成规格一致、大小适当的几块布，然后叠放在一起。布的中央用缝纫机缝合一下，做成像学生练习本一样的擦布，这样就可以一页一页地使用，等到最后再洗干净。

9. 食醋可除玻璃制品污迹

厨房里的玻璃制品（特别是灯泡），常常被油烟熏黑，不易清洗，可以用抹布蘸些温热的食醋擦拭。或者在要擦的玻璃制品上先涂一层石灰水，干后再用布擦净。要注意，灯泡应取下来擦，擦好要干透后再使用。

10. 食醋水去陶瓷餐具有毒物质

刚买回的陶瓷餐具，用4%的食醋水浸泡煮沸，就可以去掉大部分有毒物质。

11. 醋盐水可刷洗多种器皿

珐琅器具、玻璃制品以及陶器用久了会有污垢，用醋与少许食盐的混合液刷洗即可完全除掉这些污垢。

12. 用洗米水可去菜板腥味

菜板用后如果留有鱼、肉等腥味，可用溶有食盐的洗米水来洗擦，然后再用热水洗净，竖起晾干，腥味随之消除。

13. 巧除菜板细菌三法

木质菜板上有肉眼看不见的无数个洞穴，用菜板切菜切肉时，残渣和汁液就留在这些洞穴中，成了各种病菌的培养基。

据检测，使用过7天的菜板的表面，每平方厘米有病菌20多万个，这对人的健康无疑是个威胁。要去除菜板细菌，可用以下3种方法：

方法一：刮板撒盐消毒法。每次用过菜板后，刮净板面上的残渣、油渍，往菜板上撒些盐，这样即可灭菌，又能防止菜板干裂。

方法二：刷烫消毒法。用硬刷和开水冲刷菜板，可去除去菜板上的大部分细菌。

方法三：药物消毒法。在2千克水中加入5%的新洁尔灭8～16毫升，将菜板浸泡10～15分钟即可杀菌。在5千克水中放入漂白粉精片10片，将菜板浸泡10～15分钟，或用加入洗洁净的热水刷洗菜板，也可以起到去油灭菌的作用。经药物和洗洁净刷洗过的菜板，要注意用清水冲洗干净后才能使用。

14. 醋可避免新锅烧焦

刚买来的不锈钢新锅，加点醋使用，可避免新锅烧焦。

15. 巧除壶后三法

方法一：先把空壶放在火上烘烤，当水壶一丝水蒸气也不冒时，取下立刻浸入冷水盆中，但不要让水进入壶内。由于铅、铁等金属和水垢的膨胀系数相差很大，壶底接触冷水后急剧收缩，厚厚的水垢就会碎裂，成块脱落。

方法二：铝壶中积起一层水垢，水垢与铝壶底紧密连接，不易去除，如在烧水时，放一小匙苏打，煮几分钟，水垢就很容易去掉。

方法三：将积有水垢的壶内盛上半壶水，使其完全结冰，将壶底朝上，骤然浇上滚烫的热水，水垢便从壶底及壶壁上完全剥落。

16. 剩茶水可洗除煎鱼锅腥味

煎鱼的锅常有鱼腥味，若以剩茶水洗涤，再用清水冲洗，其腥味儿即可消失。

17. 碱水易洗净熬糖汁的锅

要刷洗熬制过糖汁的锅，可用碱水边煮边洗，这样容易洗净。

18. 去除锅巴的小窍门

锅巴粘在锅底上不易去除，如果往锅里加点碳酸氢盐、漂白剂和开水再洗刷，就容易多了。

19. 用木炭块巧去铝锅焦迹

如果铝锅在煮饭时留下了焦迹，可取木炭块带水擦，即可将焦迹除掉。

20. 巧去面盆上干面的窍门

和完面的面盆上，面干很难洗刷掉，常用的办法是用水泡，这样既费时又费水。如果把盆扣在蒸锅上蒸一会儿，面盆上的面干就很容易刷掉。

21. 勿用沙灰揩擦炊具

铝制品的炊具使用非常普遍，使用脏了，有人为图一时的干净，用沙灰揩擦，结果把铝制品外层的保护层——氧化铝膜破坏了，致使表面粗糙，影响了炊具的使用寿命。

22. 墨鱼骨可刷洗炊具

用墨鱼骨刷洗铝制的锅、盆及热水瓶外壳等，只要轻刷几下，即可洁白如新，同时又不损坏炊具的质量。

23. 用生姜片巧除菜刀腥味

切过鱼、肉的菜刀会留有腥味，可先用清水冲洗、揩干，然后用生姜片擦拭，即可解除腥味。

24. 柠檬皮可去菜刀腥味

用柠檬皮擦拭亦可去菜刀腥味，但柠檬汁容易使菜刀生锈，所以在擦后，须用水冲洗擦干才行。

25. 茶叶可除铁锅腥味

铁锅中烹制了鱼或其他有腥味的东西以后，可在铁锅里放点茶叶，加上水煮一会儿，腥味就会除去了。

26. 白酒可除铁锅鱼腥味

有鱼腥味的铁锅或其他器皿，用清水洗净控干，再用白酒 10 ~ 15 克涂擦一遍，待晾干后，即可去除鱼腥味。

27. 番薯皮可去新铁锅铁味

在新铁锅煮食时，常会产生一种铁味，令人不快。可将番薯皮放一些在锅内煮一会儿，然后倒出，将锅洗净，新铁锅的铁味就可以去掉。

28. 石蜡煤油巧除器皿锈迹

将石蜡捣碎装在瓶子里（约半瓶），里面灌满煤油，等石蜡溶化后，就成了混合剂。把这种混合剂涂在铁制器皿生锈处，一昼夜后，用揩布即可揩去铁锈。

在生锈的铁制器皿上涂些木炭，然后再用油擦，也可以除锈。

29. 土豆皮巧除铁锅铝锅水垢

铁锅、铝锅底有了污垢，只需在锅内放些土豆皮，加水煮一下，水垢即可去除。

30. 豆腐渣擦新铁锅除污迹

新铁锅在第一次煮东西时，会把食物染成黑色，可利用豆腐渣在锅中擦几遍，就可以除去新铁锅的污迹。

31. 碱水刷锅可保铁锅光泽

铁锅里容易积上油垢，可以用钝器把油垢铲掉，然后用浓热碱水洗刷。铁生锈的快慢和环境的酸碱度关系很大，在碱性环境中，铁不易生锈，因此，经常用碱水刷锅，可以保持铁锅的光泽。

32. 西红柿可去除铝器油污

铝锅铝盆等用久了，表面发暗，油污难除，如用西红柿蒂、皮等加水在铝器中煮，因西红柿含较多果酸，可与铝器表面氧化层及油污发生化学反应，将油污除掉，恢复铝器的原有光泽。

33. 马铃薯皮洗不锈钢炊具

把马铃薯皮撒在不锈钢碗盆内，再倒入清洁剂擦拭，就很容易清洗干净。

盐末可去刀上的葱蒜味

切过葱、蒜的刀有很重的气味，用盐末一擦，气味就消除了。

34. 菜刀去锈妙法

①菜刀沾水容易生锈，如果锈不重，放在淘米水中可以去锈，使刀光亮。

②菜刀生了锈，还可用萝卜片或马铃薯片加少许细沙末来擦洗，刀锈会立刻消除。

③平时菜刀用完之后，可涂一点生油，或用姜片揩过，可以防止生锈。

④用切开的葱头涂擦生锈的刀，刀锈很容易去掉。

日常清洁小妙招

1. 石膏粉擦玻璃妙法

在玻璃上先涂点石膏粉和粉笔灰水，干后再用干布擦，可轻易将玻璃擦亮。

2. 旧报纸擦玻璃既快又亮

先用旧报纸蘸水擦，再用干报纸擦，既快又亮。

3. 清凉油驱蚊妙法

在身边放两三瓶清凉油，并将瓶盖揭开，让其气味尽量散发，蚊子便不敢轻易接近。

4. 大蒜气味可驱蚊虫

在房间内放几个剥开的大蒜头，蒜头产生的强烈的刺激性气体会令蚊子闻而生畏。

5. 维生素 B_1 驱蚊妙法

维生素 B_1 进入人体后，经过一系列化学反应，能从汗腺散发出一种蚊子不敢接近的气体，这样可轻松地达到驱赶蚊子的目的。

6. 茴香避蚊子的方法

用八角茴香泡半盆温水洗澡，蚊子便不敢近身。

7. 如何用洋葱驱蟑螂

在室内放一盘切好的洋葱片，蟑螂闻味便立即逃走，同时还可延缓室内其他食物变质。

8. 前后夹击术灭蝇

在拍击苍蝇时，可以左右手各持一个蝇拍或一张薄纸、一件物品，等待时机。当苍蝇停在窗纱上或前后飞行时，可从方向相反的两侧（前后或左右）接近苍蝇，并尽量保持两侧与苍蝇的距离大致相等的水平，然后看准时机，猛然用力夹击，成功率极高。

理智的选择，精心的使用——家用电器的购买与使用

家用电器的购买需知

1. 购买家电的一般常识

①观察电器外形是否完好，有无变形、外伤等缺陷，运转是否正常。如选购彩电，要看图像质量是否良好，色彩是否自然等等。

②在电器通电后，用左手背触摸机器的外壳，特别是靠近电源、电机和变压器的部位，是否有触电麻木的感觉，检查安全绝缘是否良好，发热情况是否正常。

③仔细辨别电器通电后机器运转过程声音是否正常，有无噪音及噪音大小。

④电器通电后，在其周围认真闻一闻有无异味或烧焦味。

2. 选购电暖器的科学步骤

选择电暖器，首先要考虑功率。电暖器的功率要与室内面积相匹配，一般说来，6~10平方米的房间，用400~800瓦功率的电暖器；10~15平方米的房间可以选择700~1000瓦的电暖器。

其次要考虑电暖器的取暖材料。PTC陶瓷取暖器热效率比一般材料高；石英管取暖器装有调节开关，用户可以根据需要调整功率。对于大房间，适宜选用摇头的石英管取暖器，小房间或卧室适合选用小摇头的卧式石英管取暖器或对流式取暖器。

选购电暖器时，安全系数也是一个不可忽略的方面。在卧室和浴室最好选择电热取暖器，这种电暖器密闭性和绝缘性比较好。有小孩的家庭最好选择壁挂式，避免小孩的接触。

3. 选购家用电脑的窍门

①应根据使用目的来选购电脑。目前，电脑在家庭中的主要作用是用来教育子女，其次是办公和多媒体娱乐。消费者应根据自己的使用目的和经济实力，选购适合自己的电脑配置和档次。

②应查验产品许可证及配件。看是否取得国家生产许可证，以及显示器和主机的生产编号。同时，不要忘记索取中文说明书、保修单、发票和

随机必备配件。这样，能够保证电脑产品质量，安全使用，以及售后服务有保障。

③应注意产品性能指标。专家认为，一般家用电脑的微处理应在 486 以上，以保证它的兼容性。出于对大多数软件的类型多媒体功能考虑，计算机内存至少为 8 兆，硬盘至少在 500 兆以上，以适应存取图像的要求。此外，还要考虑计算机的扩展能力、入网，识别包装箱和产品上的各种标识等。

④应货比三家。由于目前很多电脑公司都是私人个体公司，资金少，人员少，技术和服务力量不足，且过于追求盈利，对质量和长期信誉不太重视，经营时间短，无法承诺长期的保修与服务。因此，不应在这样的电脑公司购买电脑。

⑤应看跟踪服务。要看供应商有无后继的优惠购件服务。是否对用户的电脑有存档、维修记录统计等技术跟踪，免费无折旧升级（可原价收回电脑），是否每月引进大批适合用户使用的软件并优惠复制等。

家用电器的科学使用

1. 电冰箱的妙用

①茶叶放在冰箱里，可保持其新鲜、清香的质地，使其安全度过梅雨期。

②在冰箱中存放超过 24 小时以上的蜡烛，点燃后，就不会出现滴蜡现象。尤其是生日蛋糕上用的蜡烛，这样处理，就不会污染蛋糕。

③如果将粘结在一起的邮票，放入冰箱内，不要多久，就会分开。邮票的胶面仍可使用。

④鲜肉放在冰箱中结冻后拿出，待表面稍微溶化后再切，就能将肉片切得薄而均匀，整齐美观，便于烹调。

⑤如果将葱或辣椒放在冰箱里冷冻一下再切，就可减轻其辣味的散发，使眼睛少受刺激。

⑥将包好的饺子，留一定的间隔，整齐地摆放在一个小板上，存放于冰箱冷冻室，开启速冻钮。15 分钟后，饺子外皮已发硬时，取出装食品袋中扎好袋口，再放入冷冻室中储存，将速冻旋钮旋回原来的位置。这种速冻饺子，味道与新鲜饺子比也不相上下。

⑦将需要分次注射的药液，如强的松液，储藏在冰箱中，防菌、保持

效力。

⑧新长筒丝袜，浸泡水里，充分浸湿后，捞出放冰箱，结冻后拿出，延期融化，晾干。这样穿不易漏丝或磨损。

2. 电吹风的炒用

①家用电器受潮时，可用其吹干。

②用电吹风向里面吹热气，可缩短冰箱的化霜时间。

③洗完瓶子，电吹风吹一下，会很快干燥。如果是细口长颈瓶，可用一个长颈漏斗，把热风吹入瓶底，形成热空气循环，也会很快吹干。

④多雨天气，照相机使用后，可先用吹风机将盒内吹干。待冷却后，再将照相机置入，可防止照相机镜头发霉。

⑤电冰箱的塑料封条不平整时，可用电吹风在曲折处加热，稍用力较平，压在玻璃板下，冷却后，即平整挺直，密封性能良好。

⑥受潮的电子表，将后盖打开，取出电池，用电吹风低档吹几分钟，间隔几分钟再吹，反复几次，即可驱潮。

3. 电灯泡的炒用

①擦净灰尘，打开带 25～40 瓦白炽灯泡的台灯，双手持平磁带（磁性层，面朝下），在灯泡上来回拉熨几下，就能使磁带上的皱褶熨平。

②耳朵里钻进了小昆虫，可将进虫侧的耳朵对准亮着的电灯泡，昆虫会很快自己爬出来。

③手表里进了水，可拔出表把，用棉花包住，在亮着的40瓦灯泡上烘烤5分钟。水蒸气就会被蒸发出来。

4. 电熨斗的炒用

①常用熨斗熨被褥，可将被褥上的跳蚤和虫卵杀死。

②如果蜡烛油滴在衣服上，可先用刀子轻轻刮去衣服表面的油渍。然后用两张草纸分别托在油渍的上面和下面用熨斗反复烫，油渍即可除掉。

③书籍上沾了油迹，可在油迹上放一张吸水纸然后用熨斗轻轻烫几下，直到所有油渍被吸收净为止。

④若想揭掉家具上的塑料贴面，可将电熨斗加热至滴水成雾状态时，将熨斗放在塑料贴面的边缘处。10 分钟后，用小刀将贴面与家具贴合处，划开一条小缝，然后逐渐加热邻近部位，并用小刀撬开，继续烫撬下去，就可将塑料贴面揭掉。

⑤要想拆下旧墙纸，可将一块旧布浸湿。一手将湿布紧贴墙纸，另一手持热熨斗在湿布上烫熨。使墙纸受热、受潮，慢慢脱落下来。

⑥呢制衣服拍打一遍，将浸湿的布，蒙在上面用熨斗熨，反复几次，湿布加热带走尘土，呢服就被洗干净了。

⑦要想在 T 恤衫或浅色衬衫上得到自己喜欢的花色、图案，就用蜡笔画在衣服上，在上面铺张纸，用熨斗熨烫，熔化的蜡会被纸所吸收，颜色却留在衣服上，以后也不会变色。

5. 洗衣机的妙用

①夏天当冰箱不够用的时候，可在洗衣机内注入水，再放些冰块。把西瓜等水果放入，能起到冰镇和短时间储藏的作用。

②用干净的毛巾，把剁好的菜馅包好，扎紧袋口，放进洗衣机的甩干筒里，旋转脱水。几秒钟后即可脱净。

③在洗衣机内，加适量清水和洗涤剂，手持花柄，将花放入水中。利用双向水流，清洗 1～2 分钟，取出抖去水珠，塑料花就会恢复原来鲜艳美丽的色彩。

6. 洗衣机使用须知

①忌泥沙和废水、杂物残留。沙土进入轴封，会磨损轴和轴封，造成漏水。如把衣服在洗衣机内长时间浸泡，机内长期积水，则会影响使用寿命。

②忌超定量。无论洗涤什么衣物都不能超过额定量，以免过载损坏电机。

③忌用水过多或过少。过多外溢，影响机器的安全和使用寿命；过少影响洗涤效果，增加被洗物的磨损。放水时，先加凉水，后加热水，一般水温在 40℃以下为宜，因高温对洗衣机中的某些合成材料制件不利。

④忌同时按下 2 个按键，也忌定时器反方向旋转。

⑤忌用硬物捅排水管被堵塞的部位。

⑥忌电源插座不接地。因洗衣机工作环境潮湿，容易漏电，电源插座接地才可避免触电事故。

⑦忌通电空转。如必需空转，可以用手拨转波轮。

⑧忌用塑料薄膜等不透气的物品盖罩和烈日下曝晒。

7. 不宜用洗衣机洗的衣物

①棉织物中一些又松又薄的织物，如蚊帐、网眼布等不宜用洗衣机洗。

②丝织物中除特薄、高级的丝织品如洋纺、华春纺、丝绒等最好干洗外，一般丝织品可用洗衣机洗，但是，洗涤时间要短。

③毛织品中，部分呢绒如华达呢、粗厚花呢、哔叽、马裤呢等可以用洗衣机洗，但是洗涤时用水要稍多些，洗涤时间稍短些。

④粗厚的粘纤织物，如粘纤布、绒平布等，可以用洗衣机洗。但是，洗涤时间要短；细薄的粘纤细布、富纤细布、格布等均不宜用洗衣机洗。

⑤起线织物不能用洗衣机洗涤，凹凸织物，如泡泡纱或轨纹凹凸布等均不宜用洗衣机洗。

8. 延长洗衣机使用寿命的技巧

①洗衣机不要放在潮湿的不通风的场所，以避免机件受潮锈蚀，降低绝缘性能；也不要放在阳光直射处，以避免塑料件变色、褪色和老化。

②洗衣机要放平稳，特别是工作时，机身不稳，易引起剧烈震动，会使机体和机件受损。

③洗衣机用完以后，应该用清水洗净，认真清理机中的线屑等杂物，将机内的残水放尽，再用干布擦净。如果长时间不用，应打开盖子放置一段时间，使水分蒸发掉，以免潮气损坏机器零部件。

④对定时器、排水旋钮、强弱洗按键及其他各种控制旋钮，使用时用力要适度，不可猛力冲击或强力旋转，以免损坏。

⑤洗衣机工作累计500小时以后，应向主轴注5～10号的机油或缝纫机油等润滑油。

⑥洗衣机在工作过程中若出现异常声音，应及时切断电源进行检查。

9. 使用空调的注意事项

①空调的供电应有专用线，在专用线路中应设有断路器。供电导线、保险丝都应符合有关规定。

②不允许随意改变控制板内配线，否则可能使装置质量无保证。

③空调的开机、停机都要使用开关，不要用直接插拔电源插头来开、停空调。所有电器插头都要插紧，不能松动。否则会造成接触不良，损坏空调器。

④使用空调器时，若发现电源电压过低，应马上断电停止使用。

⑤如果空调器装有线控器，要把线控器的一部分电缆固定好，以免牵拉线控器的电缆，引起故障。

⑥空调器工作时，不能堵塞空调器的进、出风口。

⑦使用空调器的室内不能放置有易燃、易爆、易挥发的气体。空调器应距其他家用电器1米远，以免相互干扰。

⑧如果在使用过程中有水溅入空调器，应马上关闭电源，并请专业人

员处理。

　　10. 使用空调省电的技巧

　　①使用空调的房间，门窗应关严，最好挂厚一些的窗帘以阻止室内凉气通过玻璃散失。

　　②温度不必过低，否则既费电又感觉不舒服。

　　③定期消除室外散热片上的尘土，保持清洁。散热片上的灰尘过多，可使耗电量大幅度增加，严重时还会引起压缩机过热，保护器跳闸而停止制冷。

　　④分体式空调器的室外机组与室内机组之间的连接管路越短越好，另外，连接管还要做好隔热保温工作。

　　⑤可利用电风扇辅助空调制冷，达到制冷效果后，可用微风扇吹之，使冷气均匀。

　　⑥空调房内掌握开关时间可以节能。空调开启 3 分钟就制冷，关闭后能维持低温半小时至 1 小时，一般来说，睡前 20 分钟启动，起床前 1 小时关机，等室内温度恢复原先温度后，人已起床，打开门窗通风换气了。既可省电，又防"空调病"。

　　11. 妙用吸尘器

　　①切断电视机电源后，可用吸尘器将电视机内的灰尘吸出，以免发生故障。

　　②用刷子刷不净的毛毯或毛大衣的灰尘、衣物折缝或衣袋内的尘埃，可用吸尘器除去。

　　③用吸尘器吸去附着在汽车，特别是微型车水箱上的柳絮、毛毛、灰尘，可使汽车不发热、不开锅。

　　12. 提高抽油烟机使用效果

　　抽油烟机排油烟效果好坏，主要取决于安装位置，一般原则是不碰头、不烘烤，安装高度适当，只有这样才可使油烟源趋近有效空间。

　　首先，应尽量在两面靠墙的位置安装，并封住与墙的间隙，用软布塞住或糊上均可。

　　其次，在无墙面装上 300 毫米左右的延长挡板（以易拆装的折、挂形式为好），这种挡板最好采用透光材料。经如此处理，抽油烟机下方就形成了聚拢罩，油烟即可强化集中，抽油烟效果可成倍提高。

　　抽油烟机的最佳高度，用蒸气做试验即可知道，只有气体飘进距叶轮轴下端之中心，才能形成一定的流向和流速而被排出，如果远于这个范围就不会向叶轮流动而飘向他处。用户据此就可找准抽油烟机最佳安装高度。

13. 抽油烟机使用小窍门

抽油烟机在使用之前，先用泡软的肥皂头在容易脏的部位涂上一层肥皂，然后稍晾一会儿，即可使用。日久需清洗时，只要用湿布一擦即净，然后再涂些肥皂即可。厨房里的抽油烟机顶部容易接受落下的灰尘，被油污污染，清洗起来很不方便，可取一旧挂历比着顶部大小，剪成不同形状的纸块，平铺在顶部，接缝处可用胶条粘住，待使用 3 ~ 5 个月后再换 1 块，可免除清洗之苦。

14. 使用手机应注意的事项

①忌随便开机。在易燃易爆物体的地方如仓库、加油站、引爆作业场地等禁止无线电发射的区域内，不开机；乘坐飞机、轮船，为防止干扰其通信系统，也应关机。

②忌长时间使用。长时间使用，易引起头痛、困乏、白内障等病症。

③忌紧贴耳朵。超短波对大脑有一定的影响，当听筒与头部保持 4 厘米左右的距离时，就能起到防护作用。

④忌镍福电池靠近明火。否则会引起电池发生爆炸。

⑤忌电池放电不彻底。因为放电不彻底会使镍福电池产生"记忆效应"，久而久之，会导致电池最终不进电。

⑥忌开机更换天线。应先关机再更换手持天线，以保护发信机不被损坏。

15. 使用家用电脑的注意事项

①不宜在电脑周围放置彩电、组合音响、电风扇等带有磁性的物品，因为它们在工作时会产生磁场，导致磁盘上的信息破坏。

②不宜将电脑放置在阴冷潮湿的房间。因为房间湿度过大，会使电脑触点的接触性能变差，甚至锈蚀，还会导致电源系统和电子元件的短路。

③放电脑的房间应保持干净、清洁。灰尘过多将会造成键盘不能正常操作，还特别容易划伤磁盘的盘面使软盘报废。

④不能在阳光直接曝晒，或附近有热源（如暖气）及有机溶剂处存放软盘。这会使软盘变形，以致软盘不能正常记录，或使软盘上的文件、数据遭受破坏。

⑤阅读家用电脑用户手册，熟悉设备的结构特点，掌握安装及使用方法。

⑥电脑有重大故障时，不要私自拆开修理，应及时与销售或维修点联系送修。

⑦电脑使用将满两年时，要检查它的电池，若电池电压不足原来的70%，就应提前更换。

16. 用电饭锅省电的窍门

①确定合理用水量。用电饭锅煮饭，其用电量主要是由把水加热至沸点、汽化和水蒸气升温三个阶段决定的，因而要准确用水，在实际使用中除按照说明书规定外，还应视具体情况确定恰当的用水量，逐步摸索，越准越好。

②合理使用。电饭锅的内锅要与电热盘吻合，中间不要积有杂物，如煮粥做汤时，只要熟的程度合适即可切断电源，锅盖上可盖一层毛巾或隔热板，以减少热量散失。

③应使用热水、温水做饭。用热水煮饭可节电30%以上。

④应保证恒温器、指示灯正常工作。

17. 电饭锅出现异常情况的处理手段

①电饭锅不能自动保温。电饭锅不自动保温，是由于双金属恒偪器螺丝松动所致，只要仔细调整好恒温螺丝，经试验合格后，用油漆将其固定就可以了。

②电饭锅指示灯损坏。电饭锅指示灯泡损坏以后，很难配置修理，此时可用测电笔灯泡加以替换。测电笔灯泡只需2、3角钱，也易买到。替换办法是拧下开关壳体的固定螺丝，将开关壳上的铝质商标牌摘下，小心取下损坏的指示泡，然后装上测电笔灯泡，焊上引线，并串接限流电阻，套上原套管即可。

③电饭锅电源插座打火。电饭锅电源插头处常出现打火炭化现象，不仅影响电源使用寿命，也影响使用的安全性，为避免打火现象的发生，可在插座内压紧螺母和圆垫片之间增加一块标准弹簧垫即可。

④电饭锅温度下降。电饭锅使用日久后，其按键触点开关的金属弹性铜片会高温气化失去弹力，致使锅内温度下降，影响使用。遇到这种情况，可把固定按键开关的螺丝松开，将触点开关取下，用细砂纸擦去上面的氧化层，然后再找一块有弹性的铜片剪成与开关弹性铜片的大小形状相同，再用烙铁焊在开关弹性铜片上，然后将修好的触点开关照原样装好即可。

18. 科学使用电炒锅

①接通电源的顺序是，先将电源线一端与电炒锅连好，有恒温装置的要把调温旋钮旋在中间位置上，再将电源线另一端插入电源插座。有电源按键开关的要按下开关才能接通电源。

②使用普通电炒锅时，应在火候到时立即拔下电源插头。使用自动式电炒锅时，应根据火候将温度调节钮调节到适中位置。

③不能湿手操作，更不能一手持金属柄铲炒菜，另一手开水龙头，以防止电炒锅漏电而触电。

④锅内有污迹时，只能用干布擦洗或用木质工具铲刮，严禁将锅整体及电热插销浸入水中涮洗，以防内部受潮、绝缘不良发生触电。

⑤使用完毕应及时拔下插销，并轻拿轻放，同时将旋钮旋到停止位置，锅要放在干燥处。

19. 使用电炒锅省电的小技法

①用高档功率炒菜时，油热之后将菜倒入，翻炒几下，至六七成熟时，即可断电，用电热盘余热将菜炒熟。

②煮汤时，在水将开时即可断电，利用电热盘余热，过一会儿汤即煮沸。

③烙饼时，可将电炒锅烧热后，放入面饼即可断电，约过半分钟后，将功率由高档调到低档，直至饼熟。这样不仅省电，而且烙出的饼外酥里软、香脆可口。

20. 如何检查热水器

①漏气检查。检查热水器所用的胶管是否有扭曲、裂纹、老化、松脱等现象。如扭曲，可以理直使燃气通畅；如有裂纹，可用肥皂水抹在裂纹处，观察是否漏气，千万注意别用鼻子对着裂纹嗅闻观察，以免中毒，对老化胶管应及时更换。

②热水器检查。热水器使用一段时间后，常会发生热交换器和主燃器堵塞现象，判断方法可以从火焰中观察。若火焰变黄，说明交换器有积炭堵塞，可将热水器拆卸，倒过来用清水刷，洗刷时严禁将水溅到燃烧器和喷嘴上，待干燥后再安装使用。

③水阀过滤纱网检查。由于交换器产生的杂质经水路从水阀过滤纱网喷出，时间一久便会堵塞滤纱网，影响排水效果，应该拆开水阀过滤纱网，把积在纱网上的积灰清除干净。

④高压打火嘴很难点火燃烧。检查电池的能量是否充足，检查打火嘴

与热电涡是否存在积灰，可用无水乙醇清洗。经过以上两种情况处理还得不到改善，可调整打火嘴和电涡之间距离。以上检查都应该是在气压和水压正常的情况下进行。

⑤打火嘴没有火花产生。在电压、气压、水压正常的情况下而没有打火现象，应该考虑高压包。如果用户掌握一些电器知识，可购买同型号的更换。

21. 科学保养电话机

①电话机应保持清洁。有灰尘时可以用干净的乙醇棉花干擦，这样，既除去了话机上的沾污，又起到了消毒的作用。要避免使用去污粉、汽油、香蕉水等化学物品擦洗，也不要用热开水或化学擦布擦洗。

②通话时，不要用手去扭转软绳，以延长软绳的使用寿命。

③按键式电话机内装有干电池或小型纽扣电池，要注意及时更换，防止电池内化学液体泄漏损坏机体。

④电话机在使用过程中如发生故障，应及时通知市话局障碍台（112）协助测试检查，不要自动拆修电话机，以免损坏电话机件、线路，造成不必要的经济损失。

22. 使用家用摄像机的窍门

①使用前，应仔细阅读说明书，熟悉其各操作键的功能。

②使用的环境宜干燥、通风。环境温度为 $0 \sim 40\,℃$，温度为 $10 \sim 80\,℃$。勿长时间在强烈阳光照射下使用，也勿在有油烟气的地方使用。

③应避免在灰尘多的场所使用，以免镜头上积聚灰尘。

④摄像机应选择光线明亮处使用，以获得良好色彩的清晰图像。在日光灯下就很难获得自然的色彩。

⑤勿让摄像机碰撞或掉下，以免机器的操作机构受损，性能变坏。

⑥使用完毕时，要取出录像带，关掉操作开关，去掉线缆，盖上防尘盖，取出电池进行充电，以备下次使用。

23. 保养家用摄像机的窍门

①每次使用家用摄像机后，都要进行适当的清洁。一般先用柔软的毛刷扫一遍外表，然后用"气吹子"吹，再用细软的布揩一遍即可。有汗渍的地方，可用湿软布擦。

②家用摄像机的镜头是重要部件，它的质量将直接影响画面的清晰度。因此，要经常保持它的清洁，一是尽量减少暴露的机会，在不用或停用的间隙，都应及时合上镜头盖；二是做必要的擦拭。

③家用摄像机的走带通道，包括导杆、导柱、隋轮、全消磁头、磁鼓表面、音频/控制磁头、主导轴和压带轮等磁带要经过的部件。这些部件的工作时间长了，会沾上灰尘和磁带上掉下的磁粉，故要做定期清洁。清洁可用磁头清洁液和专用清洁棒（鹿皮和脱脂棉球可代替），蘸清洁液把能和磁带接触的所有部位擦洗干净，但注意不要用金属物去碰击、刮划通道内任何部位，也不要拧动任何螺丝。因为改变任何部件的位置，可能会影响整机的性能。

④家用摄像机的机械传动方面的部件、易磨损及老化的部件，应请有经验的专业维修人员来保养和修理。

⑤家用摄像机应存放在阴凉、于燥，不受阳光直接照射，避免有害气体侵入的地方。存放3~6个月应取出，通电做录放等操作，开机时间在半小时左右。注意取出电池盒另行存放。

24. 日光灯的助动窍门

在气温较低，或电源电压低于日光灯的额定电压时，日光灯往往一闪一闪地不易启动，容易使灯管迅速老化，缩短使用寿命。有的人为了能开日光灯，通常在大黑前人们用电较少时启动，或改用较大的镇流器。这两种方法虽然能在一定的限度内达到助动目的，但都不是理想措施。前者增加了无效的照明时间，多耗电；后者当电耗电压较足时，同样会增大日光灯的工作电流，搞得不好容易损坏灯管。

在此，介绍一种简便实用的方法：利用半波整流的原理，将日光灯启动器做一改装，用脉冲直流电去触发日光灯的点燃；材料只需一只耐压大于250V、电流于SOOMA的任何型号的二极管（商店有售）即可。安装时，先拆下启动器，去掉铝壳，剪去电容，焊开氖泡定触的任何一头，串联上二极管，然后罩上外壳即可使用。二极管的极性不能接反。

居家过日子，样样不能少——日常用品的选购与使用

家具的选购

1. 红木家具质量鉴定

生漆修饰的漆面应薄透而结实，用指甲刮不花，可承受沸水或烟头火

烫。刮磨面光滑平整，线条清晰，榫口嵌接紧密，木面无裂缝。用料一致，镶嵌的大理石面料无裂纹，雕刻的图案应精细、流畅、匀称。

2. 聚酯家具质量鉴定

除外观式样是否称心如意外，还应重点检查：1. 漆面光洁度。漆膜是否平滑坚硬，好的聚酯家具用指甲轻掐不会留下痕迹，耐高温的聚酯家具用香烟头烫也无烫痕，可征得店主同意后在家具的次要部位测试。2. 板面平整度。各部件板面是否平整，门有否变形，抽屉滑道是否轻巧。3. 结构牢固度。聚酯家具多为板式组合，方便拆卸搬运，要检查接榫是否牢固，接合部位是否吻合紧密。

家居用品的选购

1. 毛毯品质鉴别

纯毛毛毯色调比较暗淡自然，并且有兽毛的光泽，绒毛有粗有细，不很均匀，手摸时感觉质地厚实并微感扎手。化纤毛毯色泽较艳丽，花型清晰分明，毛软并且十分均匀，手感薄，分量轻。

2. 屏风质量鉴定

屏风的外形要求周正，每页屏风的高低一致，宽窄适中，木框要牢固可靠；框上的油漆要色泽光亮、均匀，无脱漆和破损；框芯要美观大方；固定螺丝无生锈、松动；拉开使用或折叠皆灵活自如。

3. 席梦思质量鉴定

席梦思床垫应软硬适度。其软硬程度取决于弹簧钢丝的质量高低和直径大小，直径以 2.4 毫米最佳。平放时，让一头受力，另一头放一杯水，应纹丝不动；立放时，应如一堵墙，不坍塌。

4. 不锈钢炊具材质鉴别

我国的不锈钢炊具一般印有 "13～0" "18～0" "18～8" 三种代号，前一数字表示含铬量，后一数字表示含镍量。含铬不含镍的属不锈铁，既含铬又含镍的是不锈钢。

也可用磁铁来鉴定，能吸起的为不锈铁，反之为不锈钢。

5. 火锅质量鉴定

外表不能有磕碰痕迹，接缝处不能漏水。火锅底部箅子不能太密，否则通风不良。烟筒应稍粗，底部直径 15 厘米左右，凸肚 2/3 在水面以下，以保证火旺。

6. 杯盘碗碟质量鉴定

容器口彩绘边线应均匀整齐，图案应清晰美观，内外壁应无釉泡、黑斑、裂纹。用木棒轻敲，声音应清脆响亮，沉厚混浊次之，沙哑、有颤丝音的有裂痕或砂眼。将容器反扣在玻璃台上，边沿无空隙者是圆正的，否则是偏的或扭边的。

7. 砂锅质量鉴定

砂锅外形应圆正，无毛刺。敲击后，声音清脆且有余音。装水不渗漏。

8. 菜刀质量鉴定

刀的刃口应平直；刀面应平整、有光泽，刀身由刀背到刀刃和从前部到后部刀柄处，都应逐渐由厚到薄过渡；木柄应牢固而无裂缝。

9. 热水瓶胆质量鉴定

热水瓶胆的口要圆而光滑，瓶身不能有水泡、纹路。用手指轻轻弹击，外层玻璃声音应清脆。瓶胆内壁上的 3 个褐色圆点距离应相等，因为这是防止内胆晃动和帮助外胆承受重量的石棉垫。瓶胆的镀银应均匀、明亮、不透光、不脱银。

10. 铝制品质量鉴定

铝制食具可分精铝、铸铝、铸铝刨光 3 种。从食品卫生角度来看，精铝制品较好，铸铝刨光制品次之，铸铝制品因有害金属容易溶出，一般不宜用作食具。好的铝制品帮薄底厚，整体盖合，铆接牢固，表面光滑，有铝合金特有的光泽，颜色基本一致。表面粗糙，光泽灰暗，底部、表面有气孔、夹渣等的铝制品质量低劣。

11. 电子钟质量鉴定

未装电池时，摆轮上的磁钢应停在线圈的当中并偏离线圈的中心处。用手指把摆轮轻轻转动 180 度，摆轮往回摆动，秒针应能走动 5 秒以上。安上电池后，秒针能自行起步走动，即使变换位置，也是如此。走动过程中，摆轮上的磁钢与线圈之间的空隙，上下应相等，摆轮的摆动应平稳，游丝应平整。检查电子钟启动的性能时，不要使用新电池，如用旧电池，电子钟仍能正常摆动，说明电子钟的性能良好。闹铃开关灵活，闹声准时响亮，不应有不闹、断续闹和长闹不断的现象。带有日历的，要检查日历是否在指示窗口中间，每二十四小时应跳字，不应不跳或连续跳两天。

12. 挂钟与座钟质量鉴定

外观要求：①木壳或铁壳接合处应平整光滑，漆层颜色应均匀光亮，装饰花纹应正确完整，铜花和电镀圈应无锈斑、黑点、脱皮、擦痕现象，钟面玻璃应厚薄一致，清晰透明，无明显凹陷和划伤。②计时符号应完整，字体刻线应清楚，无倾斜现象，把分针转动一周，与时针、凸字等不应发生摩擦。③钟面钥匙孔要准确，不能偏心，钥匙插入后应松紧适宜。钟门大小合适，开关灵活，关上后同整体相吻合。

内在质量要求：①能灵活平稳地上紧发条，没有滑脱倒转现象。②走动时声音应平稳清晰而无杂音，把分针顺时针方向拨动，钟的正点和半点的打点数应同指针的读数相符，报点时分针指示的读数不应超过正负半分钟。③打点时声音应响亮清晰、振荡和谐，无杂音、发闷或哑音现象，两次打点间隔以 1~2 秒钟为好，打 12 点时，不超过 20 秒钟。④挂钟倾斜不超过 20 度时，仍应摆动自如。⑤上足发条后，连续走时 17 天以上（或达到规定走时数），而且每天误差不超过 1 分钟。

13. 手表防震性能鉴别

打开后盖仔细观察，若摆夹板上是用簧片即防震簧架住摆轮钻外面的，就是防震手表；若摆轮钻外表装一个圆钢片，依靠两颗小螺钉将圆钢片紧围在摆夹板上面，就不是防震手表。

14. 电子表质量鉴定

液晶盘上显示的数字要清晰、完整，信号的闪动要有规律，阳光下不应出现无字现象。表壳上的三个按钮要灵活好用，可逐个按动按钮，检查其功能正常与否。用螺丝刀撬开后盖，表内应有微型电容。用万能表测试一下表的电流，不可超过 5 微安。

15. 金属表带质量鉴定

用手将松紧式表带两头轻轻拉开，一般拉开的长度应超过原长的 50%；然后放松让其回缩，应感到弹性有力，强度均匀，拉开与回缩都无明显的响声。坦克表带的联合处必须松紧适中，弹性良好。表带镀层应均匀光亮，色泽一致，反光明显，表带上平面的或凹凸花纹应图案清晰，排列整齐，表面无麻点。

16. 自行车质量鉴定

检查自行车质量可用拇指与食指合成一个圈，套在车架、前叉、后叉上，轻轻滑动，看有否碰毛、撞伤。仔细观察车圈的边缘处有无明显的凸起，如有，使用后有开焊可能。各部位的焊口，以光滑无缝为好。转动车轮，车圈应在同一个平面上。

17. 山地车质量鉴定

①漆面应平整光洁完好，重点检查车架、前叉有无碰伤，转动车轮检查钢圈是否摆动过大，对接部位是否错位。②活动车轮，检查车链有无死节、磕碰，传动应顺畅。③按动变速手柄逐级变速，应灵活柔顺，因一般国产车没有变速定位装置，故变速到位后要将手柄回转一下。④刹车应制动自如，闸线润滑牢固。

18. 缝纫机质量鉴定

①机器高速转动时零件摩擦声应细小柔和，无异声。②机针应在针板孔中央升降；用力转动上轮时，空转时间要长；脚踏时，机身震动要小。③各部件精度高，零部件不松动，启动时力矩均匀。④先用两层平布试缝，针脚应均匀平整，无跳针、断针、扎针、偏斜等现象；再用两层薄布试缝，应无针脚歪斜、缝料起皱、跳针、抛线等毛病；最后用厚呢绒试缝，针脚长度应能达到3.6毫米，上下两层应平服匀称。

19. 太阳眼镜质量鉴定

先检查镜片的失真度，拿着眼镜对着前面3米左右的门、窗框等物体上、下、前、后移动，如果发现这些线条摇晃、扭动、弯曲，说明镜片是变形的。仔细检查外观是否缺损，镜架、镜脚是否平整。

20. 变色眼镜质量鉴定

①放一薄片在镜片上，将眼镜放在阳光下晒。过一会儿，将薄片取走，若被遮光部分发白而其余部位发黑，则是变色镜。②镜片要求变色快，褪色也快。要求在阳光照射下40秒全部变色，离开阳光2分钟后恢复至半透明。颜色全部褪尽后，镜片应是无色透明状。③变色镜片颜色深浅随阳光强弱而发生变化，色调要求均匀，不能有不变色的白条纹出现。两块镜片变色后色调不能深浅不一。④镜片上应没有气泡和结石，以免影响视线和导致镜片破裂。⑤检查两镜片厚薄是否均匀，以免影响视力。

21. 打火机质量鉴定

①电镀外壳应色泽明亮、洁净，无起泡、剥落现象。②氧化铝层无露白、水渍、鸳鸯色、起皮现象。③初打着火率应在90%以上。④气体打火机不得有明显冲火、缩火现象，不得漏气。⑤汽油打火机不漏油。

22. 指甲钳质量鉴定

钳刃坚固，轧断0.3毫米粗的紫铜丝而不卷口。钳刃宽阔，一般以10毫米为宜，太窄了不好用。压板舒适，板面积最好宽一些，使用起来可省力。钢锉锋利，用时效果明显，不打滑。

23. 床单的选用

①床单最好选用舒适柔软、吸湿性强的全棉织物及维纶布；涤棉床单吸湿性较差，还容易产生静电，应尽量少用。②纱支较细、织造紧密的薄型床单，既美观又舒适，洗涤也比较方便；而粗糙的织物，布面虽厚，质地却往往不牢，洗涤也麻烦。③床单能起到装饰房间的作用，新婚夫妇可选用色彩鲜艳、多套色大型图案，以烘托热烈欢快的气氛。一般旅馆的单人床单宜用图案简练的浅色条形床单，以显示洁净素雅。

24. 床垫的选用

成人可选用弹簧床垫（席梦思）或泡沫塑料等床垫。单人床垫的宽度通常以人体肩宽的 2.5 倍为宜，双人床垫的宽度以两人肩宽的 2 倍为宜。儿童和青少年以厚薄适宜的褥子作床垫为好。

25. 沙发面料选用法

家庭用沙发及沙发套宜选用色彩鲜艳、质地厚实、柔软耐磨的面料。不宜选择色彩对比度强，易使人感觉疲劳的面料。

26. 被子的选用

被子的宽度一般以肩宽的 3.8 倍为宜，长度应比人体长度长 30 厘米左右为宜。

27. 枕头的选用

①鸭绒、鹅绒枕头。柔软而富有弹性，但价格昂贵。②鸭羽、鹅羽和其他家禽羽毛做的枕头。经久耐用，价格较便宜，但不太柔软。③海绵、泡沫塑料枕头。比较柔软，弹性足，可用水洗，但不易散发潮气。④木棉枕头。价格经济，坚固实用，但用久了透气性变差。⑤茭白壳枕头。是将茭白壳洗净晒干、剪齐而做成的，清洁透气，适合对羽毛、橡胶过敏者使用。⑥茶叶枕头。是用泡残的茶叶渣洗净晒干后做成的，有去头火的功效。

28. 蚊帐的选用

涤棉蚊帐价格适中，透气耐用，最适宜家庭使用。圆顶伞帐所占空间小，可扩大狭小居室的视野；方顶角帐帐内空间大，应结合居室环境来选择。蚊帐的规格习惯上称作大床、中床、小床、儿童床、大独睡床等几种，要依据床的规格来选用。

29. 凉席的选用

儿童宜选用可折叠的凉席，俗称"糖席"，这种凉席质地柔软，不起刺，对儿童细嫩的皮肤最适合。中青年可选用挺直、平滑、凉快的竹席，经久耐用。老人宜选用松软、舒适、吸汗性好的草席，以有利于老年人保健。

30. 牙膏质量鉴定小窍门

①管身端正、图案清晰、管尾焊接整齐紧密、盖子螺口吻合为上品。从管尾稍加压力，管口就应有膏体冒出，否则就表明容量不足。②挤出的膏体应呈圆柱形，有光泽、稀稠适度为上品；如挤时费力、膏体稀薄不成条，则说明质量不佳；把牙膏挤在玻璃板上，用手指均匀摊开捺压，或用大拇指与食指捏捻膏体，如有粒状硬质，则为不合格；挤少许牙膏摊开在纸上，从纸的反面观察，如渗水少或不渗水则是上品。③一般应洁白光亮，无黑点、杂质；叶绿素牙膏以呈淡绿色为佳。

31. 药物香皂选用方法

药皂有多种，各有其不同性能：硫磺香药皂，对于皮脂溢出、头皮屑多、头皮发痒、粉刺、狐臭、汗斑和脂溢性皮炎、疥疮均有一定疗效。酚类香药皂，宜用于洗澡、洗手、洗脸。它能有效地抑制细菌的繁殖，防止细菌的感染。对脓疱疮、毛囊炎、湿疹、化脓性皮肤病、粉刺、狐臭均有较好疗效。多脂型香皂性质温和、无碱性刺激，具有清洁、滋润、保护皮肤的作用，适用于干性皮肤、粗糙皲裂和皮肤病患者以及使用一般香皂过敏者，婴儿尤为适宜。

32. 肥皂质量鉴定

①洗衣皂的正常颜色是淡黄色，其他色泽的一般质量较差。肥皂表面有黄褐色斑点，说明肥皂所用的油脂原料不纯，已酸败；皂体发绿，说明配方中植物油过多或脱色不良；皂体呈暗褐色，说明深色松香使用过多，会影响肥皂的去污力；皂体色泽发灰无光，则可能是非盐析法的产品或是填充料较多以及杂质较多的盐析皂。②用手指捏皂体表面，有指头印迹的硬度适中，质量较好。③发出油腥臭味的油脂不纯，脱臭不好，容易酸败。④形状不规则，轮廓不分明，皂体上的牌号、厂名字迹不清，大小不一等，都是假冒伪劣产品。

33. 洗衣粉类型选用方法

洗衣粉按泡沫多少、消泡特性和用途可分为低泡型、中泡型和多泡型。低泡型洗衣粉去污力强、泡沫少、容易漂清，洗涤后衣物洁净、手感好，适用于各种型号的家用洗衣机。中泡型洗衣粉泡沫适中，去污力强，易于漂清，低温洗涤性能好，适合洗涤各类纤维，手工搓洗和洗衣机皆宜。多泡型洗衣粉，具有丰富的泡沫，可在不同水质中洗涤各类衣物，去污力强，最适于手工洗涤。

34. 漂白剂选用

漂白剂或荧光增白剂必须依照衣料的性质来选用：①双氧水。所有纤维均适用，但漂白性能稍弱，不会损伤衣料。②次硫酸钠。适用于绢、毛、尼龙等衣料，漂白性能较弱。③过硼酸苏打。适用于绢、毛、尼龙、醋酸人造丝等衣料，不损伤衣料，但漂白性能较弱。④次氯酸苏打。除绢、毛、尼龙、醋酸人造丝等均适用，漂白性能很强。⑤亚氯酸苏打。仅适用于尼龙衣料，漂白性能极佳。

35. 茶具选用

茶具以陶瓷杯最好，白瓷杯次之，玻璃杯再次，搪瓷杯较差，塑料杯、保温杯最差。喜欢品尝清茶香味者，宜选用有盖的陶、瓷茶具；喜欢欣赏名茶汤色、芽叶美姿者，可选用玻璃杯。搪瓷杯泡茶效果较差，不宜招待客人；保温杯使茶汤泛黄，香气沉闷；塑料杯会产生异味，一般不宜用来沏茶。

36. 菜刀选用法

1号刀专供食堂和从事烹调用；3号刀供一般家庭用；夹钢菜刀适合切肉、切菜；全抛光刀适合切面、切肉；不锈钢刀适合切一般菜、咸菜以及切面；冷焊夹钢刀，左右手都能使用，手感轻，且不易生锈；刀的选用：选刀时须看刀的刃口是否平直。刀面平整、有光泽、刀身由刀背到刀刃逐渐由厚到薄，刀面前部到后部刀柄处，也是从薄到厚均匀过渡的，这样的刀使用起来轻快。也可同时将两把刀并在一起进行比较以确定哪一把刀好。另一个办法是用刃口削铁试硬度。有硬度的刀可把铁削出硬伤。例如：可用刀刃削另一把刀的刀背，如能削下铁屑，顺利向前滑动，说明钢口好。最后检查木柄是否牢固，有无裂缝。

37. 雨伞选用法

年轻姑娘可选色彩鲜艳、装潢精致的绸伞或尼龙伞，也可选便于在女式提包中收藏、携带方便的三节尼龙折叠伞。男青年要求轻便、灵活，可选素色尼龙面的二节或三节折叠伞。老年人行动迟缓，可选购55～65厘米不同规格的轻便尼龙面梅花骨长柄伞，晴天还可以伞代手杖助步。儿童活泼、好动，可选购伞顶部为球状塑料帽、伞骨尾端有塑料套头的儿童花布伞，以保障安全。

38. 剪刀质量鉴定

剪刀的质量主要反映在锋刃上，锋刃镶钢要均匀，厚度要一致，可用指甲试试锋刃，平直又锋利的为佳。并上剪刀，两个尖要一样齐，里外合缝要平直；再用手将剪刀开合数次，轴心灵活而不松动，使用自如的质量较好。

39. 温度计选用法

温度表有酒精、水银两种，前者呈红色柱体，后者呈银白色柱体。水银的比较灵敏，酒精的则稍差。水银的测温幅度为 $-39 \sim 357℃$；酒精的测温幅度为 $-114 \sim 78℃$。可根据实际需要选用。

40. 旋螺丝钉省力法

上螺丝钉之前，先将钉头刺一下肥皂，旋时钉头就容易"吃木头"。

41. 废旧磁带的妙用

废旧磁带或低劣的磁带易损坏磁头，不能上机使用。但可用来给浅色的组合家具装潢表面。

在油漆组合家具的最后一遍漆快干时，将废磁带拉直粘贴即可。组合家具油漆后，用白胶涂于磁带无光泽的一面，然后拉直贴于组合家具上。

42. 关门太紧的处理

地板不平，影响门的开关时，可在地板上粘砂纸，将门来回推动几次，门被打磨后，开关便会自如。

43. 门自动开的处理

当人们搬进新居时，有时会遇到门关上之后又自动开启的现象。这是因为门在上合页时安得太紧，而门和门框之间的间隙又大，所以会自动打开。对此，可用羊角锤头垫在门和合页之间，然后轻轻关门，这么一别，合页栓会略微弯一些，门和框就贴上了。但在"别"的时候，用力不要过猛，要轻轻地做，一次不行，两次。这样，就能解决其轻微的毛病。

44. 撞锁防止自撞的技巧

日常生活中，常常会发生这种伤脑筋的事：门被随手带上或被风吹撞上了，而钥匙却落在里面。如果将门锁作些小小改动，就可解除后顾之忧。做法是：将锁舌倒角的斜面上用锉刀锉成一个"平台"。这样改制后，门就不能自动关上。外出必须用钥匙才能将门关上，这就迫使用户一定要带着钥匙出门。如果从里边关房门，只要移动一下把手就可以了。

45. 铝丝铆补铝制品砂眼

如铝锅、铝壶、铝盆等使用时间长了，会出现小砂眼。可用铝丝堵眼铆补。用粗细适当的废旧铝制电线，剥去线皮，把铝线剪下半个大头针长的段，用钳子夹住 2/3，把另 1/3 用小榔头锤成钉帽式，铆入小砂眼，锅盆从外部铆，壶从里面铆，然后用较大的铁器把钉帽垫起，用小榔头轻轻把铆进去的那一头锤成钉帽，并紧贴在铝制品表面上。最后再用油泥子把铆钉周围泥严实。油泥子可以用石膏粉调桐油、松香水制成。

46. 熬米汤治新砂锅漏水

新买的砂锅容易漏水。第一次使用时，最好熬米汤或做面汤，吃完后不要马上刷洗，先把砂锅放在火炉上烤一下，使锅里的汤糊干结，堵住砂锅上的微小砂眼，然后再洗干净就可继续使用。

砂锅端离炉火，切不可放在瓷砖或水泥地上，以防温度骤降而炸裂，可做个铁圈放砂锅，使其自然降温，以延长使用寿命。

47. 新瓦盆防裂术

新买回的瓦盆不要马上就使用，可先烧半锅开水，将瓦盆放在水中，然后转动瓦盆，使它全部被水浸泡，等"吃"足了水，不再发出"滋滋"声响时，就泡好了。这样就能使瓦盆表面光洁，不易炸裂，经久耐用。

48. 陶器修补技巧

用100克牛奶，一面搅拌，一面慢慢地加些醋，使之变成乳腐状，然后用1只鸡蛋的1/2蛋清，加水调匀掺入，再加适量生石灰粉，一起搅拌成膏，用它粘合陶器碎片，用绳子扎紧，待稍干，再放在炉子上烘烤一会，冷却后就牢固了。若修补面不大，配料可酌情减少。

49. 瓷器粘结技术法

用白矾一小匙，清水一大匙，放在容器中加热，直到液体呈透明状，将破碎瓷器用热水洗净揩干，趁粘合液热气未退时，厚厚地涂在破碎部位，就能牢固粘合。

50. 搪瓷制品修补窍门

①蛋清石灰糊粘补搪瓷器皿。仅是磕碰掉瓷的器皿，可用鸡蛋清与生石灰粉调拌成糊状，涂于掉瓷部位，阴干后即可使用。

②紫草茸热补搪瓷器皿。搪瓷器皿碰掉了瓷，可将紫草茸（中药店有售）点燃，把燃物汁液滴于掉瓷处即可。每补一次可维持半年左右。或者用立德粉和清漆调和成膏，补搪瓷制品，也牢固耐用。

③旧牙刷柄补搪瓷器皿。先用细砂纸将搪瓷器皿掉瓷处的锈迹除干净，然后放在灶上加热（不要烧红），用旧塑料牙刷柄在漏洞上涂抹，冷却即牢。

51. 修补塑料制品法

①塑料雨衣破裂后，可先将裂缝处对齐，上面放一张玻璃纸，用熨斗

（温度要适当）在玻璃纸上轻轻熨几下，下面的薄塑料布便会粘合好。如果有破洞，可剪一块比破洞稍大一点的薄塑料布压在破洞处，上面再盖一张玻璃纸，以同样的方式用熨斗烫补。

②将断钢锯条放在灶上烘热，用来修补破裂塑料制品，既方便又省时。

52. 眼镜修补二法则

①如果一时不小心折断了眼镜架，可用细砂纸把断面打磨一下，再用少量丙酮（化工商店或西药店有售）分别滴几滴在镜架的两个断面上。当断面发粘时，稍用力吻合，待牢固后便可继续使用了。

②眼镜腿松了，佩戴时极易滑落。这时，可在镜腿与镜架交接处的两截面用尖刀轻轻刮几下，取扁形牙签2根，单面抹上胶水，将扁牙签有胶水一面贴靠在镜架端一面，打开镜腿将牙签压紧并用刀片切去多余的长度。两端都这样做，眼镜即可正常使用了。如果讲究些，可在配戴几分钟感觉合适后，用同色广告色轻涂外露的白色牙签，使之不易被发现。还有，牙签的厚度决定修理后眼镜腿松紧与佩戴舒适的程度，可事先试一下，合适了再粘补。

53. 新菜板防裂

按1500克水、500克食盐的比例配成盐水，将新菜板浸入其中，1周左右取出。这样处理过的菜板不易开裂。

54. 防瓷器破裂

将新买的瓷器用品放在盐水锅里煮1刻钟，瓷器就会经久耐用。

55. 延长高压锅圈寿命

①炖肉、焖饭不要用同一胶圈，若能一种食物配一个胶圈使用，可使胶圈的寿命延长3~5倍。

②高压锅胶圈用过一段时间后就失去了原有的弹性而起不到密封作用。可用一段与高压锅圈周长相等的做衣服用的圆松紧带，夹在高压锅圈的缝中，其效果不亚于新高压锅圈。

③高压锅胶圈漏气时，可用锋利的刀片在胶圈内侧凹槽中心均匀地切深3~4毫米，然后用直径0.7毫米左右的不锈钢丝、铜丝或其他可塑性较好的金属线，取胶圈直径3倍长度一段，平均分成4等分，嵌入被切的槽内即可。经处理的胶圈长期使用后如再次漏气时，只要适当增加金属线的直径，即能正常使用。

56. 蜂窝煤炉快速点火

先在炉内放一块烧过的蜂窝煤，在上面添加烧过的小木块若干，再用废纸或其他引火物将小木块引燃。待木块全部烧燃后，再把新蜂窝煤放上去即可。如需急火，可放上拔火筒。这样生煤炉，无烟无臭，比用木材生火快，且节约。

57. 湿煤助燃法

烧湿煤时如仍按习惯加煤，即从上往下加，不仅上火很慢，且烟多。若改变一下加煤习惯，不但能去此弊，湿煤反而能助燃。

方法是：先取出正在燃烧的蜂窝煤，将湿煤放进炉子底部后，再把燃煤放回。这时，可继续烧水做饭，待煤块燃得差不多时，再把上下煤块的位置对调。这样的加煤方法，可以利用正在燃烧的煤块的余热，烘干湿煤，又不误使用炉火。同时，湿煤被烘蒸发的水汽，上升到煤中心时，被高温分解成氧气和氢气，可起到助燃作用，炉火更旺。

58. 封炉省煤法

使用蜂窝煤炉，在封炉加煤时，将新加的一块蜂窝煤的洞眼和炉中原有的那块煤的洞眼错位 1/2，然后再关紧炉门。到下一次开炉，只要对齐煤眼就可以做饭了。这样就节省了封炉时的用煤。

59. 热水袋防粘连法

收藏橡胶热水袋时，袋内要先充满空气，后塞紧袋口，倒挂在阴凉通风处，或收存起来。这样，热水袋就不会粘在一起了。

60. 旧硬毛巾复软法

用旧的毛巾变得粗硬时，可放在醋水中煮沸片刻，再用热水洗干净，就能变柔软。

61. 牙刷毛复原法

尼龙牙刷毛弯曲时，用木梳横插刷毛中，把刷毛托起，再入热水中，待刷毛回软后取出，使其自然冷却，再拿掉木梳，刷毛即复原。不用木梳，用铁夹夹住刷毛，用同样方法亦可。

62. 新牙刷的处理

把新牙刷放在热盐水里浸泡半小时取出，可使牙刷经久耐用。

63. 牙膏代替肥皂剃须

男子剃须时，可先用热毛巾把胡须泡软，再用牙膏代替肥皂涂刷，效果比肥皂好。牙膏不含游离碱，对皮肤无刺激，而且泡沫特别丰富。

64. 开瓶盖法

①把瓶口浸在热水中烫一会，使塑料瓶盖膨胀，就很容易把它拧开。

②瓶盖锈了或旋得太紧开不开时，可在火上烤一下，再用布包紧瓶盖，一拧即开。

65. 巧取瓶中塞

瓶塞掉入瓶中，可取一根长于瓶高的铁丝或竹扦，插入瓶中，戳入瓶塞小头一面的中心；另用一根细而结实的绳子，对折后，圈头入瓶套住瓶塞大头一面，与铁丝配合，略略绷紧，不使脱落。然后用左手把住瓶体，右手往上提铁丝和绳头，将至瓶口处，用力往外一拉即可将瓶塞取出。

66. 玻璃杯的挑选

选购玻璃杯时，要检查玻璃表面是否有很小的气泡。因为汽泡常使玻璃杯在盛热水时炸裂。

67. 巧启玻璃罐头

一般罐头瓶都不易打开，不少人为此而烦恼。有一法能使玻璃罐头轻易启开。取宽3厘米、厚1厘米、长约16厘米的木板条1根，2厘米长的圆钉1颗。将钉钉在木条一端靠里0.5厘米处中央，钉头对准罐头铁盖周围凹缝处，木条顶住罐头瓶颈，往下轻压，如此多压几个地方，整个铁盖就会松动，打开就不难了。

第四章　身体不行，一切不行

处处留意，及早预防——疾病自测

窥见舌头上的疾病

1. 看舌底静脉辨别健康与否

上卷舌尖可见两根静脉行于舌底，正常人仅隐约显于舌下。如果其直径超过2.7毫米，其长度超过舌尖与舌系带终点连线的五分之三即为病态，有时还可同时见到舌边青紫斑或众多小血管丛。这反映全身血液或某器官血液有瘀阻现象。在血液检验上常可存在血球压积、血黏度等指标异常。

2. 舌苔菱形剥落可能有糖尿病

若在舌面中央出现一块菱形剥落区，很可能有糖尿病存在。此刻如同时存在多食善饥、口渴、消瘦等症状则更应引起重视。

3. 通过花剥舌苔辨病

花剥舌苔又称地图舌苔，表现为部分舌苔剥脱露出红色舌质。小儿出现这种情况往往是体质不佳的表现，这类儿童常常有过敏体质，容易患哮喘、奶癣等过敏疾病。小儿偏食、不爱吃新鲜蔬菜者，或者营养不良、贫血、肠有寄生虫及经常感冒者也易见到剥苔。成年人见到该苔则是阴虚血亏的表现；舌前端见花剥为心阴不足；舌根部见花剥为肝肾阴虚。

4. 草莓舌是猩红热的征兆

患者出现舌面乳头增大、红肿，样子像红色的草莓即称作草莓舌。此刻如伴有高热及皮肤生出猩红色密集细小疹点等症，很可能患上了猩红热病。

5. 黑苔出现是重病

黑苔的出现往往表示病情较重，或者是抗生素过度使用，也可能是口腔卫生不良引起。可以用黄连10克煎汁涂在黑苔上，一日多次，如黑苔变短变软，颜色变淡或消失，则说明这种黑苔是口腔卫生不良所造成，应尽快去医院检查。

身体上的液体

1. 唾液辨病法则

小儿清醒时流唾液是正常现象，睡着时口角流涎，则表示脾虚，甚至有贫血病。有些小儿患低热，爱哭闹，不肯吃东西，伴有流涎，可能患有虫积、舌炎、牙龈炎、口腔溃疡等疾病。老年人流涎，则表示肾虚。

2. 鼻涕辨病窍门

鼻涕量多如清水，多见感受风寒邪气。鼻涕色黄而浊，为外感风热邪气。久流浊涕不止，则患鼻炎。

3. 汗液辨病法

睡后盗汗，可能是肺结核病。易出汗伴有心悸，多见甲状腺功能亢进。不易出汗、小便数量骤增，可能为糖尿病。胸口出汗，多是思虑过度引起。重危病人仅额头出汗，提示病情恶化。老人半身出汗是中风的警报。

4. 依据尿液颜色辨病

①橘黄色或深黄色。见于肝炎黄疸、阻塞性黄疸或服用某些药物，例如复方维生素B、中药大黄、阿的平等。②红色。见于肾、膀胱、输尿管、尿道等处因病引起的出血。③酱油色。见于阵发性血红蛋白尿症、血型不合输血、恶性疟疾、蚕豆病等溶血性疾病。④乳白色。见于丝虫病等引起之淋巴管阻塞疾病。有时尿中含有大量结晶盐也会见到尿色似米泔水样，尤其在冬天常常见到，然而将该尿加热后会消失。⑤黑褐色。见于高铁血红蛋白、黑尿酸等病。也可在服用某些药物后见到。

5. 尿气泡过多看病情

小便后如果见到大量较大的泡沫存在，或者表面泡沫消失后仍见到气泡从尿中不断上冒就很可能体内发生病变了。例如肝、肾疾病引起尿中胆红素、蛋白质含量升高，会引起尿中多泡。另外，糖尿病、膀胱炎及癌变等也会见到气泡尿。

身体部位自测

1. 通过眼睑辨病法

上下眼睑浮肿，常为肾脏病。下眼睑卧蚕状水肿，见于肝脏病、心脏病。眼睑区突然发生眼睑浮肿、眼睛睁不开、仅留细缝，见于过敏性皮肤病引起的血管性水肿。眼睑呈半透明状松弛性水肿，见于甲状腺机能减退。眼睑区呈血玉色实质性水肿：见于皮肌炎。眼睑松弛、双目外露，见于面神经瘫痪。

2. 通过肚脐辨病

向上延伸呈三角形，可能患胃、胆囊、胰腺疾病。呈向下的三角形，可能患胃下垂、慢性肠胃病、妇科病、便秘。偏右形易患肝炎、十二指肠溃疡等病。偏左形多为肠胃不佳。

3. 四红现象

患病发热的同时见到舌头色泽红绛、面部潮红、颈部潮红、胸部潮红称作"四红现象"，此症状提示很可能是患了流行性出血热。病情尚属早期阶段，但该病凶险，宜及早求医。

4. 皮肤色素变黑辨病方法

全身皮肤以及口腔黏膜、舌头、牙龈、指甲的颜色渐渐加深而无光泽，严重时似焦煤般，色浅者似棕黑而分布不均匀。如果此时伴有容易疲倦、食欲不振等症状，很可能患上了慢性肾上腺皮质功能减退症。

警惕这些疾病

1. 味觉障碍辨病法

传导味觉的通路是三叉神经的一支。当三叉神经受到损伤时，如头部外伤导致颅骨骨折便会引发味觉减退或丧失。如果没有手术、放射性治疗、外伤等因素存在，则应该警惕脑肿瘤的存在。

2. 心脏病自测

嘴唇、指甲是否呈青紫色。上坡、上楼时是否气喘吁吁。用力工作时是否感到胸中憋闷。脉搏跳动每分钟是否经常在 100 次以上。腿脚是否经常浮肿。如同时出现上述两种情况应去医院检查。

3. 心绞痛发作部位识别

胸正中、手臂内侧疼痛，以左侧为常见。左胸骨或整个上胸部疼痛。牵涉到胸正中、颈、颌部疼痛。胸部较大面积疼痛，颈、颌、手臂内侧疼痛。颈中部下端、直到颈上部两侧，两耳间的颌部疼痛。上腹部疼痛。两块肩胛骨间疼痛。

4. 动脉硬化自测

动脉有否硬化，可用下述方法自我判断：记忆力减退，人名、数字、日期常记不住，要做的事转身就忘掉；拿筷子、拿笔时手指明显地不断哆嗦；行动缓慢、反应迟钝；有时会觉得局部皮肤有蚂蚁在爬的感觉；头晕头痛经常发作，时轻时重；情绪不稳定，遇事易冲动，说话语无伦次。

5. 脑血管发病先兆

①眩晕。有时眩晕突然发生，类似严重的头晕，视物有晃动感，持续时间较长，有时略有恶心，甚至同时发生视物成双、说话舌根发硬的症状，很可能是后脑缺血的先兆。②短暂的语言困难或遍身无力。常突然发生，短则10~20秒，长至数小时即自行恢复，常是前脑缺血的先兆。③突发剧烈头痛。原患高血压的老年人如果突然严重头痛，或伴有呕吐，甚至短时神志不清，即使症状随即消失，也应马上测量血压，如头痛愈发剧烈，脑血管很可能已破裂出血。④经常偏身麻木。中老年人经常性半身发麻，可能是脑内小血管病变的征兆。⑤突然遗忘所有近事。中老年人突然对数年以来的往事完全忘却，数小时后又好转但自我认识始终良好，意识清醒，往往是急性脑血管病发作的先兆。

6. 癌症先兆识别

癌症常常出现先兆，可以从十个方面去识别：皮肤松弛且缺乏弹性，色泽变得灰暗；口中乏味，致使所有食物味道相同；视力退化模糊，目光呆滞；双腿乏力，懒得动弹，有时略肿；脱发迅速，质地和外表突变；饮食后胃部不适，以前爱吃的东西变得没胃口，无食欲；排泄习惯反常，经常便秘，服泻药也无效；指甲逐渐破裂以至脱落；胸部有肿块出现，触摸时有痛觉；双臂经常发冷，双手握不成拳。

7. 肿瘤性质判别

良性肿瘤外面大多有包膜，同正常组织边界清楚，生长缓慢，不会转移到身体的其他组织和器官。恶性肿瘤即癌，肿瘤外无包膜，与周围组织边界不清，生长较快，长到一定程度会引起疼痛，有的表面溃烂出血，伴有恶臭，癌细胞能转移到身体其他部位。

8. 色素痣痛变识别

色素痣有下述情况之一者应警惕癌变的可能，最好及时就医：痣表面溃破，容易出血；痣周围出现红晕；短期内痣迅速扩大；痣周围出现小的色素痣；痣形态不规则，表面不光滑，并伴有疼痛感。

9. 关节肿痛辨初期肺癌

肺癌的初期常常难以觉察，也不表现为咳嗽、咳血等肺内症状。然而有时却会表现为关节疼痛变形，呈游走对称性症状，而且久治不愈，有时极像风湿性关节炎。肺癌早期偶尔还表现为指甲凸起似鹦鹉嘴样变化，而且指端一节肿痛。

10. 艾滋病辨识

艾滋病初期表现与普通感冒、咽喉炎极为相似。一半病人可出现全身淋巴结肿大和肝脾大等症状，但这些症状都不是特异的。艾滋病的主要临床表现为：过敏性皮肤反应迟缓；皮肤黏膜损害，如口腔白色念珠菌感染，皮肤单纯疱疹、带状疱疹及真菌病；数目超过 2 个以上非腹股沟部位的淋巴结病，持续时间超过 5~6 个月；体重减轻大于 10%；持续性腹泻；发热，体温超过 38℃，持续 3 个月；疲乏无力；夜间盗汗。如有不洁性交、吸毒或输血史者，有以上临床表现两项以上，就应该引起高度警惕，及时去医院进行艾滋病相关检查。一般来说，有以上两种临床症状和两项艾滋病实验室检查异常，就可诊断为艾滋病相关综合征。

11. 胃肠病先兆识别

进食后经常出现呕吐；经常有食物停留在腹部下不去的感觉；常有泛酸、烧心的感觉；饭后常打呃，伴口臭；腹泻与便秘交替出现；经常性肚子疼痛或心窝不适；大便有时带血；没有便秘，但粪便呈短、细或扁平状；有时出现柏油样的黑色大便。有以上情况者应请医生诊断。

12. 肝硬化辨病

肝硬化时舌头会显现蓝红色。开始时蓝红色出现在舌头边缘及舌前部，随着病情加重蓝红色面积逐渐扩大，病情减轻时则会缩小。

13. 菌痢辨别

每日大便几次至几十次，粪中有脓血或黏冻，有想排便但又排不出的里急感，伴腰痛、发热，成人一般在 38℃左右，小儿可出现高热，甚至抽搐，应为细菌性痢疾。

14. 皮肤病变测定糖尿病

糖尿病患者皮肤多有以下几种病变：

①颜面和手足多有泛发性淡红色斑，以额部为甚，伴有眉毛外侧脱落。②手足背和耳可见淡红色环状结节，伴爪甲增大变硬，可播散全身。③足缘、足趾、小腿伸侧和手背有灼烧状、紧缩性的小水泡，无痛，2 周左右自然痊愈，不留疤痕。④颈部、上背和肩部出现非凹陷性板状皮肤硬

化。⑤四肢伸侧出现对称性黄色结节，周围轻度潮红。⑥四肢末端出现溃疡、坏疽，溃疡前有水泡。

15. 生理衰老识别

人的生理衰老有以下指标，可供参考：①器官功能减退。血管、动脉硬化，心脏萎缩，眼花耳聋。②男性腹部脂肪肥厚，女性腰部脂肪增多。③体重。30 岁以后比 30 岁时重 3000 克，是衰老的标志。④身高。30 岁后比 30 岁时变矮超过 2 厘米，是衰老的标志。

16. 脑部老化识别

经常出现下列现象，应考虑脑部是否老化：对新近发生的事、刚刚听到的话，都无清晰的印象；遇到紧迫的事情，就会感到措手不及、浮躁不安；常常沉湎于回忆往事；只关心自己眼前的事情，对外界的情况懒于理睬；感情冲动，好唠叨，易发怒；喜欢独处，不愿参加社交活动；安于传统，不适应新事物、新环境；书写迟钝，阅读缓慢，语调迟缓。

17. 肥胖测定法

男性体内脂肪超过 20%，女性超过 28% 为肥胖。确定的方法为：男性标准体重（公斤）等于身高（厘米）减 105，女性为身高减 100，超过 10% 为偏重，超过 20% ~30% 为肥胖。肌肉特别发达者不在此例。

18. 潜在肥胖预测

潜在性的肥胖是间接表现出来的，但要引起注意，下面 8 个方面，如超过半数以上，就宜作健康检查：喜欢经常喝啤酒；每天吃夜宵和零食；父母中有糖尿病、高血压以及心脏病；喜欢吃肥肉或奶油之类的食品；孩提时代即超重；父母都很肥胖；懒于骑车和步行；好睡懒觉。

19. 慢性疲劳自查

疲劳感消失不了的现象即为慢性疲劳，其表现为：早晨起来就感到疲倦难受；说话无力，声音轻细；常打哈欠；眼看汽车进站，也懒得跑几步赶上去；上楼梯容易绊倒；对别人的谈话不关心；总想饮用茶水或提神饮料；经常用双手托腮，并靠在桌上；眼睛总像睁不开；想把脚搁在高处休息；嗜睡而又难以入睡；容易腹泻或便秘；烟酒过量；体重不明原因地下降；常感双手发硬发紧；厌食油腻物品；饭菜中非常喜欢加香辣调料；记不起常用电话号码；写作时精神难以集中，文思不顺；不愿与领导或陌生人见面。有上述情况者应调整饮食，休养调息。

20. 妇女疾病先兆识别招数

①异常白带。白带变为黄色，呈高粱米汤样，洗肉水样，脓性样，或

有臭味。②出血。阴道不规则出血，时多时少，或淋漓不尽，或性交出血。③阴道有脱出物。子宫或黏膜下肌瘤自阴道内脱垂，勿自行还纳。④阴部瘙痒。外阴、阴道持续瘙痒。⑤外阴部出现肿块。阴道长出赘生物，甚至破溃后久治不愈。⑥闭经。女子 17 岁仍无月经初潮。⑦性交痛。性交时阴道干涩等原因引起疼痛，甚至性交困难。⑧下腹疼痛。下腹部持续性剧痛或阵发性绞痛。⑨腹部包块。下腹正中或一侧出现包块，手可扪及。⑩月经不调。绝经前的妇女经期间隔短于 20 天，或超过 40 天。发现上述情况应找医生查明原因，及时治疗。

21. 心脏病孕妇危险信号识别

静息时，心跳每分钟超过 100 次，呼吸每分钟超过 20 次。从事轻微活动即感到胸闷、心慌、气促。睡到半夜常因胸闷、气急而醒，需端坐或吸入新鲜空气才能好转。发现上述现象，应送孕妇去医院诊治。

小儿疾病的预防

1. 小儿啼哭辨病法

小儿夜间啼哭、伴睡眠不安、易惊、多汗，多为佝偻病。喂奶进食时啼哭多为舌炎、口腔溃疡等口腔疾病。哭声无力、呼吸急促、口唇发紫、呛奶呕吐多为肺炎或心力衰竭。哭声调高伴尖叫、发热、呕吐、抽搐等症状多为脑及神经系统疾病。哭声忽缓忽急、时断时续，多为腹泻。哭声嘶哑：肠胃不佳、消化不良。哺乳时紧偎母亲怀中啼哭、并以手抓耳，可能是中耳炎、耳部疖肿。哭声突然发作、声尖而响，多为疼痛疾病。

2. 幼儿蛔虫病辨识

幼儿出现下列症状，可能是患了蛔虫病：反复肚子痛，多发生在肚脐周围，原因不明；反复出现荨麻疹；白天并未紧张激动，夜间睡眠时却经常磨牙；舌面有边缘整齐的乳头状红色丘疹；龈缘处附近有密集型的灰白色小颗粒；白眼球上有三角形、圆形或半月形的蓝色斑点；脸上有指头大小圆形白色癣块；吃得不少，但日益消瘦。

3. 通过小儿咳嗽辨别感冒轻重

从小儿咳嗽可以辨别患感冒轻重的症状：轻者只在早晨起床和午睡起来时吐痰咳嗽；重者夜里比白天咳得厉害。轻者偶有不连贯的咳嗽；重者经常咳嗽，痰不易咯出。轻者咳嗽时嗓子无其他声响，表明呼吸道有轻度炎症；重者嗓子里有呖呖啾啾的声音，且呼吸急促，可能是肺炎、哮喘、百日咳等，应及时治疗。

做个小医生，方便全家人——家庭用药小常识

用药必知常识

1. 巧辨处方上的代号

AC：饭前服用

PC：饭后服用

HSS：睡前服用

Prn：必要时服用

Bid：1 日 2 次

Tid：1 日 3 次

H：皮下注射

IV：静脉注射

Im：肌内注射

2. 巧辨药名

在药品的包装上，都印有药名。药名分为通用名和商品名。通用名是国家规定的统一名称，同种药品的通用名一定是相同的。商品名则是由不同药厂对自己制剂产品所起的名字，并经过注册，具有专用权。所以同一种药物由不同药厂生产的制剂产品往往具有不同的商品名（不同品牌）。

如乙酰氨基酚（通用名）是一种退热药，不同药厂用它生产的制剂商品名有泰诺林、百服宁、必理通等。

药品说明书使用期限的解读

药品说明书上的批号和使用期限直接关系着药品的疗效，阅读时一定要多加注意。

①批号是指药品的生产日期，如 060512 就是 2006 年 5 月 12 日生产的。

②有的药品的使用期限用失效期表示，注明失效期为 2006 年 10 月，则指使用到 2006 年 9 月 30 日到 10 月份第 1 天起便不要再用。

③也有的药品使用期限用"有效期"来表示，如有效期为 2006 年 5 月，则说明此药 2006 年 5 月 31 日前有效。

3. 如何鉴别变质药品

家里保存了一段时间的药品，在发现以下情况时，不可再用。

注射剂：水（油）剂变混浊、沉淀，析出结晶，用水微温、振摇后如能溶解便可使用，反之不能。

糖衣片：变色，裂开，粘连。

胶囊剂：变软，破裂，内容物变质。

散剂：吸潮结块，发黏，发霉。

4. 吃哪些药需忌口

服用中草药，一般不宜同时服用浓茶。因为茶叶里含有鞣酸，浓茶中含量更高，与中草药同时服用，会与某些中草药中的蛋白质、生物碱、重金属盐结合产生沉淀，这样就会影响某些有效成分的吸收和对营养物质的吸收。

临床表现为热象的病人（如发热、便秘、尿短赤、口干滑、唇燥、咽喉肿痛、舌质干红等症状），不宜食用辣椒，因辣椒属热性，吃辣椒会增加热象，而抵消清热滋阳药物的作用。

另外，服用人参、阿胶等滋补药物时，不宜同时服萝卜。萝卜有顺气、消食、化痰的作用，同用就会降低补药的疗效。

5. 哪些西药不能和中药同时吃

中药和西药一般是可以同时吃的。但是，有些西药不能和中药同时吃，如治疗贫血用的硫酸亚铁片；治疗消化不良的酶制剂，如胃酶片、胶酶片；含有安替匹林、氨基比林等成分的解热镇痛药，如加当片、去痛片；还有治疗心脏病的洋地黄制剂，如地高辛片等。因为这些西药容易同中药里的鞣酸发生化学变化，失去药效，甚至产生对人体有害的物质。

另外，肝肾病人的肝肾功能均较差，如果同时服用多种中西药品，会加重肝脏和肾脏的负担，造成危害。因此，不宜长期同时服用多种中西药。

6. 哪些药物不宜用糖拌服

药物的苦味、怪味，使得许多人感到难以下咽，于是人们想到了用糖拌服。但是，并不是每一种药物都能用糖拌服的。一些苦味健胃药，如健胃散、龙胆酊、龙胆大黄合剂等都是借助于药的苦味刺激神经末梢，反射性地帮助消化，促进食欲。若用糖拌服，就会降低甚至丧失药物应有的治疗作用。另外，异烟肼、扑热息痛、退热净等药物不能与糖同服，因糖能抑制这些药在体内的吸收、利用，使药效降低。考的松类药物能增高肝糖原，升高血糖，若同时服糖，会使肝糖原、血糖更高而致糖尿。

7. 用药的最佳时间

用药时间与治疗效果有密切的关系，但这往往被人们所忽视。有关专家指出，如驱虫药，要求必须空腹服，而且要在清晨。而一般来说，大部分药物在饭后 15～30 分钟服用较好，特别是对胃有刺激性的药，如消炎痛、抗生素等。

助消化药物需在吃饭时服用才能发挥作用，如胃蛋白酶、淀粉酶、多酶片等。保护胃黏膜的药物最好在饭前 30～60 分钟服用，如七味散、乳酶生等，止吐药、利胆药等也应在饭前服用。

睡前服用的药物一般应在睡前 15～30 分钟服用最好，如安眠药等。

补益药宜在饭前服，因为补益药性味甘温，无刺激性，饭前服既无副作用，又有利于消化。

8. 自备家庭药箱的技巧

如果要在家里预备一个简单的小药箱，有些急性病、常见病当时就可以解决问题。

①外用药常备：治皮肤损伤出血的创可贴；治扭挫伤，皮下肿痛的好得快喷雾剂；治口腔溃疡的口腔溃疡散；治烧烫伤的绿药膏、京万红等。

②内服药常备：抗感冒药如阿司匹林、扑热息痛、清热感冒冲剂、板蓝根冲剂、藿香正气胶囊等；止咳药，如复方甘草片、川贝清肺糖浆等；心脏病用药如速效救心丸、硝酸甘油片等；消化不良用药如酵母片、乳酶生片等；止泻药如黄连素等；抗过敏药如马来酸氯苯那敏（扑尔敏）等；降压、降糖药等。

9. 家庭药品巧保存

①用剩的药不需要时不必保存。在丢弃前应把药物从包装中倒出。（不要整包装丢弃，防止他人误拾误用。）

②请将药品放在儿童不能接触的地方，更不要把药品给孩子当做玩具。

③药品最好分类存放，如内服药和外用药，应分类存放。药品说明书也要保存好，以备查用。不要用某一种药的瓶子去装另一种药，以免误服误用，发生危险。

④须冷藏的药品如胰岛素、利福平滴眼液等，要放在冰箱的冷藏室

内，不要放在冷冻室内。

⑤须避光的药品，在空气中易氧化变质的药品，如维生素 C、硝酸甘油等，要放在密闭的棕色瓶中。

⑥须防潮的药品，如干酵母、复方甘草片等，要放在密闭的容器里，用后旋扭瓶盖。

⑦应经常查看，过期失效的药品应及时丢弃，以免用时发现过期，再去买药，贻误服药最佳时间。

备药技巧

1. 节日家庭备药的窍门

①应必备感冒药。银翘解毒片、感冒清、小柴胡冲剂、清开灵、三九感冒灵，可任备 2 种；百服宁、扑热息痛、阿司匹林、去痛片等可任备 1 种。另外，冬春季节可能会爆发流感，所以家庭还应准备板蓝根冲剂。

②节日期间，各种美食丰盛，吃喝过量了就易出现消化功能紊乱，所以助消化的药物要多备：可备些吗丁啉、多酶片等；治疗便秘的药物也不可少：黄连上清丸、麻仁丸、果导片等；还有治疗腹泻的药物：藿香正气水（丸）、黄连素、香连丸等。

③烧伤、烫伤、跌伤、碰伤也是节日期间的常见病，所以家庭药箱中还应备有外用消炎解毒药和止痛药：如创可贴、碘酒、高锰酸钾、75% 酒精以及消毒药棉和纱布，此外，还应备止痛喷雾剂、南星止痛膏、麝香止痛膏、红花油等。

④由于白天的劳累兴奋，往往会造成夜晚睡眠质量下降，所以还应准备助睡眠药物：如利眠宁、交泰丸、安神补脑液、柏子养心丸、养血安神丸等。

2. 盛夏家庭备药的窍门

①金银花露。有解暑、清热、消肿、解毒之效，也可预防中暑，还可用于流感、急性扁桃体炎及菌痢等症。

②藿香正气水。有祛暑解毒、化湿和中之功。若将其涂于蚊虫叮咬处，也有良效。

③六一散。有清暑利尿、解毒止吐等作用，还可外用于痱子、湿疹、湿疮等。孕妇忌用。

④避瘟散。有开窍、祛暑、镇痛等作用。

⑤暑症片。为消暑解毒、豁痰开窍、调和胃肠之剂，多用于中暑昏厥者急救，待苏醒后，即可停用。孕妇禁用。

⑥仁丹。有醒脑安神、清热祛暑、行气止痛、温中止呕等功效。孕妇忌服。

用药解疑

1. 用吸管喝汤药好

中药煎好后，服用时一般药味都很浓很苦，嘴里长时间存有药味，消失较慢。用一支塑料吸管（饮料管、酸奶管）直接吸入咽喉中，就能避免中药异味了。

2. 滴鼻药的正确方法

治疗鼻病，常常要滴鼻药水。要想使各种药液充分发挥作用，滴药方法必须得当。否则，就起不到应有的疗效。

正确的方法应该是：患者平卧，头部突出床缘；向后仰，鼻孔朝上，或头向一侧垂下，靠下肩，然后将药水滴入鼻腔3~5滴。头后仰时，双侧鼻孔可同时滴药；头侧位时，先滴下部鼻孔，待翻身换位后再滴另侧。滴药后保持原姿势3~5分钟，药滴就能均匀地分布于鼻腔黏膜，坐起来后也不会感觉口苦了。

3. 哪些药不能热水服用

①助消化类药。如多酶片、酵母片等，此类药中的酶是一种活性蛋白质，遇热后即凝固变性而失去应有的作用。

②维生素C。维生素C是水溶性制剂，不稳定，遇热后极易还原、破坏成分，失去药效。

③止咳糖浆类。止咳药溶解在糖浆里，覆盖在发炎的咽部黏膜表面，形成一层保护性的薄膜，能减轻黏膜炎症反应，阻断刺激而缓解咳嗽，若用热水冲服，会稀释糖浆，降低黏稠度，不能形成保护性薄膜，也就不能减轻刺激，缓解咳嗽。

4. 服胶囊药可剥去外壳吗

胶囊剂，指将药物装入胶囊中制成的药剂，有硬胶囊剂和软胶囊剂两种。洋参丸、速效伤风胶囊等是硬胶囊剂；鱼肝油丸、维生素E胶丸、牡荆油胶丸等是软胶囊剂。

有些人在服用胶囊药时，觉得胶囊壳是多余的东西，认为对人体有害，采取了弃囊取药的服法。其实这是不正确的。

首先，胶囊是用明胶制成，能溶于水和胃酸，对人体无害。其次，用胶囊装的药，一般都是些对食道和胃黏膜有刺激性的粉末或微粒，它是易于挥发或在口腔散失易被唾液酶分解的，非常容易呛入气管的药。胶囊既保护了药，也保护了消化器官，所以，服胶囊药不能剥了外壳再服。

5. 维生素类药是补药吗

有些人认为长期服用维生素类药对身体有好处，会祛病延年。不可否认，维生素是人体不可缺少的营养素，对维护人体健康很重要，机体缺乏时会出现维生素缺乏症，主要表现为：夜盲、恶心、呕吐、口角糜烂、皮肤干燥、牙龈肿胀、佝偻病、骨软化等。此时适当补充一定量机体所缺乏的某种维生素是有益的。但如果长期大量服用，则会导致对人体的毒性反应。例如，服用维生素 C 过量会产生尿道草酸盐沉淀形成尿结石，还会出现腹泻使身体电解质平衡紊乱；维生素 A 过量可引起皮肤干燥、食欲减退、头发脱落、肝肿大、关节疼痛等；维生素 D 过量可引起血钙升高，导致软组织钙化、头痛、食欲不振、多尿等症状；维生素 B 过量会引起头晕、眼花、烦躁不安等症状。所以说维生素不可随便乱服。

6. 治疗伤风感冒用抗生素有效吗

现在的医生在给伤风感冒病人开药时，只要有发热，常常不管病人是什么原因引起的发热，总喜欢给病人开出各种各样的抗生素，最常用的有青霉素等。这实际是一种滥用抗生素的现象。

伤风感冒不是细菌引起的病症，而是由病毒所致，所以无论是用抗生素还是磺胺类抗菌药，对病毒都是毫无损伤的，也就是无效的。滥用抗生素，不但起不到治疗效果，而且会使病人增加耐药性，甚至对肝、肾、耳等重要器官造成不必要的损害。

患了伤风感冒不必用抗生素，而应该服些抗病毒药，如病毒灵、抗病毒口服液、板蓝根冲剂等。如果不伴有发烧，不服药也行。只要不并发感染，感冒一个星期便可自愈。

7. 什么时候服降压药疗效最佳

许多高血压患者服降压药习惯于一天 3 次，轻度高血压患者多为睡前服 1 次。然而，这样服用降压药不能达到药物最佳效果。

据研究资料表明，人体血压在 24 小时内呈规律性波动。每天以上午 9 ~11 点，下午 3~6 点为血压的高峰时间，临床统计数字也表明在这两个时间内发生脑出血的最多，而午夜睡眠中血压则降到低谷，最大差值可达

5.33 千帕（40 毫米汞柱）。再加上入睡后副交感神经兴奋，心跳慢而无力，血液流动缓慢，又因已有 6～11 小时未进食，从肠道吸收水分较少，血液黏稠度增高，所以是脑血栓形成的高峰期。

临床观察发现，降压药在血压达到最高值时的前半小时至 1 小时服用效果最好。

由此可见，服降压药物的最好时间是上午 8 点半，下午 2 点半，这样药物恰好与血压高峰期相遇，才能控制血压的增高。经临床试用证明，采用上述时间服用降压药比一日 3 次服用的病人其脑猝死的发生率减少 50%～70%．睡前服用降压药，使人体血压明显下降，会导致脑、心、肾供血不足，促使脑血栓形成及冠心病的发生，甚至发生猝死。

8. 服降压药禁忌

①忌突然停药。长期服用降压药的高血压患者，如果突然减量或停药，可导致血压反跳而引起一系列反应，称为降压药停药综合征。主要表现为血压突然急剧升高、头昏头痛、乏力、出虚汗等；有的因血压骤升而并发心血管痉挛、心肌梗死或脑血管意外而危及生命。

这是由于部分降压药长期服用使肌体产生耐药性和依赖性。突然停药而出现血压反跳升高所致。

②忌服药量过大、血压骤降。人体的动脉血压是流向组织器官的动力，对保障各组织器官所需要的血流量具有重要意义。如果血压骤降，全身各组织器官血供应不足，可因缺血缺氧而发生机能障碍，甚至造成不良反应。

③忌睡前服药。睡前服药，2 小时后药物达到高效值，而机体本身血压在此时也下降，导致血压大幅度下降，从而诱发脑血栓、心绞痛和心肌梗死等。因此，高血压病人一定要按规定的时间服药，除已知血压过高外，应避免睡前服药，如需晚上服用，也应安排在睡前 3～4 小时。

9. 怎样正确使用红药水

"红药水"常用于碰伤、擦伤、小伤口及皮肤黏膜的表面消毒。

使用红药水时不能与碘酊同用，否则容易发生化学变化并产生毒性很强的物质，这样会对皮肤黏膜或其他组织产生强烈的刺激性与毒性。也不可与紫药水一起使用，否则会使其疗效降低或完全失效。

另外，忌与酸类接触；大面积伤口不宜使用；汞过敏者忌用。

10. 为什么化脓伤口不能涂紫药水

紫药水不但有杀菌作用，还有收敛作用。对新鲜的浅表皮肤伤口，涂用紫药水不但可杀菌防止感染，而且可以促进伤口愈合。但对化脓伤口却会影响愈合。这是因为涂用紫药水后，可使伤口表面形成一层痂皮，影响脓液的引流，甚至容易使痂皮下的脓液向深部扩散，加重感染。

11. 维生素 C 能代替水果和蔬菜吗

维生素 C 的来源是水果和蔬菜。有人认为，只要多服一些维生素 C 药片，不吃水果和蔬菜也能达到同样的效果。

水果与蔬菜中的天然维生素 C，与人工合成的维生素 C 相比，有其独特的优点，那就是天然的维生素 C 更易被人体吸收，发挥作用。而人工合成的维生素 C 则是纯药物制剂，其效果远不如天然维生素 C。此外，服用维生素 C 药片，往往用量较大，如长期服用可在体内产生大量草酸，形成肾结石，而水果、蔬菜中的维生素 C 不会使尿中草酸过高。

因此，不能用维生素 C 药片来代替水果、蔬菜，只有出现维生素 C 缺乏症状（如败血病）或治疗其他病症的需要，才可以考虑用药品维生素 C 来做补充治疗。

12. 咳嗽病人睡前慎服止咳药

有些患咳嗽病的人，喜欢睡前服用止咳药，认为这样可以防止夜间咳嗽。其实这种做法很不科学，还有一定的危险性。

止咳药之所以能够止咳，是因为它能作用于咳嗽中枢、呼吸道感受器和感觉神经末梢，抑制咳嗽反射。虽然止咳药止住了咳嗽，但它造成了呼吸道中痰液的滞留，容易阻塞呼吸道。加上人入睡后副交感神经的兴奋性提高，导致支气管平滑肌的收缩，使气管管腔形缩小，在越发狭窄的管腔里，加上痰液的阻塞，导致肺通气的严重不足。由于肺部不能进行有效的气体交换，导致缺氧，出现心胸憋闷、呼吸困难等症状，结果不仅不能通过服用止咳药来安然入睡，反而加重身体不适，对痰液稠厚的患者来说，更易导致窒息，少数虚弱病人还因呼吸中枢过于抑制出现呼吸衰竭。

13. 服用维生素 C 时为什么不能吃甲壳类食物

食用水生甲壳类食物（如小虾、大虾等）同时服用大剂量维生素 C 能置人于死地。因为这些甲壳类食物中含有很高浓度的五价砷化合物，同时服用大量的维生素 C 可使五价砷转化成剧毒的三价砷——砒霜，引起中毒而死亡。

就地取材，妙手回春——巧治百病

巧治日常疾病

1. 用葱治疗感冒

①患轻度伤风感冒的人，用葱煎水来擦脚心和背心，能起到良好的治疗效果。

②取三五根葱，用热水浸泡后尽可能将其碾碎，然后将葱屑用纱布包裹起来，挤出葱屑的汁液，再调以适量的开水在睡觉前饮用即可。此法对治疗感冒有显著效果。

③取生大葱 3 ~ 5 根，蘸食醋食用，一般一次就可治好感冒，长期食用有益无害。

④将 250 克粳米洗净放入 2000 克清水中煮，水开后改用微火，熬制六成熟时，加入洗净切成碎末的葱白 100 克、姜 25 克，熬制九成熟时再加入 100 克红糖，熬熟即成。此粥可有效防治风寒感冒。

⑤取大葱根 5 ~ 10 棵，生姜数片，红糖适量，煎汤饮服，然后睡觉，对治疗伤风感冒有奇效。

⑥取大葱白（连根须）3 根，花生壳 20 个，洗净，水煎，热饮，并及时加衣盖被发汗。如感恶心者，在此方中加入生姜几片，共煎煮；若伴有咽痛咳嗽，可在此方中加入适量鸭梨片共煮。

3. 治疗风热感冒的窍门

风热感冒的主要症状有轻微恶寒、发热、有汗、苔黄等，它可以通过以下方法来进行治疗。

①取白菜根茎一个，绿豆 30 克，然后加适量水煎煮即成。

②黄花和红糖各等量，加适量水煎煮即成。

③将生梨洗净连皮切碎，加冰糖隔水蒸熟即成。

4. 藕汁蜂蜜可治感冒咳嗽

将适量鲜藕洗净，捣烂榨 250 克汁，加蜂蜜 50 克调匀，分 5 次服，连用数日，可治感冒咳嗽。

5. 治疗流感妙方

①病初起时，患者站立或取坐姿，两手臂自然下垂，然后用力向背后背，尽量使两肩胛骨靠拢，并保持几秒钟。多做几次，就会冒出冷汗。隔一段时间重复几次，让汗出透，感冒不适的感觉就会逐渐消失。

②将贯众、板蓝根各30克，甘草15克，一起放入保温瓶内，向其内注入沸水冲泡，当茶饮用，每日一剂，数日即可痊愈。

③取板蓝根、大青叶各50克，野菊花、金银花各30克，一起用沸水冲泡饮用。以上药物对流感病毒有较强的杀灭作用，并且可预防流脑、肝炎等。

6. 按摩通便法

①每次去厕所蹲坑时，用手按摩腰椎第四、五节的两侧和肚脐眼往上四横指处，各按20~30次，大便可畅通。

②按摩腹部方法可解除或缓解便秘症状。用右手从心窝顺摩而下，摩至脐下，上下反复按摩40~50次，按摩时要闭目养神，放松肌肉，切忌过于用力。按摩时，可适量喝一点优质蜂蜜，效果更好。

7. 按压穴位治便秘

①便秘时可用大拇指和中指的指甲用力掐压鼻翼两侧的迎香穴，可帮助通利大便。

②将双手的中指和无名指放在气海穴（肚脐下边1寸处）向下按压50~100次，再将双手重叠放在肚脐上，先顺时针后逆时针各按摩30次即可。

③当排便难或感觉未尽时，用左右手交替按压合谷穴位若干次。

8. 用葱治便秘的妙方

①长期坚持吃炒葱头，可使大便通畅，效果颇好。

②将适量葱捣碎拌成饼，贴于肚脐上，用热水壶或装有开水的杯子烫葱饼，通大便的效果明显。

③将紫洋葱头洗净切丝生拌香油，就餐时食用，每日2－3次，可通便。

④洋葱若干，洗净后切成细丝，一斤细丝拌进一两半香油，腌半个小时后，一日三餐当咸菜吃，一次吃3两，常吃可以利于大便通畅。

9. 巧用姜治便秘

①老生姜削成像手指样，长3~3.5厘米，用纸包好，煨热去纸，涂上麻油，塞进肛门。适用于舌淡红、食欲不佳、手足发凉、小便清利等寒症

便秘。

②每晚睡觉前，先将肚脐用酒精擦洗，然后取新鲜姜去皮切碎，在碗里压成姜汁，用姜汁浸药棉或纱布，放入肚脐处，外用医用胶条封闭，第二天早晨取掉。此方有通便作用，如配合按摩肚脐效果更好。

10. 菠菜治便秘有奇效

①把菠菜根洗净切碎，加蜂蜜20克煎煮，煮熟后一同服下。连续用此方，可治疗便秘。

②取菠菜一捆（适量）洗干净，放入清水中煮烂（煮沸后用筷子搅拌），做成菠菜汁，晾温后倒入面粉中和好制成面团，再擀成薄片叠起来切成条，煮熟后即可捞出，浇上自己喜爱的卤汁食用。

③取鲜菠菜500克，洗净切成段；鲜猪血半斤，切成小块，和菠菜一起加适量的水煮成汤，调味后于餐中当菜吃，一日吃3次，常吃对习惯性便秘有效。

11. 花生叶煎汤可治失眠

将250克花生叶放到锅里，水要没过它2~3厘米，上火煎，水开后微火再煎10分钟，然后将煎取液倒入6个小茶杯中，每天早晚各服一杯，连服3日，失眠症状就可治愈。

12. 百合银耳羹可治疗神经衰弱

将百合250克、莲子50克、银耳20克用清水洗净泡软，放入碗中，加入适量冰糖和水，上锅蒸熟，长期服用可治疗神经衰弱。

13. 妙用大葱治四肢麻木

①取大葱60克、生姜15克、花椒3克，洗净，用水煎服。每日两次，两周见效。

②用葱白根、生姜、陈食醋各半两，煮水洗手脚可治手脚麻木。每次10分钟，每日两三次。

14. 茶叶与炒米熬汤促进消化

一些老年人食用年糕等黏性食物后，可能会出现腹胀等消化不良症状。此时将一把茶叶、一把米炒至焦黄，添水煮沸，将所得汤液服下，几次便可痊愈。

15. 简易治疗伤食妙法

①因食用肉类食品过多而导致厌食、腹胀、呃逆等症状，将90克山楂肉炒焦研末，每次15克，温开水送服，每日两次。也可吃适量的山楂片或其他山楂制品，消除因吃肉类食品引起的积滞。

②因食用面粉类食物过多而导致食欲减退、腹胀、呃逆有陈腐酸臭味者，可用麦芽30克，水煎服，1日1剂，日服3次。

③因食用生冷瓜果过多而导致厌食、腹胀、大便溏、脘腹冷痛等症者，可用丁香1.5克，神曲15克，泡开水代茶饮服。

16. 花椒根下土治腮腺炎法

取花椒树根下细土少许，用醋泡，将稀泥涂在患处。每天抹几次，几天可愈。

17. 生吃丝瓜子可打蛔虫

取30粒干丝瓜子，一次性生吃可打蛔虫。

18. 秋冬适宜打蛔虫

蛔虫卵是随着不干净的食物进入人体的，它先在小肠内孵化为幼虫，然后钻入肠壁，随血液进入肝脏，再通过肝静脉进入心脏，最后到达肺内，在肺泡内寄生，待生长到具有一定活动能力时，又顺着气管、食管、胃，第二次回到小肠内，这时的蛔虫才是名副其实的肠道蛔虫。

医学家经过科学实验，观察到从蛔虫卵到第二次回到人体小肠这段循环时间，大约需要两三个月。根据蛔虫的生活史，夏季人们食入的蛔虫卵，恰到秋冬季节才变成蛔虫再次回到小肠内，这时服用驱蛔药可以取得比较理想的驱虫效果。

19. 茉莉花糊外敷可止血

流血时，捏一小撮茉莉花茶放进口里嚼成糊状，贴在伤口处（不要松手），片刻即可将血止住。

20. 鲜葱外敷消毒止血法

取一截鲜葱，将葱叶撕开，包在伤口上，外边再用布条包扎，可立即止血，且不会被感染。

21. 刺菜糊外敷能有效止血

把刺菜砸烂，糊在伤口上，用布包扎，血不久即止。

22. 芦荟汁涂抹患处能治外伤

曝晒后，皮肤长水泡，抹搽芦荟汁后水泡可消失；皮肤被锐物扎伤、碰伤后，用芦荟汁涂抹可消炎止痛；虫叮咬瘙痒处涂抹芦荟汁可止痒。

23. 甘草粉泡香油治伤口溃疡

取大甘草150克，刮去皮切细晒干，研成细粉末，装入瓷缸或玻璃缸，用250克纯净香油浸泡3昼夜即可使用。受伤后用该浸泡液涂患处即可。

24. 大葱治烫伤法

①遇到水、火或油的烧烫伤时，取一段绿色的葱叶，劈开成片状，将有黏液的一面贴在烫伤处，烫伤面积大的可多贴几片，并轻轻包扎，既可止痛，又可防止起水泡，1~2天即可痊愈，效果甚佳。

②烫伤口腔或食道时，也可马上嚼食绿葱叶，慢慢下咽，效果也很好。

25. 妙用豆类治烧烫伤

①将洗净的没刮皮的土豆放入水中，煮30分钟左右，然后把土豆取出，将土豆的皮剥下，敷在伤口处，然后用纱布缠好，3天左右烫伤即可痊愈。

②取生绿豆100克研末，用75%酒精（白酒也行）调成糊状，30分钟后加冰片5克，再调匀后敷于烧伤处。

③用黑豆适量加水煮浓汁，涂搽伤处，可有效治疗小儿烫伤。

④遇上火烫、油烫的伤，可用豆腐治疗。方法是用豆腐1块加白糖50克拌匀，然后敷于患部。豆腐干了就换，连换几次即可止痛。如伤口已烂，可加大黄3克与豆腐拌匀一起敷，效果更好。

26. 青砖米醋治脚后跟疼

准备一块青砖（灰砖）、一瓶米醋和一条干净毛巾。将青砖放在炉火上烧热后放在地上，倒上半瓶醋，把毛巾垫放在砖上，在不很烫脚的情况下用力踩在毛巾上，直到青砖不热为止。

27. 苍耳叶垫脚可治足跟痛

将鲜苍耳叶数片垫于袜内足跟处，24小时更换新叶，通常7次可愈。

28. 盐饭膏治关节肿痛妙方

盐饭膏可治疗手、指、腕、肘、踝、膝等主要关节的肿痛。其制作方法是：将食盐（最好用细精食盐）与热大米饭按1：3或1：4的比例掺和捣匀，成膏状，然后，放入碗内，置于热水中加温。

同时，趁热把盐饭膏敷在肿痛的关节部位，四周均匀平摊，外用一层塑料纸覆盖，再用纱布或干净的布包裹。通常临睡前敷，翌晨起后取下。每天1次，如关节肿痛明显，早饭后敷1次，临睡前换1次，1日两次，可以连续敷7~14天，直至关节肿胀基本消失为止。

29. 关节疼痛疗法

①将葱捣烂敷患部，并把炒热的大粒盐用布包起来，放在葱上热熨，关节痛可缓解。

②每日一个苹果，连皮吃下，对于动脉硬化、关节炎及老年病患者颇具疗效。

③每天适量地饮些苹果酒，对关节炎、结石患者有一定的益处。

30. 疾走八字步可治腰腿痛

对因腰椎退行性病变引起的腰腿痛患者，可坚持天天疾步走八字步，坚持一段时间后，病情即可得到有效缓解。

31. 蘸擦火酒能除腰腿疼

白酒约 40 克，倒入碗内点燃，用手快速蘸取冒着蓝火苗的火酒搓患部，动作要快，每天 1 次。

32. 巧治耳鸣法

①每天早、中、晚用手掌按摩揉搓双耳，左右反复揉搓 30 秒钟，长期坚持有效。

②每日早、晚张开口空抖下巴各 100 次，虽不根治，但可控制病情，使症状缓解。

③耳鸣时，尽量用小拇指紧紧插入对侧外耳道内，然后小拇指稍向上，将小拇指弹出，耳鸣立刻可止。

33. 狗肉黑豆汤治老年性耳鸣

黑豆 100 克，狗肉 500 克，橘皮 1 块。将黑豆用干锅炒热，狗肉切小块，用酒、姜片、盐腌渍半小时，油爆姜片，放狗肉炒匀，加水煮开后放黑豆、橘皮，小火煮两小时。此汤补肾益精，治老年肾虚耳鸣有效。

34. 菊花粳米粥治眩晕耳鸣

取菊花 50 克，煎熬成汤后，加入粳米 100 克煮成粥食用即可。此粥是眩晕耳鸣的简便食疗方法，它还有利于中老年人的身体健康。

34. 巧用筷子按摩治耳鸣

将圆头筷子的粗头一端（经开水浸热），插入双耳道做插入拔出动作几十次，再做圆周按摩几十次。做时同时做叩齿动作几十次。每天早晚做两次。完毕，双手心揉搓双耳及耳根，至发热止。此法对神经性、缺血性耳鸣有显著疗效。

36. 马铃薯外敷消眼皮浮肿

将马铃薯切细捣烂，用干净纱布包裹，置于肿处即可。马铃薯具有收敛作用，可起到消肿的功效。

对付顽疾的小妙招

1. 蓖麻子治面神经麻痹妙方

①取蓖麻子仁15克，冰片1克。先将蓖麻子（也叫大麻子）去皮，捣烂成泥，再加入冰片（中药房有售）搅匀，摊在桑皮纸上（桑皮纸剪成3~4厘米见圆的块）敷于反侧（左歪贴右，右歪贴左），一般敷3副即可治愈。

②取蓖麻子1000克，脱力草绞汁（500毫升），将二者捣成泥状，敷于患侧下颌关节及口角部，厚约0.3厘米，外加纱布固定。每日换药一次，重者可同服用芥汁，一日一次。

2. 薄荷荆芥等外敷可治面瘫

取鲜薄荷500克、鲜荆芥500克，绞烂挤汁备用。取大力子（中药）500克、禾虫（中药）500克，将两种中药研成细粉，用上述汁液调成膏状，取适量贴敷患处。干后调换。若同时配合口服鱼鳔汁效果更佳。

3. 黄豆治癫痫法

①取500克黄豆、6克胡椒、12克地龙，加入2500毫升水煮至水干，剔去胡椒、地龙，每次服用20颗黄豆，1日两次，对癫痫有一定的疗效。

②用黄豆制作的黄豆芽有缓解癫痫病情的作用，因为黄豆芽含有硝基磷酸酶，能补充癫痫病人大脑所缺的酶，从而减轻癫痫症状。

4. 黄瓜藤煎汤可治癫痫

取晒干的、成熟的黄瓜藤750克，用水煎，分2天饮，连服一星期。癫痫病严重发病期，服后第二天即可停止发作。

5. 生姜和茶叶煎服能治痢疾

取生姜和茶各10克，将其放入适量的水中煎煮，待温度适宜后热服，每日3次即可。

6. 大蒜煮粥可有效治痢疾

将大米煮成粥，在粥将熟时加入大蒜数瓣，再用食盐调味并趁热食用。因大蒜辛辣性温，有开胃醒脾、祛寒温阳、辟秽解毒的作用，所以这种大蒜粥对治疗腹泻和痢疾有独特疗效。

7. 醋可轻易杀死痢疾病菌

醋富含的醋酸能收敛、抑制甚至杀死细菌，痢疾病菌适宜在碱性环境中生存，而醋呈酸性，酸碱中和反应，这样醋就能轻易地将痢疾病菌杀死。

醋和大蒜都能有效地治疗痢疾，如两者搭配使用，疗效将会更加显著。

8. 杨树花煮汤可治慢性痢疾

用杨树花煮水作饮料喝，可治急慢性痢疾。患红痢加白糖，患白痢则加红糖，与杨树花一起煮即可。

9. 马齿苋治湿热性痢疾妙方

湿热痢疾主要表现为：赤白脓相夹，稠黏气臭，腹胀痛，里急后重，小便短赤，或畏寒发热、口干，苔黄腻。这时可取鲜马齿苋 100 克、大蒜头 1~2 个、鸡蛋两个一起做馅，用白面包成团子上锅蒸熟食用。

10. 咸菜热茶缓解疟疾发作

发过一次疟疾后，在隔天发作以前，备好饭和较咸的炒菜，同时备好水壶和茶杯。吃饱后选个阴凉处，一边烧水一边趁热喝茶，因吃的菜较咸，天又热，必想多喝水，喝热茶后又必会冒汗，直到发作时间已过为止。

11. 煎服白扁豆秧可治尿道结石

把白扁豆秧 200 克放在药锅里，加水没过 1~2 厘米，煎开后微火再煎 15 分钟，每日服一杯即可。

12. 吊南瓜蔓泡水能排结石

取吊南瓜蔓 100 克（新鲜的加倍），洗净切碎，放入热水瓶中，用开水浸泡，当茶饮用。

13. 乌梅核桃能预防泌尿系统结石

每天食 5 枚乌梅，或 100 克生核桃，并多饮水，即可有效预防磷酸盐结石的形成。

14. 蒸食小公鸡可治肾虚

将啼叫的小公鸡（成年公鸡不能用），按常规宰杀洗净切成鸡块，放油锅内略炒数分钟，再往锅内加入 500 克米醋（不要加白开水），在火上炖焖到尚剩小半杯醋，以鸡肉炖烂而不剩醋为宜。

炖烂的鸡肉当菜食用，而吃的口味感到越酸越好。嫌难吃可适当放些红砂糖。每只鸡按一日 3 次，一天内吃完，不要中断，连吃 6 只小公鸡为一个疗程。

15. 开水沏服山石花可治肾炎

将适量山石花放于杯中，用开水沏服，一天数杯，可有效促进肾炎的治疗。

16. 妙用芝麻核桃仁治肾炎

取红糖、红枣、红小豆、芝麻、核桃仁各 250 克，碾末做成丸，每日吃 3 次，每次 50 克。

17. 蒸食西瓜大蒜治肾炎

取一个 1 千克以下的小西瓜，洗净，连皮带瓤挖一个三角口，将去皮独头大蒜瓣 10 个塞入瓜内，再把口子盖好，口朝上放入蒸锅隔水蒸熟。一次吃掉瓜瓤、汁及大蒜瓣，或一日内吃完。连服 7 个西瓜为一疗程。

18. 核桃治肾炎浮肿的窍门

将一个核桃敲成两半，将一半桃仁去掉，另一半桃仁留下。将蛇蜕装入另一半无桃仁的壳内，再将有核桃仁的那一半与有蛇蜕（与一条完整的蛇蜕量相当）的一半合在一起，用细铁丝将核桃捆起来，裹上黄泥，再用柴火烧泥包的核桃，泥烧热后使桃仁变黑即可。

将壳内桃仁研成细末，早晨空腹，用黄酒 100 克送下，连服 3 次为一疗程，观察疗效，再服第二疗程。

19. 鲶鱼炖食可利尿消肿

取活鲶鱼 1 条，去内脏，放入 50 克香菜于鱼腹中，加少许香油炖熟，连吃数日，可治疗小便不利及水肿。

20. 绿豆鸭蛋可治疗慢性肾炎

取新鲜鸭蛋一只，将大头一侧轻敲一孔，塞入 6 粒绿豆，将小孔封好，放入锅内蒸熟。出锅后趁热吃下，每天早晨一次，连吃 7 天，有一定的辅助疗效。

21. 温水送服鸡蛋壳粉治胃病

取 3 个鸡蛋洗净，打开后留壳，将壳在炉边烘干，研细粉末备用，发病时内服，一次服完，温开水送服即可。

22. 煮萝卜汁可缓解胃病症状

胃病发作时，可将心里美萝卜洗净切碎，煮成水放点糖趁热喝，即可缓解症状。

23. 红枣泡饮可有效治胃病

将大红枣洗净，炒到外皮微黑，以不焦煳为准。把炒好的枣掰开，放杯子里用开水冲泡，一次放三四个，可加适量糖，颜色变后即可，当茶饮用。此法对老胃病也有独特的疗效。

24. 用姜治疗胃寒妙方

①出现胃寒时，时常有想呕的感觉，此时口含咬生姜片，即可起到止呕的作用。

②取鲜姜 500 克（细末），白糖 250 克，腌在一起。每日三次，饭前吃，每次吃一勺（普通汤匙）。可以长期坚持吃。

25. 用酒姜煎荷包蛋可去胃寒

切鲜姜丝、糖备用，先煎两个鸡蛋（荷包蛋煎法），放入姜丝，待姜丝有些黄时，放糖喷上白酒（少许即可），趁热食用即可。

26. 妙用酒类治胃寒两法

①取二锅头白酒 50 克，倒在茶盅里，打入一个鸡蛋，把酒点燃，酒烧干了，鸡蛋也熟了，早晨空胃吃，轻者吃一两次可愈，重者三五次可愈，注意不加任何调料。

②把一瓶啤酒和 25 克去皮拍碎的大蒜同时放入铝锅内，加热烧开，病人趁热喝下。每晚一瓶，连喝 3 天可见效。

27. 蛋清核桃泥治疗胃寒痛

鸡蛋一个，打一小洞，倒出蛋清（蛋黄不用），用蛋清同三个粉碎的核桃仁和 5 克白胡椒粉一起搅拌成泥，然后倒入蛋壳内，用纸封住洞口，再用泥将蛋壳糊上，然后放在炉火上用微火烤熟。每晚睡前制作，趁热服用。一次一个，连服三个即可。

28. 大枣丁香冲服可治胃痛

取大枣 7 个去核，丁香 40 粒研末，分别装入盆内，焙焦后研成细末，分成 7 份，每次 1 份，日服两次，温开水冲服，轻则一疗程，重则两个疗程见效。

29. 妙用鸡蛋治胃溃疡妙法

鸡蛋花是软质流食，极易于胃的消化、吸收，它可大大减轻胃的负担，有利于胃的休息和溃疡面的愈合。鸡蛋花的制法是，将滚烫的开水冲入已搅匀的鸡蛋中即成，一般以一个鸡蛋调成一小碗，以质地较稠为宜。

30. 圆白菜汁治胃溃疡妙方

圆白菜叶两三片切成小块，用食品切碎机打成末，挤汁 100 毫升左右。晚饭前一次饮用，连服一个月即可。

31. 妙用土豆治胃溃疡

将 2 千克土豆洗净，去除芽眼，切碎捣泥，装入净布袋内，放入 1000 毫升清水内，反复揉搓，便生出一种白色的粉质。

把含有淀粉的浆水倒入铁锅里，先用旺火熬，至水将干时，改用小火慢慢烘焦，使浆汁最终变成一种黑色的膜状物，取出研末，用容器贮存好。每日服 3 次，每次饭前服用。

32. 按压肋缝可消除胃胀

平躺下来，用双手大拇指同时在胸前两边肋缝中上下移动按压，听到肚内有咕噜响声，便是找对了穴位，继续在该处按压。这样可以促进胃的消化、缓解和消除胃胀、胃疼等不适感觉。

33. 咀嚼芝麻可止反酸

胃反酸时，可取适量芝麻细细咀嚼后咽下，片刻之后就可止住反酸，疗效迅速而显著。

34. 蜂蜜能治胃炎

每天早上起床后，用开水冲兑一杯蜂蜜水空腹饮下，活动一个多小时再吃早饭。长期坚持，还可治疗便秘、降火。

35. 蔬菜治疗胃炎妙方

①刺儿菜鲜品洗净，去根，切段晒干，每次取 10～20 克水煎服，长期饮用，能治疗萎缩性胃炎。

②黄色菜。黄色蔬菜可控制胃炎。如果多摄取 β－胡萝卜素就不容易患导致癌症的萎缩性胃炎。

③取公猪胃一个，先将外面洗净，表面脂肪不必去掉，然后翻过来将黏膜洗净待用；萝卜 150 克，水泡 1～2 小时，淘净控水装入猪胃扎好口，将其放入砂锅内加水漫过猪胃煮熟。一天内吃完，饭量大者可连萝卜一起吃掉，一疗程 7 天。初食几天有轻度腹泻，不要担心，吃完后症状自然消失。

36. 泥鳅丝瓜汤可治肝病

把泥鳅在清水中养两天，吐出污物后，与丝瓜一起煮熟，调味后即可食用，一天吃一次或一周 2～3 次。

37. 煎饮猕猴桃可治疗肝炎

取猕猴桃果 100 克、红枣 12 枚，水煎当茶饮，对有效治疗急性肝炎有促进作用。

38. 三黄片能治肝炎

早晚各服三黄片 4 片，可退黄、降转氨酶，对治疗肝炎有一定疗效。

39. 脂肪肝病因及治疗

脂肪肝的病因很多，主要为过量饮酒、肥胖病、糖尿病、皮质激素增多症等。

首先要去除病因，如戒酒、糖尿病者控制糖尿病、慎用四环素等可疑药物等；其次要调整饮食结构，一般说来，脂肪肝患者要严格控制糖的摄入量，包括米、面制品、含糖饮料、冷饮及水果等，同时补充高蛋白，提倡多食新鲜蔬菜。

40. 黑木耳治肝硬化妙法

适量黑木耳洗净放入锅内加水煮，开锅后继续煮到只剩大半碗时停火，放一小勺猪大油、几小块冰糖热喝。一天 3 次喝汤，第三次吃掉木耳。坚持几个月可见效。

41. 晨食苹果可治胆囊炎

每天清晨空腹吃一个不削皮的苹果，隔半小时后再进餐，天天如此，对胆囊炎的治疗有很好的疗效。

42. 温开水可治心动过速

发病时喝几口温开水，有意识地往食道中加压，症状即可迅速缓解。

43. 坚果能预防心脏病

花生、核桃、栗子、松子、瓜子、莲子等坚果，不仅营养丰富，常吃还能预防心脏病。

坚果中虽然脂肪含量高，但 50% ～80% 为不饱和脂肪酸，必需营养脂肪酸含量极为丰富。其中含的磷脂尤其是卵磷脂丰富，它能帮助脂肪分解、脂化及血中胆固醇的运转和利用，并可溶解血中沉积的动脉硬化斑块，有清洗血管、增加血管弹性、预防心脏病的功效。

44. 利于保护心脏的食物

①钾、镁可以保护心脏细胞，缺乏时将发生心律不齐、心动过速、情绪不安等症状。食物中豆类、谷类、花生、海带、紫菜、木耳、菠菜、蕃茄、香蕉、瘦牛肉、鱼等都含有丰富的钾、镁离子。

②钙可以防治心脏的动脉硬化，含钙较多的食品有奶及奶制品、豆类、芝麻等。

③如食物中缺乏铬、锰、碘 3 种元素，可造成动脉粥样硬化。谷类、豆类、坚果仁、茶叶等含铬、锰较多，紫菜含碘甚多。

④维生素 C、E、PP 及 B_6，对保护心肌功能起着重要作用。新鲜蔬菜、鲜水果中含丰富的维生素 B_6、PP，麦胚油、粟米胚芽油、芝麻油、芝麻、奶、蛋等食品中含量也较高。

45. 多吃山楂治疗心血管疾病

高血脂是导致心血管疾病的几大危险因素之一。山楂可以降血脂，经常吃山楂对心血管疾病患者有益。

46. 妙用鸡蛋治心血管疾病

鸡蛋含有卵磷脂，它能使人体胆固醇和脂肪保持悬浮状态，避免它们在血管壁沉积，并能通过血管壁被组织充分利用，从而降低血脂水平。

炒食鸡蛋时稍加些醋，不光使鸡蛋味道变得鲜美，而且还可以软化血管、降低血脂，并起到一定的降血压作用。

47. 足部刺激可治脑供血不足

脑供血不足是一种常见的中老年疾病。对此，可每天早晚到鹅卵石小径上散步，这样便可刺激足底部神经，加强机体调节，从而改善脑部供血。

48. 清晨喝水可减少血栓形成

晨起时体内水分最缺乏，使血液浓缩，黏滞性增强，易于聚集，可形成脑血栓等。这时，如果适当喝点水、奶、茶，就可以改善血液循环，减少血栓形成的可能。

49. 橘子汁可治脑血管病

用 500 克橘子汁泡一包舒筋活血片，3 天以后喝，一日 3 次，对脑血管、心血管病有效。

50. 凉拌马齿苋可降血脂

采摘野菜马齿苋，在开水中煮一下（约 2 分钟）捞出，拌成凉菜，日食两顿，共约 200 克。

51. 花生降压妙法

①用花生仁（带红衣）浸醋 1 周，酌加红糖、大蒜和酱油，密封 1 周，时间越长越好。早、晚适量服用，一两周后，一般可使高血压下降。配合日常降压药，可以起到平稳降压效果。

②将平日吃花生时所剩下的花生壳洗净，放入茶杯，把烧开的水倒满茶杯冲泡饮用，既可降血压，又可调整血中胆固醇含量，对高血压及冠心病者有疗效。

③取绿豆、花生米各一两、葡萄梗两根（约 15 厘米），放适量水煮至绿豆开花即可服用。一天一次，9 天一疗程。服用此方之前应量一次血压，以供对照。

52. 芹菜降压良方

①一日三餐用芹菜佐餐，可凉拌，也可用来炒菜吃，配合服用降血压药物，能平稳降血压，提高降血压药物的疗效。

②取新鲜芹菜 200 克，洗净后，捣出半杯汁加冰糖炖服，每晚睡前一次，连续 10 天左右，即可产生显著降压效果。

③取带根芹菜 10 余棵（只要下半部分），荸荠 10 余个，洗净后放入电饭煲中或瓦罐中煎煮；取荸荠芹菜汁分成两小碗，每天服一次，每次一小碗，如果无荸荠，也可用红枣代替。

④芹菜和茭白。取芹菜、茭白各 20 克，水煮喝汤，每日 2 ~ 3 次，可降血压。

⑤豆腐煮芹菜叶。常吃豆腐煮芹菜叶，有辅助降低血压的作用。芹菜有保护血管和降低血压的功效，且有镇静作用；豆腐能降低血液中的胆固醇。

⑥芹菜煮鹅蛋。取芹菜（老且带根更好）一根，鹅蛋一个，加三四斤水煮沸后，将菜、汤分成 3 份，鹅蛋剥皮切成 3 片泡于汤中，饭后喝一份汤吃一份菜和一片蛋，每日 3 次，长期坚持即有显著效果。

53. 中草药降血压法

①每天坚持服用木立芦荟配合其他降压药治疗，有利于血压逐渐平稳下降。芦荟叶一次服用不宜超过 9 克，否则可能中毒。

②黄芪对血压有双向调节作用，高则降，低可升。每天用黄芪煮水喝，有利于维持血压正常。

③取山里红 3 斤、生地 1 两、白糖适量。将山里红洗净去核和生地一起煮烂，加入白糖。每天多次，当零食吃。

54. 红葡萄酒泡党参可降压

取国产红葡萄酒若干瓶，每瓶红葡萄酒内加入 100 克党参浸泡，30 天后即可饮用。每天早、午、晚各喝一小杯。长期坚持，有显著疗效。

55. 鸡蛋治低血压法

①每天早晨将鸡蛋磕入茶杯内，用沸开水避开蛋黄缓缓倒入，盖上杯盖焐 15 分钟（冬季可将鸡蛋磕入保温杯内）。待蛋黄外硬内软时取出，用淡茶水冲服，每天一个。

②根据自己的口味，将鸡蛋炒、摊、蒸、煮、煎都行，每天坚持吃两个。坚持一段时间，可以改善血压。

56. 喝香油可治疗气管炎

香油是一种不饱和脂肪酸，人体服用后极易分解、排出。它可促进血管壁上沉积物的消除，有利于胆固醇代谢。每天早晚各喝一小勺香油，可使因气管炎、肺气肿等引起的咳嗽减轻。

57. 妙用姜汁治气管炎

将嫩鲜姜切碎放入盆内，把背心浸入姜汁内（浸得越透越好，盆内不放水，要完全是姜汁），待几天后完全浸透，再取出阴干。

在秋分前一天穿上背心，直至第二年春分时再脱掉。为了清洁，可浸两件替换穿，疗效显著。

58. 泌尿系统感染的辅助疗法

①蜂蜜含有丰富的果糖、葡萄糖、蛋白质、有机酸、矿物质、多种维生素和酶等营养成分，不仅能辅助治疗便秘、胃溃疡等消化道疾病，35%的蜂蜜溶液还对急性尿道炎、膀胱炎、慢性肾盂肾炎等泌尿道感染的疾病有辅助疗效。

②每日用沸水冲泡 50 克金银花、甘草 10 克，以之代茶饮用。

③将绿豆 50 克、鲜冬瓜 500 克水煎，代茶饮用，可加入白糖适量。

④将适量芹菜洗净，捣烂取汁，加热烧开，每次服 50 毫升，1 日 3 次。

⑤每天服用 1 克维生素 C，可分 3 次服用，能酸化尿液，以干扰细菌生长。

59. 按摩腹部治肠粘连

早上起床和晚睡前，平卧床上，双脚弯立，腹肌放松，先用左手放右手背上，右手掌在腹部上，围肚脐顺时针由里向外按摩 100 圈以上，后用右手放左手背上，左手掌在腹部上，围肚脐逆时针由外向里按摩 100 圈以上。

然后用左右手交替，从心口处偏左些向腹下按摩 100 次以上。中午也可加做一遍，但须饭后半小时。按摩次数、轻重自己掌握，以舒适为度。

60. 煮食老蚕豆可治胃肠炎

腹痛腹泻时，可将一大碗老蚕豆煮烂，加点白糖，每日两次，连豆带汤一起吃下。

61. 老枣树皮可治慢性肠炎

将老枣树皮适量，放在锅内用油炒黄，研成细粉，每次服大约 1 克，每日 3 次。

62. 藕节炭可治溃疡性结肠炎

取藕节炭（中药店购买）150 克，将其分成 8 份。每日一份，分早晚两次以水煎服。8 日为一疗程，服用一至两个疗程后可见效。

63. 蜂蜜豆浆治疗慢性结肠炎

每天早上喝豆浆时加入一勺蜂蜜（10 ~ 15 毫升），经常服用对慢性结肠炎患者有益。

64. 妙用山楂片治慢性结肠炎

将 75 克的山楂片切碎，放在锅里炒至发黏后停火，立即向锅内倒进 75 克白酒搅匀，再倒到药罐里，加入小半碗水，微火煮至山楂片溶化（约 10 分钟，防止煮糊），再放入适量的红糖搅化，每天早晚空腹各服一剂，连服一周。

65. 蘑菇大枣汁能治消化不良

取鲜蘑菇 500 克，大枣 10 枚，一起用适量水煎 40 分钟，然后取汁分 4 次饮用，早晚空腹为宜。

66. 捂脚跟治骨刺

每天晚上用热水泡一下脚（约 15 分钟），擦干脚用薄塑料袋将脚后跟兜上，最好用包橘子或广柑的小塑料袋，兜好后穿上袜子固定住，睡觉时也不要脱袜子。每天一次，坚持一两个月即有显著效果。

67. 蘸擦热酒可治骨刺

将少许二锅头酒烧开，然后用棉球蘸酒在长有骨刺部位擦十几下，早晚各擦一次。每次都要将酒烧开后再擦，两周后，疼痛即可消失。

68. 川芎治脚跟骨刺妙方

将中药川芎（药店有售）45 克，研成细面，分装在用薄布缝成的布袋里，每袋 15 克左右，将药袋放在鞋里，直接与痛处接触，每次用药 1 袋，每天换药 1 次，药袋交替使用，换下的药袋晒干后再用。一般 7 天后疼痛即可得到有效缓解。

塑造完美体型——减肥瘦身

把肥胖拒之门外

1. 肥胖的原因

①饮食习惯。例如过量饮食之摄取，对高热量甜点心之偏爱以及暴饮

暴食等；在看电影、电视或应酬时吃了许多高热量的点心、零食、饮料等，以至于热量摄取过多而造成的肥胖。

②遗传因素。根据调查报告，父母体重正常者，其子女肥胖者仅7%，父母中有一位肥胖者，其子女肥胖者40%，如父母均为肥胖者，其子女肥胖将高达80%。同时发现体形体型与遗传有关。一般而言，圆而软体型之人较易肥胖，扁而硬之人则反之。

③热能的需要量减少。职业的改变，常会使运动量减少，能量的需求减少。由于设备自动化程度提高，减少了能量浪费。中年后由于基础代谢率降低，工作稳定，肌肉张力及活动量降低，休闲及睡眠时间增加，所需能量相对减少。

④内分泌因素。由于内分泌代谢失调所造成的肥胖发生率较小，肾上腺疾病或甲状腺功能低下等都会造成肥胖。

2. 盲目减肥的害处

①长期盲目节食，便会产生自我毁灭性的神经性厌食症。这是一种自我饥饿的心身疾病，患者一连几天或几周不好好进食，致使营养中断，体内代谢障碍，皮质醇分泌过量，引起脑水肿、脑萎缩，最终出现心力衰竭而死亡。

②缩短寿命。据研究人员报告，肥胖症虽有增加早逝的危险，但不适当的减肥会带来更多危险。那些减重4.99千克（11磅）以上的男性，早逝危险性比无体重改变的男性增加57%，减重1~4.99千克（2.2－11.0磅）者早逝危险性增加26%。

③严重损害健康。减肥最常见的方法是限制饮食。主食的摄入是保证机体新陈代谢和生长发育的主要能量来源。有关资料表明，膳食中蛋白质、脂肪、糖类三大营养之间的比例以1：1：4时吸收效果最好，如果单纯采用大幅度减少主食的办法，会使机体代谢紊乱，引起其它疾病。

3. 减肥的基本原则

①养成良好的习惯。要养成定时、定量、少食、多餐的良好习惯。忌食脂肪、含糖量过高的食品和零食。

②求实。减肥过程中要以求实的态度去制订一个长远的减肥计划，先订的目标小一点，如一星期减一斤左右，如此才能收到很好的效果。

③慢进。不要一开始就摄入太少的食物，这样很容易使人产生饥饿逆反心理，导致随之而来的大吃特吃。所以减肥一定要慢慢来。

④不节餐。节餐不但不会帮助减肥，还会增加体重。因为正常用餐会

提高人体新陈代谢的速度，有利于能量的消耗。

⑤不节食。节食会使人出现三种不良后果：水分在体内积聚过多；降低新陈代谢的速度；易产生强烈的饥饿感而放弃减肥。

⑥慢食。放缓吃饭的速度是一种极佳的减肥方式。

⑦以含糖类的食物为主食。含糖类多的食物不但可以提供人体所需的营养和能量，还可以降低其他食物的摄取量，减少脂肪的供给，更有利于减肥。含糖类多的食物有土豆、大米、面粉、玉米等。要尽量用这些含糖类多的食物代替脂类含量较多的食物。

⑧不强求。不要强求自己戒食最喜欢吃的食物，可以尝试换一种热量较低的烹调方式。

⑨坚持。减肥是一个长期的过程，只有坚持到底的人才能达到自己所追求的目标。

4. 减肥的误区

①认为只要多运动就行，而不注意饮食。即使每天多增加运动量，但只要多增加饮食，减肥成果便会化为乌有。因此要想获得持久的减肥效果，除了加强运动外，还应从饮食上进行合理的调配。

②只作局部运动。其实局部运动消耗能量少，而且容易疲劳，脂肪供能是由神经和内分泌调节和控制，是全身性的。并非练哪个部位就减那个部位的多余脂肪。

③认为运动强度越大，减肥效果越好。其实，只有持久的、小强度的有氧运动，最有利于人消耗多余脂肪。

5. 减肥方法

①饮食减肥法。吃饭越慢，进食便会越少，这样可避免摄入过多的热量；少食含脂肪、油、糖过高的食物，少饮酒。

②多纤维蔬菜减肥法。多吃需要反复咀嚼的食物，如硬面包、硬饼干、纤维多的蔬菜等。另外，难消化的食物只应在早饭或中午吃，而不应晚饭吃，因为晚饭后体力活动少，不利于减肥。

③萝卜减肥法。萝卜含有芥子油等物质能促进脂肪类物质更好地新陈代谢，防止脂肪在皮下堆积。

④韭菜减肥法。多吃韭菜，韭菜含纤维素很多，有通便作用，能带出肠道内过多的营养。

⑤茶叶减肥法。茶有健美减肥的微妙功效。茶中的咖啡碱肌醇、叶酸和芳香类物质等可以增强胃液分泌，调节脂肪代谢，降低血脂、胆固醇。

⑥荷叶减肥法。将荷叶15克（新鲜荷叶30克），加入新鲜清水内，煮开，每天以荷叶水代茶饮服，连服60天为1个疗程。一般每1个疗程可减轻体重1~2.5千克。用荷叶煮粥喝，也有益于减肥。

⑦大蒜减肥法。大蒜能有效地排除脂肪在生物体内的积聚，对脂肪有神奇的减肥作用，因此，长期多吃大蒜能够帮助人体减少脂肪，保持体形苗条。

⑧以汤代饭减肥法。汤可使胃内食糜充分贴近胃壁，增加饱胀感，从而反射性地兴奋饱食中枢，抑制摄食中枢，降低食欲，减少摄食量。汤的质量应注意具有较多的营养成分。

6. 提前进餐减肥法

人体内的新陈代谢活动在一天的各个时间内是不相同的。一般来说，从早晨6时起人体新陈代谢开始旺盛，8时至12时达到最高峰。减肥者只要把吃饭时间提前，比如说早饭5时吃，中饭安排在9时至于10时吃，就可达到减肥目的。专家对要求减肥的人做过试验，同样发现只要把吃饭提前，就可以在不减少和降低食物的量和质的情况下减肥，最明显时1星期可减少1磅体重。

7. 豆腐渣防治肥胖症

日本科学家认为，常吃豆腐渣对防治糖尿病、肥胖症有好处。因为糖尿病的发生与体内胰岛素不足有关。豆腐渣中含有丰富的纤维素，吃豆腐渣可使食物中的糖附着在纤维素上使其吸收变慢，血糖含量则相应降低，即使体内胰岛素稍有不足，也不至于患糖尿病。同时纤维素本身还具有抑制胰高血糖素分泌的作用，亦可使血糖浓度降低。

8. 辣椒与减肥

辣椒素有减肥作用。一只新鲜辣椒的维生素C，其含量远远超过一只柑橘或柠檬，还含有维生素A等。营养学家认为，一个人每天吃两只辣椒就可以满足人体维生素C、A的正常需要。利用辣椒减肥，是应用辣椒配合蜂胶、柏树芽等各种植物提炼而成的减肥系列用品，通过扩大毛细血管，涂抹辣油及辣椒素，使药液由表及里渗透，结合电脑仪治疗，能促使多余脂肪细胞稀释、软化，排泄体外，无创伤，无需节食。

9. 减肥宜少食的食品

①水果类。由于水果可以帮助消化又很可口，因而很多人愈吃愈多。水果的含热量大多数是挺高的，爱吃水果是件好事，但一不小心就会发胖。所以，减肥者应注意。

②油脂类。油脂是最可怕的热量来源，应尽量少吃含油脂太高的食品。

③含糖或脂肪高的食物无论是否减重皆不可多食。

富含脂肪的食物有巧克力、奶油、肥肉、多脂鱼类、油鳗鱼罐头、油炸食物、核桃等。富含糖的食物有糖果、饼干、面条、鸡蛋饼、蜜饯、甘薯、蜂蜜、马铃薯、糖等。

10. 十种减肥的食品

①西芹：含热量最低。

②苹果：含维生素和可溶纤维，无胆固醇和饱和脂肪。

③香蕉：含丰富维生素 C。

④西柚：可溶解体内脂肪和胆固醇。

⑤面包：选高纤维全麦的。

⑥稻米：牛肉、奶酪热量的 1/3。

⑦咖啡：每日一小杯黑咖啡可消耗 10% 的热能。

⑧蘑菇：热量低。

⑨豆腐：可取代高脂肪肉类，使体重下降加快。

⑩菠菜：含铁质加速新陈代谢。

11. 忌以水果代替米饭减肥

米饭常被误认为是减肥的大敌，水果则被公认为是减肥圣品。

水果含有丰富的维生素及矿物质，热量又不高，纤维素又多，的确对人体非常有益。不过，为什么有些人以水果减肥，反而越吃越胖呢？这是因为水果含有大量的果糖，只吃水果代替正餐，在份量没有节制的情况下，减肥当然无效了。

另外，我们的身体需要均衡的营养，才能维持基本的新陈代谢，如果只吃水果而不吃含脂肪、蛋白质的食物，会有营养不良的情形产生，小肠对疾病的抵抗能力也将降低。此外，缺少油脂，便不易吸收脂溶性维生素，此种不均衡的饮食，势必会使体力无以为继，损坏健康。

12. 吃素食减肥要注意的问题

素食一般是指不食肉类，而纯素食更是完全食用植物性食品，这类食物多含丰富的纤维，没有动物性脂肪和胆固醇，相对摄取的热量较低，似乎的确可达到减肥的目的。但以吃素来减肥，仍必须从营养的角度来考虑是否恰当。

以蛋白质而言，构成蛋白质的氨基酸有 20 种，其中有几种不能由身体合成，需要由食物供给，称之为必需氨基酸，一般植物性蛋白质则往往少了其中一种以上的氨基酸。以素食最常食用的黄豆而言，甲硫氨基酸就稍有不足，但如搭配米、面则可互补为完全蛋白质；热量方面，只要谷类和油脂类摄取足够，热量是不会缺乏的，足可提供人体能量消耗之所需。

素食以其高纤维、低胆固醇的特性，对身体健康有很大的益处。但为防止某些营养素的不足而造成贫血或营养不良，在吃素时应力求多样化，少而精。

13. 减少腹部脂肪法

减少腹部脂肪除了适当控制饮食，体育锻炼是较有效的方法。

①仰卧举腿。双腿并拢、伸直。运用腰腹部力量，尽可能使双腿上举，使腰背和臀部离开床板向上挺直，然后慢落，反复进行。

②仰卧起坐。双手抱于头后，身体伸直或屈膝，连续做起躺动作，反复进行。

③仰卧屈体。运用腰腹部力量向上举腿，同时双臂向前平伸屈体，使双臂和两腿在屈体过程中相碰，连续进行。

以上锻炼方法可单独或结合进行。共 10 分钟左右，每周 4 次至 5 次，坚持 3 个月，就能见效。

④每晚睡及晨起前，取仰卧屈腿或左侧卧位，用手尽力抓起肚皮，从左到右或从右到左，顺序捏揉 15 分钟。再从上至下或由下至上，顺序捏揉。以感到酸、胀、微疼，能承受为宜。15 分钟后，再平行按摩腹部。半月后，即可出现良好的健美效果。

打直背脊坐着或站立，缩回腹部，持续大约 20 秒，然后放松。做这项运动时不可停止呼吸，呼吸应保持正常，每天重复做 16 次。

拥有一个好身材

1. 女性胸部巧健美

①荷尔蒙法。随着年龄的增大，有的女性胸部开始干瘦、下垂。为使胸部保持健美，可经常往乳房上涂一些荷尔蒙油脂进行按摩。

②屈臂法。双膝跪在地板上，手臂伸直撑地，向下做屈臂动作，一直弯曲到下颚和胸着地为止。屈臂时一定要注意不使臀部向后，而将重心移到手腕上，用手臂和手腕支撑身体重量，并维持片刻，使乳房充分下垂。一日做 8~10 次，可使胸部健美。

③挺胸法。自然地仰卧于地板上，头和臀部不离开地板，向上做挺胸动作并保持片刻，重复6~8次。

④双手对推法。双膝跪于地板上，上体直立，双手合掌置于胸前。两手用力做对推动作，注意肘关节不要下垂，两前臂成一字形，并要挺胸抬头，配合进行深呼吸。重复做8~10次。

2. 男性胸部巧健美

①撑双杠法。两手支撑在双杠上，身体挺直。当两臂弯曲，身体压到最低点时，用力撑起，同时吸气。在撑起时，头部向上挺，身体保持挺直。重复做8~12次。

②拉哑铃法。两足开立，上体前屈，胸挺背直，使上身与地面平行，两臂垂直，两手各握一哑铃，拳眼向前，然后屈臂将哑铃用力拉起，直拉至两肘不能再向高处，肱三头肌和背阔肌极力紧缩，稍停，还原重复，做12~15次。

3. 腿部健美妙法

①徒手深蹲。两足开立，两臂前平举，胸挺背直，头部也伸直，两眼前视，然后缓缓屈膝下蹲，当蹲至不能再低时，慢慢地用力起立，还原，重复15~18次。

②肩负哑铃深蹲。两足分开，两手哑铃提至肩处，哑铃两头前面较后面高，然后缓慢屈膝下蹲，当蹲至不能再蹲时起立，臀部及两腿肌肉极力紧缩。重复做10~16次。

③两手持哑铃深蹲。两腿站于牢固的矮凳上，两手分别握有较重的哑铃，然后极慢地屈膝下蹲，当蹲至不能再蹲时起立，腿部完全伸直，股四头肌和臀部肌肉极力收缩，使小腿肌肉极力紧缩。重复做15~18次。

修身养性，受益无穷——养生与健身

养生窍门

1. 静坐养生法

①静坐的环境应选择无噪音干扰、无秽杂物、空气清新流通的场所，如宽敞明净的居室、休息室或室外空旷平地均可进行。

②静坐最好选择在每天晨起后和晚睡前，早晚各1次，每次应30分钟。终日伏案的脑力劳动者，就不必局限于此，而应在上午10点、下午4点工作最紧张的时刻，分别稍事停歇，于僻静处静坐15～30分钟。

③静坐者取端正坐姿，端坐于椅子上、床上或沙发上，面朝前、眼微闭、唇略合、牙不咬、舌抵上腭、下颌微收；前胸不张，后背微圆，两肩下垂，两手交叉放于腹部，两拇指按于肚脐上，手掌交叠捂于脐下；上腹内凹，臀部后突；大腿平放，两膝不并（相距10厘米），脚位分离，全身放松。确定正确坐姿和整个躯体放松的过程，即是静坐中的所谓"调身"。

静坐是静与坐的有机结合，一个"静"字至关重要。所谓入静，就是排除一切杂念，即静坐的"调心"，入静中要主动采用腹式呼吸。尽量轻慢地鼓起下腹做深吸气，力点专注于脐下手握处（丹田穴）。呼气应短而稍促，使腹部恢复正常。总之，应求自然，行于不经意之间，达到调身、调心、调息的"三结合"境地，进入似有似无、似睡非睡的忘我虚无状态。

当静坐结束后，静坐者可将两手搓热，按摩面颊双眼以活动气血。此时会顿感身体轻盈，神清气爽。

2. 掌上养生法

①旋转拇指。如果感到体力不足，不妨试着让拇指作360度旋转。旋转时必须让拇指的指尖尽量画圆形。起初会感到不顺，但反复进行几次以后，拇指就会有节奏地旋转，而且觉得心情舒畅。

②自我握手。左右手掌靠拢在一起交替对握，关键在于右手拇指要有意识地用劲抓住左手的小鱼际，左手拇指用劲抓住右手的小鱼际。紧握3秒钟后双手分开。左右相互紧握5～6次。

③手指交叉。当感到大脑反应迟钝、注意力不集中时，不妨把双手手指交叉地扭在一起。一只手拇指在上交叉一会儿后，再换成另一只手拇指在上。然后将手指尖朝向自己，并使双手腕的内侧尽量紧靠在一起。反复进行几次。

④牙签刺激。准备10根牙签，用橡皮筋捆成一束，然后用它刺激手掌。3秒钟后再刺激，如此反复。刺激力度不宜过强，以免损伤皮肤。

3. 梳头保健法

经常用多排短刺梳子梳头，可防止脱发，推迟脸部皮肤衰老。每天梳头，由前向后，再由后到前；由左至右，再由右至左。这样来回多梳几次，使梳子充分摩擦头皮及发根，从而达到按摩作用。

4. 赤足行走利养生

近年来，国外科学家提倡赤足行走。赤足行走能刺激双脚，给大脑带来营养、改善功能，有益健康。赤足行走的办法是：早晚穿着袜子在室内行走 15~30 分钟，并逐渐延长至 1 小时。还有一种脚尖按摩法，即用脚尖轻轻落地，两脚交替有节奏地以每分钟 140~180 次的频率原地跑步，并全神贯注，默数次数，每次 3~5 分钟，有改善情绪，集中精力，增强记忆的效果。

5. 坚持喝白开水有益健康

喝白开水对人体健康有利。据研究，煮沸后自然冷却到 20~25℃ 的温开水，具有特异的生理活性，能促进新陈代谢，改善免疫功能。坚持喝白开水的人，体内肌肉组织中的乳酸积累较少，不易感觉疲劳。

而汽水、果汁等饮料，都含有较多的糖、糖精、电解质和合成色素等，不像白开水那样能很快从体内排空，会对胃黏膜产生不良刺激，妨碍消化和食欲，还会加重肾脏的负担。所以，营养学家建议人们养成喝白开水的习惯。

7. 淋浴的特殊功效

淋浴的环境对人体极为有利，因为喷水的莲蓬头是一个很好的阴离子发生器。当莲蓬头喷射细水流时，会在空气中产生大量的阴离子。阴离子是一种特殊的"维生素"，它可以促进人体的新陈代谢，有利于机体的生长和发育，提高人体的免疫能力，有降低血压、镇咳、消除疲劳、催眠等作用。因此，人们在淋浴时感到很舒服。

8. 何时入睡最好

科学家们研究发现，睡眠的好坏不是取决于睡眠的长短，而是取决于睡眠的质量。何时入睡才能取得较好的睡眠质量呢？答案是：晚上 9~11 点，中午 12~1:30，凌晨 2~3:30。究其原因，与睡眠的两种不同的时相状态有关，即与快波睡眠与慢波睡眠的关系密切。人在入睡后，首先步入的是慢波睡眠，持续时间一般在 8~120 分钟；然后进入快波睡眠，维持时间在 20~30 分钟；此后又回到慢波睡眠中。整个睡眠中如此反复转化 4~5 次。越接近觉醒，慢波睡眠越相对缩短，快波睡眠则越相对延长。人可以从慢波睡眠或快波睡眠中直接醒来，却不能从觉醒状态直接跳到快波睡眠入睡。

因此，要使肌体很快地进入慢波睡眠，就应该尽量避开人体昼夜生理上的三个兴奋期：早上 9~10 点，晚上 7~8 点，深夜 11:30~12:30。

此时，人体精力充沛，反应敏捷，思维活跃，情绪激昂，是不利于肌体转入慢波睡眠的。相反，晚上 9 ~ 11 点，中午 12 ~ 1：30，凌晨2 ~ 3：30，人体精力下降，反应迟缓，情绪低下，利于人体转入慢波睡眠，以进入梦乡。

9. 男性排尿有讲究

①姿势取蹲位排尿可引起一系列肌肉运动及其相关反射，加速肠内废物清除，缩短粪便在肠道内的停留时间，使硫化氢、吲哚、粪臭素等致癌物的重吸收减少，从而保护肠黏膜少受致癌物的毒害。

有关调查资料表明，下蹲排尿男性的患癌率较站立排尿者降低40%，这也是习惯取蹲位的印度男子肠癌发病率低的奥秘之一。

②多久排一次尿没有定规。不过现在的最新说法是每小时排尿一次，以降低膀胱癌的发病率。

③尿液若排不尽，易诱发尿路感染，成为患病的一大祸根。如何才能将残余尿排尽呢？专家介绍几点技巧：解完小便后，用手指在阴囊与肛门之间的会阴部位挤压一下，这样不仅能排出残余尿，而且对患有前列腺炎的人颇有好处；勤做提肛动作，以增强会阴部肌肉和尿道肌肉的收缩力，可以促使残余尿尽快排出。

10. 食物催眠法

①睡前，将1汤匙食醋倒入1杯冷开水中，搅匀喝下，即可迅速入眠，且睡得很香。同样也可饮1杯牛奶或糖水，有较好的催眠作用。

②把橙子、橘子或苹果等水果切开，放在枕头边，闻其芳香气味，便可安然入睡。

③用小米加水煮成粥，临睡前食用，使人迅速发困，酣然入睡。

④人吃了面包，胰腺就会分泌胰蛋白酶，对面包所含的氨基酸进行代谢，而其中五羟色胺的氨基酸代谢物，能镇静神经，引人入睡。

11. 高抬脚利健康

每天至少把脚抬高一次，每次十几分钟，就觉得浑身舒坦。因为当一个人跷起脚之后，脚部的血液就可流回肺部，使心脏得到充分的氧气，让静脉循环活泼起来，大大有利于心脏的保健。

双脚翘起高于心脏，腿和脚部的血液产生回流，长时间绷紧的大小腿得到了松弛，双脚就得到了充分的休息，使身体重新健旺，可增强办事效果。

12. 洗脚擦脚心防病

不少冬季易发病如感冒、小腿抽筋、肠痉挛、风湿病、腰腿部关节炎等，往往与足端受寒有关。提高足端抗寒、抗病力的最佳方法是：每晚临睡前，用热水洗脚后，用洗脚毛巾或手摩擦左右脚心各60下，这样不但能促进足端的血液循环，有助于驱除疲劳，促人酣然入睡，而且还可以防治汗脚、冻疮和足癣。中医认为，揉擦足心的"涌泉穴"，有健脑益智，催眠镇静，固肾暖足之功效。

13. 双手并用可防脑溢血

有60%的脑溢血发生在大脑右半球。因而医学界专家提出：应鼓励人们多使用左手和左半身，让左右手并用，以有利于健康长寿。大脑的左右半球是交叉支配对侧肢体和躯干的。长期使用右手和活动右半身的人会导致左侧大脑半球负担过重，以致神经疲劳，记忆力减退，对外来刺激反应迟钝。而长期不用或少用左手和左半身，右侧大脑半球就得不到锻炼。提倡左右手并用，既可减轻大脑左半球的负担，又能锻炼大脑右半球，从而加强大脑右半球的协调机能，防止或延迟脑溢血的发生。

14. 松弛筋骨的窍门

①肩膀如感到有点僵硬不适时，稍加按摩即可恢复。若无效，可在热水中加少量的盐和醋，然后用毛巾浸水拧干，敷在不适处，利用蒸气效果，使肌肉由张变弛，轻松舒畅。

骨节发硬的人，每日饮3次食醋，每次30克左右，发硬的骨节会逐渐恢复正常。

②伸懒腰有益健康

伸一个懒腰可以使肌肉收缩，把很多凝聚的血液送回心脏，增加循环血容量，改善血液循环，肌肉收缩、舒展，增进肌肉的血液流动，带走废物，消除疲劳。

③打呵欠有益健康

打呵欠是一个自发的生理反应，它可以帮助纠正血液中氧气和二氧化碳的不平衡。二氧化碳是体内的废气，当血中积聚过多时，便激发呵欠反射。呵欠开始时，由于口腔和咽喉部肌肉强烈收缩，使口强制开大，与此同时胸腔扩展，双肩抬高，使肺能吸入较平时为多的空气。呼气时，大量的二氧化碳也随即被排出。呵欠多半在长时间处于慢或浅呼吸之后发生，引起呵欠的原因有过度疲劳、紧张、久坐、专心致志的做作业、腰带束得太紧、室内过热、通风不良等。人们在离开电影院或音乐厅时常会打个呵欠，这不是厌烦的表示，而是由于静坐过久，浅呼吸时间较长的缘故。

15. 揪耳养生法

每天早晨起床后，右手绕过头顶，向上拉左耳 14 次；然后左手绕过头顶，向上拉右耳 14 次；有空时一天可揪耳多次。也有的每天坚持按摩耳朵的穴位若干次。经常揪耳朵或按摩耳朵，能够刺激全身的穴位，使得头脑清醒，心胸舒畅，有强体祛病之功效；我国古代医家对耳朵上的保健功很有研究，认为肾开窍于耳，而耳是肾之外窍。所以揪双耳可以通过经络而影响肾，促进整个机体的强健。

16. 开怀大笑保健康的窍门

据研究，一次尽情的欢笑，等于进行一次适度的体育锻炼。在笑的过程中，面、颈、胸、背、腹、肩和肌肉、关节、韧带都发生有益的活动。人的脸、颈集中了许多肌肉，表情严肃的人，有 17 块肌肉处于紧张状态，而微笑的人只有 9 块肌肉是紧张的。

17. 笑的益处

伴随着笑，胸廓扩大，增加了肺活量；笑能加强内脏功能，促进血液循环；笑使内脏得到了十分有益的按摩，消化功能会增强，大便变得通畅；笑能消除紧迫，驱散忧郁，增强记忆，改善睡眠。

18. 秋季养生要诀

①宜早睡早起。秋季天气转凉，地气清爽，早睡早起可使心境安逸安静，神气收敛，避免肺气受燥邪的损害，保持肺的清爽功能。

②宜秋冻。秋季日夜温差较大，早晚气温较低，健康人不可顿添厚衣，宜稍穿薄衣，稍带寒冷，民间有"春捂秋冻"之说即是此意，适当地"受冷"，有利于人体对气候变化的适应能力。

③宜宁志。秋景凋零肃杀，易引起伤感忧郁的情绪。因此，要注意保持心情宁静，在秋高气爽时，不妨外出旅游，登高望远，陶冶情操，增进健康。

④调饮食。秋季的饮食宜清润，避免老姜、生葱、生蒜、胡椒、花椒、芥末等辛辣香燥之品及薰烤、肥腻之食，要多吃些润肺生津、养阴清燥的食物，多食富含纤维的新鲜蔬菜和水果，保持大便通畅。

19. 有碍健康的几种习惯

①虐待肌体。有些人喜欢用指甲抓头，尤其是遇到某种难题时，使劲乱骚扰。这样可能损伤头皮，影响头发的生长。还有些人喜欢在洗澡时用浴巾使劲擦搓肌肤，这种方式会使皮肤表面皮脂损失过量，导致皮肤干燥

造成瘙痒。

②刻意节食。一是为了苗条，二是为了养生"辟谷"。过分节食，偏食，均会导致营养不良，损害身体健康，合理的方式是"七分饱"。

③饱食贪坐。不少人习惯于晚饭吃得很饱，吃完就往那儿一坐，读书看电视，日久腹部便会逐渐凸出，臀部松垂，体态臃肿。合理的方式是饭后"小劳"，适度的形体活动会促进血液循环，加强机体的代谢能力，有助于消化。

④垂头俯首。有些人习惯于坐、行时低着头，特别是在阅读、听报告或步行时更是如此。这种习惯会使脊椎疲劳而导致颈椎病，同时也会影响脑部的血氧代谢。

⑤懒散恋床。百无聊赖的时候，不少人喜欢在床上看书或懒睡。也有人本来醒了，只是不想起床，便仍在被子里闲躺着。这样既呼吸不到清新空气，又会影响情志，有损健康。

⑥不吃早餐。早晨不吃食物容易感到疲倦，胃部不适和头痛。经常不吃早餐还会产生胆结石。

⑦空腹跑步。空腹跑步会增加心脏和肝脏的负担，易出现心律不齐，甚至导致猝死。50 岁以上老人由于利用体内游离脂肪酸能力较年轻人降低，危险性更大。

⑧睡前不刷牙。这样容易产生牙齿腐坏、牙龈出血、牙周病以致牙齿脱落。

20. 不要坐着午睡

午睡的姿势有讲究，若条件许可尽可能地躺下，躺在床上、长椅上、长沙发上都行，以保证有足够的血液流向脑部。但睡在长椅子、长沙发上要注意安全，防止睡着后翻身跌落地上。坐着午睡不好，特别是趴在桌子上，把头枕在臂上午睡更不好，头部的重量容易压迫前臂神经，造成神经损伤，使手臂麻木。

21. 不宜午睡的三种人

午睡虽有许多益处，但并非人人皆宜。据德国精神病家舒莱等研究发现，以下 3 种人不宜午睡：65 岁以上，体重超过标准体重 20% 的人；血压过低的人；血液循环系统有严重障碍的人，特别是由于脑血管变窄而经常出现头晕的人。

22. 睡前莫吃甜食

冷天，一些人喜欢在睡前吃甜食或面食点心，这对身体不利。因为吃过甜食，睡觉时口腔里的糖分被细菌分解后，对牙齿不利；睡前吃得过饱，容易作恶梦，睡不好觉；吃了点心就睡，不利消化；肚子太饱，对心脏的正常工作也有影响。

23. 床铺不是越软越好

过软的床铺睡久了会使人的体形畸变，如弯腰驼背等等。小儿及青少年尤其不宜睡过软的床铺。至于患有脊柱结核、损伤或椎间盘脱出诸症的病人，更应避免睡软床，否则会使病情加剧。床铺的硬度，从保健角度看，以在木板床上铺两床棉絮的软硬度为适宜，冬季可稍加一些垫絮。

24. 床铺多高为好

一般来说，床铺高低以略高于就寝者膝盖骨为宜，这样上床不吃力，下床伸腿可着鞋履，也便于卧床者取床下物件。人朦胧初醒之时头昏眼花，床铺太高不无危险；而床铺太低，床下通风不良，容易受潮。

25. 正确叠被法

起床后立刻叠被的习惯并不科学，在一夜的睡眠过程中，人体的皮肤会排出大量的水蒸气，人的呼吸和分布全身的毛孔可排出多种气体和汗液，使被褥不同程度地受潮。可以说，人体本身也是一个污染源。美国有关专家曾用气相色谱仪测定，人从呼吸道排出的化学物质有149种，从汗液中蒸发的化学物质151种。被子吸收或吸附了含有化学物质的水分和气体，如果不等散发就立即叠上，不仅使被子受潮和污染，产生难闻的气味，而且危害人体健康。

正确的方法是，起床后随手将被子里翻上，并打开门窗，让气味、水分自然逸出、散发，等做完其他事情后再叠好。被褥还应常晒太阳，以杀灭病菌。

26. 凉爽消暑药浴

夏天气候炎热，人体出汗较多，洗个温水澡很是舒服，若在浴水中加入一些祛暑保健药物，尤觉凉爽消暑。

①茶浴：用茶水浴身，具有护肤功效。尤其是对皮肤干燥的人，经过几次茶浴后，皮肤可变得光滑细嫩。

②醋浴：将少量的醋加入洗澡水中，入浴后周身舒适并可止痒，还可使头发柔软光泽。

③风油精浴：在洗澡水中加入三五滴风油精，浴后浑身凉爽，还有防痱的作用。

④仁丹浴：一盆浴水，成人放30粒，小孩酌减，充分搅拌溶化。入浴

后，皮肤沁凉，神情舒畅，有助消暑提神。

⑤艾叶浴：取新鲜艾叶30～50克，在澡盆中用沸水冲泡5～10分钟，取出艾叶加水调至适宜水温即可沐浴，艾叶浴对毛囊炎、湿疹有一定疗效。

27. 按摩穴位消除疲劳的技法

肺经、大肠经、心包经、三焦经、心经和小肠经等6条经络起止于手。"手心区"，即手掌的中心是与心脏功能有关的穴位所在；位于手心偏下方的"健里三针区"和位于食指正下方的"胃脾大肠区"，是改善胃肠消化功能并带动其他脏腑功能活跃的特效穴位的所在。揉压这3个部位，疲劳可获得缓解或消除。揉压时可用一只手的拇指按住另一只手的手心，其他四指按其手背，以拇指先顺时针旋转按摩揉压若干下，之后逆时针旋转按摩揉压若干下，使之发热，直至稍感微痛为止；然后，转换另一只手，用同样方法按摩揉压。揉压按摩的顺序，男性先左后右，女性先右后左。

28. 消除脚疲劳的方法

走路过多或剧烈运动产生脚的疲劳时，不能躺下休息，而要按照一定方法轮换活动。道理是，在大脑里如有两个以上的区域出现兴奋和抑制现象的交替，人体中的肌肉群则处于紧张和放松状态的变换，加速消除疲劳。具体活动方法是：一边活动脚趾，一边踮起脚尖走路；靠两脚外侧的支撑，慢慢地走一段路；脚后跟着地，脚趾尽量张开，再走一段路；腿、脚并拢，脚尖着地起立，然后再用脚跟着地起立，连续做数次；坐势，伸直两腿，抬起两脚，用脚趾在地上左右划圈；坐势，两脚伸直，脚趾先尽量张开，然后五趾并拢，似抓住某件东西。

29. 老年养生四戒

老年人的起居作息应遵循生活规律，不能随心所欲任意变更，要做到"四戒"。

一戒久视，"久视者伤血"。人到老年眼本已昏花，倘过于用目，则会伤血耗神，产生头晕目眩等症。因此超过65岁以上的老年人，对于看书报或电影电视以1～2小时为宜，不可过长，过长则有害无益。

二戒久卧，"久卧者伤气"。睡眠是生活中十分重要的环节。人的一生大约有1/3左右的时间在睡眠中度过。历代医学家非常重视睡眠的作用，如"凡睡至适可而止则神宁气足，大为有益。多睡则身体软弱，志气昏坠"，"饮食勿仰卧，食后勿就寝，夜卧勿复其头，卧迄勿张口"，还要求能顺应四时，在春夏"夜卧早起"，秋季要"早卧早起"，冬季要"早卧晚起"。

三戒久坐，"久坐者伤肉"。老年人应多参加户外活动，加强肌肉活动，加强锻炼。

四戒久立，"久立者伤骨"。老年人气血运行本已减弱不足，全靠动静结合来调节平衡，维护和确保健康，所以要坐与走轮流地交替进行。

30. 长寿最新窍门

有人认为抗氧化作用下降是衰老的重要原因。科学家很重视锰、有机锗等化学成分的适量补充。黄豆、萝卜、茄子、芋头等，锰含量都较高。人参、枸杞子富含有机锗。

医学专家认为饮食过多（特别是吃甜食和油腻过多）易使新陈代谢的速度加快，促使老化，因此他们主张适量进食、饮食保健和排泄畅通。

补充钙，防止老人骨质疏松症，也是不可忽视的一环。老人宜常吃虾皮、豆腐、酸奶酪、低脂牛奶和撇去油的骨头汤等。

花粉类，哈什蟆油等滋补品，从促性腺功能等方面入手抗衰老，已受到人们的欢迎。

坚持体育锻炼，喝少量的低度酒，或在血管有淤滞的时候使用活血化淤药物，都有利于血液循环的畅通。

31. 走路长寿的窍门

古代医生们就告诉病人要他们把坚持散步和进行积极活动作为增强体质，恢复健康的一种手段。适当的散步在现代医学中也有其积极意义。人们早已知道，走路可以增强下肢肌肉和韧带的活动能力，保持关节的灵活性，它还能促进整个身体的健康，特别是有益于心血管系统的正常机能。

长期坚持轻快的散步，可安定神经系统，锻炼心肌，增强新陈代谢。因为在有节奏散步时，心肌、腿肌、胸壁肌、胸廓肌都比静止时加强了活动。血液循环加强，血管容量扩大，肺活量增加，呼吸变得深沉。散步也可使体力消耗加大，有降低体重的功效，对于胖人或趋于发胖的人十分有益。

32. 长寿诀窍

节食欲。食不过饱，要定时定量，保证消化器官健康。

忌怒气。有涵养，遇事不怒不发脾气。

发常梳。常理头发，抚摩颅顶，能够促进新陈代谢，起到健脑、清神智的作用。

面多擦。洗面颊，多用软毛巾擦，包括干洗脸，能益智凝神，使面颊红润无皱纹。

脊背暖。背部一定要保持温暖。

浊气呵。在空气新鲜处多进行深呼吸，常做健身操，散步、郊游，可促进血液循环，增进呼吸系统的机能。

目运转。着重神经、各种肌肉的锻炼：旋眼球、干浴面、经常远眺、夜间向远方注视，做视力保健操等。

耳常弹。轻震耳轮，弹动耳肌，以增强听觉神经的功能。

胸宜护。护胸和暖背是保持体温和保证躯体健康的关键，对心、肺、脾、肠、胃、肾脏器官都有保健作用。

腹自搓。腹部肌肉的运动可促进肠胃蠕动。用手掌在腹部揉搓按摩，能助消化，清除瘀积，益气强身，舒通内脏经络。

谷道托。肛门要经常按摩，每天运提气，使肛门括约肌做几次收缩和舒张动作，可以增强括约肌的功能，提神补气。

肢节摇。经常进行体育运动和劳动锻炼。

足心搓。每晚洗脚，摩脚心几十次，或以两脚掌相对抵摩，可收到益气血，清浊通络，解除疲劳以及吐故纳新的效果。

便禁言。大小便时，紧闭口，握双手，神宁舍，能益智、补气、提神、健身。

净体肤。讲卫生，保健康，常洗涤，不生病，使精神常保持焕发状态。

健身小窍门

1. 长吁短叹健身法

每天在锻炼身体的时候，长吁短叹三两声，可锻炼呼吸肌，改善呼吸功能，爽快精神。在长吁短叹中，吸气后放松时吐音不同，会收到不同效果。

如吐"嘘"字养肝，吐"呵"字强心，吐"呼"字健脾，吐"泗"字清肺，吐"吹"字固肾，吐"嘻"字理三焦，因此可因人因病因时而异。长吁短叹时要全身放松、顺其自然，呼吸、口型、吐音、动作要协调配合。

2. 各年龄段男人的健身秘诀

①20岁左右。这个时期身体功能处于鼎盛时期，心脏、肺活量、骨骼

的灵敏度、稳定性及弹力等各方面均达到最佳点。20 岁的人能为今后的身体健康储备"资源"。这个时期一定要坚持锻炼，锻炼可隔天进行一次，每次大约 30 分钟。增强体力的锻炼，方法是试举重物，负荷量为极限肌力的 60%，一直练到觉得疲劳为止（大约每次做 10~12 次）。必须使主要肌群（胸肌、肩肌、背肌、二头肌、三头肌、腹肌、腿肌）都得到锻炼。20 分钟的心血管系统锻炼，方法是跑步、游泳、骑自行车等，强度为脉搏 150~170 次/分钟。

②30 岁左右。此年龄段的人身体功能已超越了顶峰，为了使关节保持较高的柔韧性，应多做伸展运动。锻炼仍是隔天一次。20 分钟增强体力的锻炼，与 20 岁时相比，试举的重量要轻一些，但次数可多一些。20 分钟的心血管系统锻炼，强度不像 20 岁时那样大。5~10 分钟的伸展运动，重点是背部和腿部肌肉。

③40 岁以后。锻炼减少为每星期 2 次。内容包括：10~15 分钟的体力锻炼，器械重量要比 30 岁时轻一些，但次数不妨多些。为防止意外，最好不使用哑铃，而用健身器。25~30 分钟的心血管锻炼，中等强度。5~10 分钟的伸展运动，尤其要注意活动各关节和那些易于萎缩的肌肉。网球、游泳、慢跑、跳舞、散步等是可选的运动项目。

3. 怪走健身法

①脚尖行走。提起足跟用脚尖走路，可促使脚心与小腿后侧的屈肌群紧张度增加，有利于三阴经的疏通。

②脚跟行走。跷起脚尖用脚跟行走，两臂有节奏地前后摆动，以调节平衡，这样可加强锻炼小腿前侧的伸肌群，以利于疏通三阳经。

③内八字行走。内八字姿势行走，可消除疲劳。

④两侧行走。先向右侧移动几十步，再向左侧移动几十步，具有预防神经失调的作用。

⑤爬着行走。两手着地，背与地面略成平行，手爬脚蹬，缓缓前进。可增加头部的供血量，减轻心脏负担，对颈椎病、腰腿痛、下肢静脉曲张等疾病有疗效。

4. 倒行百步可健身

倒行百步比得上向前行走一万步。因为总是向前走无意中产生了弊病，使身体的肌肉分为经常活动的部分和不常活动的部分。倒行，可给不常活动的部分以刺激，促进血液循环，进而能够促使机体的平衡。腰背痛的人，不妨可以试一试。另外，倒行在某种意义上是不自然的，因此，一步一步地不得不让意识集中。用这样的训练能够安定自律神经。高血压、胃病等患者，也不妨试试倒行的方法。

5. 活动手指健脑的窍门

①尽量多用两只手活动，不要偏用一只手，否则对大脑的两个半球的开发不利。

②培养手指的灵巧性，如书法、绘画、弹琴、做手工艺品等。

③锻炼皮肤的敏感性，如两手交替伸入热水和冷水中叩击手掌和指甲等。

④使手指的活动多样化，如打球、玩健身球等。

第五章　人生理得好颜

做个最会化妆的人——化妆品的选购、使用与保存

化妆品的选取

1. 化妆品的选用窍门

选用化妆品要考虑皮肤属性和季节特点等因素：中性、干性皮肤者宜选用对皮肤起滋润作用的油性、弱酸性类膏霜和碱性化妆水等。油性皮肤者宜选用弱油性膏霜、奶液类化妆品，既能保护皮膜，又使皮肤有爽快感。春夏季节一般不适合用油脂类化妆品，干性、中性皮肤者可选购油性较小的奶液类化妆品，油性皮肤者应选用粉剂类化妆品。冬季皮肤容易皲裂，一般宜选用油性化妆品。海员、高原和室外工作者，宜选用防晒霜。黄褐斑、雀斑、粉刺、炎症后色素沉积等皮肤病患者，宜选用雀斑霜、粉刺霜等药物化妆品。特别需要滋养皮肤、抗衰防皱的，可选用去皱、营养类霜膏。

2. 化妆品变质鉴别法

①变色：化妆品颜色变深或杂有深色斑点，都是变质的表现。②生气：化妆品变质时，微生物会产生气体，使化妆品膨胀。③稀化：化妆品变质时，会使膏霜稀薄。④浑浊：液体化妆品中的微生物繁殖到一定的数量就会浑浊不清；霉菌会导致丝状、絮状悬浮物的产生。⑤异味：微生物在生长中会产生各种酸类物质，使化妆品变酸，产生异味甚至发臭。变质的化妆品须立即丢弃，不可使用。

3. 护肤品质量鉴定法

用手指蘸护肤品少许，轻轻地、均匀地涂抹在手腕关节活动处，然后将手腕上下活动几下，几秒钟后观察。如果化妆品均匀地附着在皮肤上，

且手腕上有皱纹的部分没有淡色条纹的痕迹时，则是质地细致的护肤品；反之，则显得粗糙，质量不佳。

4. 如何鉴别唇膏质量好坏

①外观：金属管应涂层表面光洁，耐用不脱落；塑料管应美观光滑，无麻点，不变形走样。②膏体：膏体表面滋润光滑，无麻点裂纹，附着力强，不易脱落；不因气温变化而发生膏体变色、开裂或渗汗现象。③颜色：鲜艳、均匀，用后不化开。④管盖：应松紧适宜，管身与膏体应伸缩自如。

5. 护肤水选用法

①营养水。又名平衡液，是洗面奶的姐妹妆。它含有许多营养成分及多种维生素，以植物成分为主。作用是平衡皮肤的酸碱度，收缩毛孔，补充皮肤的营养和水分，增加皮肤的抵抗力，减缓皮肤色素沉着。适用于任何皮肤，特别敏感的皮肤亦可使用。②爽肤水。含有一定的营养成分，多为植物系列成分。作用是爽洁皮肤，通畅毛孔，使毛孔中的油脂易于排出。它不同于营养水的是没有平衡皮肤酸碱度的功能。适用于任何皮肤。③收缩水。它含有乙醇成分，所以有很好的收敛作用。收缩毛孔，减少油脂分泌。适用于油性皮肤、毛孔粗大者及有暗疮的皮肤。④化妆水。它含有乙醇成分，起到隔离作用。作用是收缩毛孔，保护皮肤。由于化妆品含有一些对皮肤有刺激的成分，所以化妆前拍一层化妆水，防止化妆品对皮肤的渗透，起到隔离作用。适用于任何皮肤。⑤卸妆水。多为化学成分，能吸附皮肤上的化妆品。作用是清洁卸妆。适用于任何皮肤。

6. 眼影美容品色彩的选用

眼影美容品的色彩可根据不同肤色、服饰、年龄加以选用。蓝色给人清新、明快的感觉，适合于皮肤白皙的少妇使用，尤其是夏天，给人一种凉爽、自然、大方的感觉。褐色色彩自然，遇光有立体感，可配合深色衣服使用。紫色有古典高雅之美，适合于中年妇女。绿色适合穿素色服装的人使用，给人以轻松愉快的魅力。红色适宜于皮肤白嫩的人。

7. 眼影刷选用的原则

眼影刷有两种，一种是用毛制成的，毛质柔软而富有弹性，适用于敷粉质眼影；另一种是海绵头眼影刷，适用于敷霜质及液状眼影，选购时最好是多选几把，以便各颜色都有专用的刷子。

8. 睫毛夹选用应注意的事项

在选购睫毛夹时，应检查橡皮垫和夹口吻合是否紧密，如夹紧后仍存有细缝，则无法将睫毛夹住。此外，还要注意选择松紧适度的为好。

9. 粉饼选用要根据肤色

宜选用接近自己肤色的粉饼，以弥补皮肤表面缺陷，给人以光滑柔软之感。

10. 唇膏色系选用的标准

唇膏的色泽都有象征意义，可根据环境和自身条件及需要适当选择：大红色系洋溢着热情和生命的活力；玫瑰色系散发出女性柔美的丰韵；粉红色系充满浪漫、甜美的情调；橘色系显示娇嫩、动感的柔情；褐色系体现知识型女性的成熟的特质。

11. 如何识别化妆品的类型

我国目前流行的高档系列化妆品大致包括：①基础化妆品：清洁霜、按摩霜、营养霜、营养蜜、爽肤水。②美容化妆品：粉底霜、粉饼、胭脂、眉笔、眼影粉、唇膏、睫毛膏、眼线笔、指甲油、去光水、香水。

12. 化妆品过敏性测试法

皮肤过敏者，可将化妆品试样涂在上臂内侧皮肤柔软处，用护创膏布固定，一昼夜以后，若皮肤上没有红、痒等症状，就可放心使用这种化妆品。

化妆品的使用方法

1. 面膜合理使用的方法

面膜对男女老少均适用，以晚上用最好。使用时用手指蘸面膜液涂抹额部、颊部、颔部等处，面膜干燥后会形成无色透明的薄膜，然后将面膜揭去，或用温水洗掉，不能留在脸上过夜。面膜的使用次数，一般是25～35岁每半个月用1次；36～45岁每10天用1次；45岁以上或皮肤毛孔较粗或雀斑、褐色斑较多者每周用1次。

2. 脱毛霜合理使用技巧

脱毛霜使用前应先把要脱毛的部位充分湿润，使皮肤上留有水痕，均匀地搽上霜剂后，仍要保持搽霜部位的湿润，但水分不宜过多。脱毛、洗净后，立即搽用护肤霜，以保护皮肤，延缓毛发再生速度。

3. 如何正确使用眉笔

眉笔宜用黑色，一定要削得扁而尖，这样描画效果就较好。应先用眉笔勾出所需要的眉型，然后把多余的眉毛拔去或刮除，要修整得自然。千万不要画成一道光溜溜的粗线，应画出类似单根眉毛的细线，最后用小刷子刷匀。眉毛太少的，可用眉笔尖补画。眉毛颜色很淡的，可用眉笔的扁端在眉毛上扫几下，使颜色粘在眉毛上变深。要使眼睛显得明亮些，可用眉笔对上下眼睫毛的根部稍稍加深，便可生效。

4. 正确使用胭脂的技巧

胭脂的抹法：必须抹得均匀，从深色渐渐地淡下来，不能显出涂抹胭脂的界限。胭脂的位置：颧骨高者胭脂应搽在颧骨上，逐渐向鼻子方向淡抹，不要低于鼻子。瘦长脸型者胭脂应搽在颧骨上，逐渐向颞部和颊部淡抹，愈近在凹陷处就愈淡。胖圆脸型者应将胭脂抹在颧骨上，然后向鼻部和整个颊部抹开。小眼睛的人用胭脂要淡抹，抹浓了会使眼睛显得更小。下眼皮松皱的人淡淡地擦一点胭脂可以掩盖皱纹。椭圆脸型的人不宜抹胭脂。胭脂的颜色：年轻女性宜用珊瑚色、淡色透明胭脂。面颊饱满者宜用深橘红色胭脂。面色偏黄者宜用玫瑰色胭脂。面色白皙者宜用含二氧化钛的淡色胭脂。颧骨高者宜用深暗色胭脂。

5. 药物化妆品正确使用窍门

药物化妆品具有不同的疗效，必须对症下药，不能盲目混用。脸部伤口未愈合者不能搽用药物化妆品，皮肤过敏者也应慎用。搽用药物化妆品前，必须洗净脸部油腻，搽后用手心在脸部反复摩擦，可提高药物化妆品的疗效。

6. 何时使用防晒露效果最好

化妆时，应先用防晒露，然后再涂润肤膏。油性皮肤者，涂了防晒露后，即可直接上粉底。

7. 合理使用指甲油

使用前应将瓶子摇晃几下，这样可防止指甲油形成气泡。涂了指甲油后把手指泡在冷水中，可以使指甲油干得更快。每星期最好有两天不涂指甲油，否则会导致指甲失去光泽变脆易断。

化妆品的保存窍门

1. 打火机硬化化妆笔

用打火机的火把化妆笔笔芯烘烤片刻，笔芯就会变硬而便于使用。

2. 电冰箱防化妆笔折断

将化妆笔放在电冰箱中 24 小时，可使化妆笔既好削，又不易折断。

3. 指甲油防香水挥发小窍门

当香水瓶口露味时，可在瓶口处涂上一圈透明指甲油，就能防止香水挥发。

4. 醋增指甲油光泽小窍门

在涂指甲油前，先用棉球蘸醋擦指甲，待指甲完全干后再涂指甲油，就既不容易脱落，又可长久保持光泽。

5. 胭脂预防褪色小技巧

将膏状和粉状的胭脂一起使用，先擦膏状胭脂，再擦一次透明干粉，然后再擦同色调的粉状胭脂，这样既可增强化妆的整体效果，胭脂也不易褪色。

6. 化妆品贮存小技巧

化妆品的瓶盖必须拧紧，以免水分挥发或细菌进入。倒出的化妆品，不要再放回瓶子内，否则化妆品很可能变质。

化妆品用后放入电冰箱贮藏，可抑制微生物的繁殖，使化妆品长期保持原来的质地，延长使用期，增强其效用。

你也能成为美容专家——美容的方法和技巧

皮肤的护理

1. 美容的基本原则

①每天睡足 8 小时。这样可减轻皱纹，消除黑眼圈。

②不要放弃早餐，多饮水。健康的人每天应饮 4~6 杯水，会使皮肤更具有弹性和光泽。

③不要喝酒和抽烟，多吃水果。

④多运动。身体会因运动而变苗条。

⑤用凉水或温水洗脸，每晚洗脸后，按摩面部一次。

⑥常洗头、护发，但不要烫发。

⑦多仰卧。仰卧能使面部肌肉、皮肤保持自然状态，有利于面部血液循环和营养吸收。

⑧每星期做一次面膜。

⑨乐观、开朗。

2. 美容六大禁忌

①别乱做面部按摩。不当的按、拉、搓会把皮肤下层的组织破坏，可

通过做面膜及轻拍面部以加强面部的血液循环。

②别在暴露于阳光下的部位涂上香水，如太阳穴等。阳光会使这部分皮肤敏感而变色。有香味的化妆品也不宜用，特别是香粉底对皮肤最有害。

③避免用含酒精的化妆品，这些酒精对皮肤也是有害的。

④不要把浓缩的洗发水直接倒在头发上洗头，要先把洗发水稀释。用清水洗头发时，一定要把残留的洗发水清洗掉，否则会刺激头皮引起脱发。

⑤阳光灿烂时外出，要戴上太阳镜。以免阳光曝晒，对眼睛和皮肤不利。

⑥不要整天保持一种不变的姿势，这样会造成血循环不畅，影响面容。

3. 清洁皮肤的方法

美容的第一根本就是清洁。每天早晚应各洗 1 次脸，力求将脸上的油脂、汗水、残存的化妆品及毛孔中的污秽除去洗净。由于现代社会的空气污染日益严重，一旦外出脸部就会沾上尘埃。因此，1 天洗几次脸也是可以的。

有些人虽然清洁皮肤每天都做得十分认真，脸部却变得日益粗糙，这是未能掌握清洁要诀之故。不正确的清洁会把皮肤天然的滋润和油质的保护层同时除去。清洁皮肤的具体方法是，用面霜或油卸妆，用棉纸擦去；用温水湿面；用香皂或可以冲洗的清洁剂，在脸上揉搓 30 秒钟；用温水洗去泡沫，通常洗 3 次；用毛巾轻拍脸部吸去残存的水分，不可用擦的方法。有条件的可用面巾纸。

4. 护肤的窍门

①睡眠时间最迟到夜晚 22 点半。皮肤在凌晨时"呼吸"最为剧烈，为保证皮肤的新陈代谢顺利进行，令皮肤细嫩，有光泽和弹性，应在 22 点半以前上床睡觉。另外，由于皮肤细胞的分裂更新总在 22 点到次日 4 点之间进行，所以早睡早起对皮肤更新和健美也十分有益。

②饭后巧用"油"。当吃完鸡鸭鱼肉后，不仅嘴边粘油，两只手也一定粘上不少动物油脂。既然双手有油，不妨让其在手部皮肤上多停留一段时间。将双手手背均匀地涂满油脂，保持数分钟，然后用温水洗去。长此以往，护肤效果显著。

③双重洗脸术。忙碌一天回家后按正常做法洗第一遍脸，可除去灰尘

和汗渍。入睡前，将洗洁霜涂在脸上，然后用拭面纸巾擦净，再用香皂清水洗第二遍脸，可以起到洁肤、护肤、美肤的作用。

5. 滋润皮肤的窍门

滋润皮肤的最佳时间是洗澡后或洗脸后。因为这时的皮肤较湿润，水分较多，正是保存皮肤水分的最好时机。

先将一些润肤剂、柔软剂点在额头、鼻子、双颊、下巴上，再轻揉，使之布满脸和脖子，可轻轻按摩，在眼部要格外留意，不可用力太大，可用手指轻拍，使润肤剂被皮肤吸收。在比较恶劣的气候条件下，可等皮肤吸收后，在最干、最嫩的部位再滋润一遍。

6. 皮肤出现色斑的处理窍门

过量的阳光直晒，可使人皮肤上长出大小不一的棕点斑。如果这些棕斑无异样，一般不需治疗。出于美容的要求，可用摩擦脱皮的方法除去。如果皮肤中出现不规则的红色斑，则必须就医诊治，因为这可能会变成恶性。红斑可以用割除、灼烧、刮去、X光照射等方法治疗。

7. 粉刺的处理窍门

一旦生了粉刺，治疗的方法就是抑制其感染的程度，使之不致蔓延到皮脂腺。轻度粉刺一般不需治疗。如果严重或形成脓疱，对身体、心理造成障碍，则应请医生治疗。抗菌素可以消灭引起感染的细菌，被认为是根本的治疗方法。在护理上，要注意避免化脓，千万不能随便用手挤压，以免感染，留下疤痕；不要用化妆品来遮掩粉刺；洗脸不宜过勤，最好用凉水洗，一般1天2～3次为宜。洗脸时，最好不用肥皂，而用较温和的洗面奶等。还可以到美容院，通过吸油、挑黑头等方法，使堵塞的毛孔畅通，加以紫外线和臭氧离子喷雾蒸面，达到消毒、杀菌、保温、软化皮肤组织的目的。

8. 干性皮肤护理要点

干性皮肤，皮肤薄而细嫩，感觉灵敏，毛孔不明显，不容易长粉刺和暗疮，但易生皱纹和出现脱皮，在冬季尤为突出。其护理要点是，早晨用温水洗脸后，涂抹滋润性强的润肤霜，并轻轻按摩脸部2～3分钟。晚上用温水洗脸后，选用养分多、湿润的营养化妆品。饮食要注意多吃一些脂肪类食物、豆类制品、动物肝脏，同时多吃水果、蔬菜和奶制品，尽量少喝酒、少吸烟和少吃辛辣食物。

9. 油性皮肤护理要点

皮肤油脂分泌较多，有光泽，肌肤纹理较粗，毛孔清晰且粗大，面部常生粉刺、痤疮，化妆容易脱落。若护理不当，会在面部及胸背部出现粉刺并引起炎症，使皮肤变得更加粗糙。其护理要点是：早晨用热水洗脸（在热水中加几滴食用白醋），使用清洁力强的洗面皂，每天可比正常皮肤多洗1~2次，使用清爽不腻的护肤品。晚上用热水洗脸后，使用油性皮肤润肤液涂面。油性皮肤的人，要多吃水果、蔬菜和富含维生素B的食物，多喝水，少吃辛辣和脂肪类过高的食物，少吸烟、少喝酒、少喝浓茶及咖啡等刺激性饮料。

10. 混合性皮肤护理要点

混合皮肤额头、鼻子、下巴的皮肤有油性皮肤特征，而眼周围和面颊上的皮肤是干性的，毛孔不太明显。其护理要点是：早上用冷水洗脸后，在额头、鼻子、下巴部位用洗面奶洗一下，再用清水洗净；在干性皮肤部位擦润肤霜；晚上用冷水洗净皮肤，用洗面奶清洗油性皮肤部位，然后用手轻轻拍打面部2~3分钟，擦干后抹中性润肤霜，轻轻按摩5分钟。由于混合性皮肤特殊，所以要持之以恒，才能逐步缩小皮肤的差距。

11. 使皮肤润滑洁白的妙法

粗糙的皮肤可用煮熟的菠萝汁抹擦，这样不仅能清洁滋润皮肤，还可以防止痤疮。

将晒干的玫瑰花浸泡在热水里，使之逐渐恢复自然状态，再滴上几滴橄榄油，用来敷面，皮肤就会显得光滑润泽。

用西红柿汁加一些蜂蜜，轻轻敷在脸上，也可使皮肤变得洁白细嫩。

晒过的皮肤出现斑点，若将牛奶敷在脸上并轻轻按摩，即可使皮肤收缩，再用柠檬敷面，一周后斑点会逐渐变淡。要使斑点消除，可再用黄瓜捣碎拌上藕粉、蜜糖敷面几次，便可见效。

12. 空调房内需注意皮肤保养

空调房间一般偏干，容易使皮肤的酸碱度不平衡。预防的方法是注意体内外水分的补充，每天至少喝八大杯水，提供皮肤足够的水分。还要注意多吃新鲜蔬菜、水果。另外，还要选用具有保湿作用的化妆品。此外，在空调房间内设置一两盆清水，也会起到良好的保湿效果。空调房内氧气不够充足，这会使皮肤因缺氧而失去正常的红润状态，开始泛黄，甚至变得苍白。缺氧对人体健康影响很大，会使人感到乏力、头晕，尤其是心血管病患者还会出现胸闷、气短等不适应症状。因此，空调房内应禁止吸烟。在空调房内放置一些绿色植物，去室外休息散步，都是人体增氧、保养皮肤的好方法。

美容其实很简单

1. 美容食品

养颜。葵花籽和南瓜子富含锌，人体缺锌会导致皮肤皱纹。每天吃几粒葵花籽或南瓜籽可使皮肤光洁。猕猴桃富含维生素 C，每天早晚各吃 1 个猕猴桃，有助于血液循环，为皮肤输送养分。动物肝脏等含有大量维生素 A，可使皮肤更有弹性。

明目。胡萝卜富含维生素 A、E，每周吃 3 次用植物油烧制的胡萝卜能增强视力。麸皮面包含大量硒元素，可保护眼睛。经常吃柑橘类水果能改善视力。

固齿。每天吃 150 克奶酪并加 1 个柠檬，奶酪里的钙能坚固牙齿，柠檬的维生素 C 能杀死造成龋齿的细菌。多吃鱼和家禽有益于保护牙齿，这些肉类中含有固齿的磷元素。

养发。鸡蛋富含硫，每周吃 4 个鸡蛋，可使头发亮泽。锌和维生素 B 可延缓白发生长。头发 97% 由角质蛋白质组成，高蛋白食物如肉、鱼等再配上生菜，对护发养发起重要作用。

秀甲。酸奶含有促进人指甲生长的蛋白质，每天喝 1 瓶大有好处。核桃和花生是指甲坚固的生长素，常吃能预防指甲断裂。

2. 蔬果美容窍门

根据季节和地区，可选用白菜、黄瓜、苹果、柑橘、龙眼等榨汁敷面，轻轻按摩 20 分钟后将汁洗去。此法不仅能美容，还可预防皮肤病。

皮肤黑或有雀斑，可用鲜胡萝卜汁早晚搽脸，干后，用涂有植物油的手拍打。每日亦可喝一杯胡萝卜汁。

白茄子切片，擦涂患部，坚持数天，雀斑可除。

若想使皮肤黑斑褪色，每早洗脸前用黄瓜汁（皮肤干燥者）、柠檬汁擦脸，保持 5 分钟后用清水冲洗。

3. 鸡蛋美容法

①在用洗面奶洗净皮肤后，用蛋清敷面部 15 ~ 20 分钟，此时应保持沉默和安静。然后用清水洗净，拍上收缩水，搽上面霜，可使皮肤收紧、柔滑。

②用 1 个鸡蛋黄的 1/3 或全部，维生素 E 油 5 滴，混合调匀，敷面部或颈部，15 ~ 20 分钟后用清水冲洗干净。此法适用于干性皮肤，可抗衰

老，去除皱纹。

③用蛋清加 5 滴柠檬汁调匀，敷面 15～20 分钟，洗净，可使皮肤润白，减淡雀斑色素，此法适用于油性皮肤。

④用 1/3 或 1/2 个蛋黄，再加 5 滴橄榄油，调匀涂于面部和颈部，15～20 分钟后用清水冲洗干净。此法适用于中性皮肤。

4. 刮胡子的学问

常刮胡子、刮脸，可保持皮肤洁净，有助于常葆青春容貌，延缓面部皮肤衰老。这是因为刮脸时，促进了面部肌肉运动，改善了面部血液循环，增强了面部皮肤细胞的代谢活力。为不损伤皮肤，又易刮干净，宜先用温热皂液湿润脸部，或用清洁的热毛巾敷一下，涂上剃须膏，软化胡须根部和润滑皮肤，减轻刀口与皮肤的摩擦力。胡须越长，刮时带起的皮肤越多，皮肤就越痛，对皮肤的伤害就越大，所以要勤刮胡子。切忌用手指或夹子拔胡子，以免细菌侵入，引起毛囊炎、疖肿等疾病。

5. 去除暗疮

番茄汁加柠檬汁和酸乳酪，搅匀，用来敷脸，可治过度分泌油脂，保持皮肤干爽，消除暗疮。

6. 香蕉皮治疣子

用香蕉皮敷在疣子（俗称瘊子）的表面，能使其软化，并一点点地脱落，直至痊愈。

7. 牙齿洁白法

黑黄牙变白用乌贼骨研细末拌牙膏，刷几次牙，牙齿则洁白如玉。

或将食醋滴在牙膏上刷牙，可消除牙齿上的烟垢。

8. 精盐治赤鼻

酒糟鼻患者，可常用精盐涂搽鼻赤部位，一日多次，日久好转。

9. 氨水除手指烟迹

抽烟的人手指上常染有烟迹。可在一杯温水中滴上几滴浓氨水，把手指插入浸一会，烟迹便可除去。

10. 维生素 C 可除高锰酸钾迹

高锰酸钾溶液使用后，会使接触部位特别是手染成黄色，一般洗涤剂又不能去除。若用 1 片维生素 C，蘸水擦洗被染黄的部位，很容易就洗去了。

11. 醋水浸泡治手癣

用醋 120 克对水 1000 克，浸泡患处，每天一次，治手癣。

头发的护理

1. 消除头屑法

①用食盐、硼砂各少许,放入盆中,加水适量,可止头皮发痒,减少头屑,

②取陈醋150毫升,加温水1公斤,充分搅匀。用此水每天洗头1次,能去头屑止痒,对防止脱发也有帮助,还能减少头发分叉。

③先用温水洗净头发,再取100毫升新洁尔灭溶液,加入等量水稀释、拌匀。洗头时,将头发全部浸入,用手反复揉搓之后,用干毛巾把头包起来,半小时后再用温水洗净。一般1次见效,若未去净,1周后,同法再洗1次,即可见效。

④先将圆葱捣成泥状,用纱布包好,用它轻轻拍打头皮,直到圆葱汁均匀地敷在头皮和头发上为止。过几小时后,再将葱泥洗掉,去头屑的效果良好。

2. 头发光亮法

①洗过头发后,再用茶水冲洗,可去垢涤腻,使头发乌黑柔软,光泽美丽。

②头发洗净后,再用一些发油加入清水中(只要平时所搽发油的1/3),然后将头发浸入,并左右上下晃动几下后,用干毛巾吸去水分。这样,头发干后,就会光亮润滑。

③用啤酒涂搽头发,不仅可以保护头发,而且还能促进头发生长。

在使用时,先把头发洗净、擦干,用1瓶啤酒的1/8,均匀地涂搽在头发上,接着用手按摩,使啤酒渗透到头发根部。15分钟后,用清水冲洗干净,并用木梳把头发梳理一下,啤酒的泡沫会像油膏一样留在头发上,不仅使头发光亮,而且能防止头发干枯脱落。

④在洗发液中加少量蛋白,调匀洗头,并轻轻按摩头皮。洗净后,用蛋黄调入少量醋,充分混合,顺发丝慢慢涂抹,用毛巾包1小时,再用清水冲洗干净,头发会乌黑发亮。此法最适宜干性和发质较硬的头发。

3. 蜜蛋油可使稀发变浓

如头发变得稀疏,可用1茶匙蜂蜜、1个生鸡蛋黄、1茶匙植物油(或蓖麻油)、两茶匙洗发水和适量葱头汁兑在一起,充分搅匀,涂抹在头皮上,戴上塑料薄膜帽子,在帽子上部不断用湿毛巾热敷。过一两个小

时，用洗发水洗头。每天 1 次，过一段时间，头发稀疏的情况就会有所好转。

4. 发乳使用要点

头发洗后待手捏不粘时，搽发乳最为适宜。头发太湿，搽上发乳，水分不易挥发；头发太干，擦上发乳，不太光亮。

搽上发乳后，头发可能会穿上"白衣"，只要用木梳梳十余次，"白衣"自会消失。

5. 陈醋可保持发型持久

在理发吹风前，往头发上喷一点陈醋，可使发型耐久，还能使头发颜色变得黑亮，柔软润泽。

6. 柚子核可治落发

发黄、发落（包括斑秃），可用柚子核 25 克，开水浸泡，1 日 2～3 次涂拭患部，也可配合生姜涂搽。既可固发，也可加快毛发生长。

尽情享受自我化妆的喜悦——化妆的方法和技巧

化生活淡妆的窍门

巧画眼影。眼影可使眉眼之间轮廓清晰，使眼神显得深邃迷人。画好眼影还可修饰眼窝的大小和凸凹。对凸眼窝者，宜涂淡湖蓝或橄榄绿色，以使眼窝显得深一点；对凹眼窝者，宜涂紫红或胭脂红等色，以提高眼窝亮度，使眼窝显得突一点。

巧画眼线。完成眼影晕染后用眼线笔画眼线，可使双目更加妩媚动人。为避免手颤画出圆滑的眼线，可将肘部靠放在桌面上稳定手臂，同时以握眼线笔手的小手指支在脸颊上，使手有稳定支点。另外，画下眼皮眼线时，手持小镜子位于眼睛上方，张开眼睛向上看；画上眼皮眼线时，手持小镜子位于下方，眼睛半张向下看，可画得更完美。

巧画眉毛。标准眉形为眉头位于眼角正上方，眉梢位于上唇中央与该侧眼尾联结的延长线上，眉峰位于距眉梢 2/5 眉长处。在化妆前，可结合自己脸型和标准眉形修眉。先用棕褐色眉笔淡淡描出轮廓，然后用橄榄绿或黑色画好。另外眉头颜色要浅而柔和，眉毛中间稍浓些，眉峰和眉梢略浅，眉梢自然淡出。这样两条眉毛在刚劲中将透出活泼与温柔。

巧涂睫毛膏。睫毛膏可使睫毛加长、增黑、变弯，使眼睛更加明亮有神。为了防止睫毛膏粘住睫毛，涂刷睫毛膏时应从内向外，顺着睫毛的生长方向呈"Z"字形轻轻操作，待睫毛干后用干净的笔刷疏松一下睫毛即可达到预期效果。

巧画在线。脸型正常者，在线从眉头下方开始画起，至鼻翼上方结束，应浓淡适宜，与鼻线两侧皮肤的底色融在一起，起到突出鼻子轮廓的作用。注意不要让外人看出在线来，尤其对圆脸姑娘而言，在线从眉头一直画到鼻翼，起到修长衬托的作用，更不应过浓过重。对长脸姑娘而言，可适当缩短鼻线长度，使在线下弯，在颧骨平转处淡逝，视觉上鼻子明显短了。

巧选口红。口红的选用要因人而异，不一定自己喜欢的颜色就适合自己。对于唇形较美，又以嘴唇作为面部化妆重点的人，适合选用颜色鲜亮、醒目的口红，如粉红色系列口红。对于嘴唇小的人适合选用鲜红的颜色，这样可以使唇形略显大些。对于厚唇的人来说，适合选用浅淡色的唇膏，这样与脸部皮肤的颜色接近，可使嘴唇显小些。年轻的女孩可选既有热情奔放又明亮柔美的橘红色系列口红。中老年女性可选端庄典雅的赭红系列口红。

化妆小窍门

在霓虹灯下活动时，应在通常的底色中掺一点花露水。另外，为了避免热吸收底色的水分，化妆后也可用棉球蘸点花露水扑打一下脸。

早上化好的妆要想保持一天不变样，可在开始化妆前先用一片柠檬擦脸。

化妆前，洗净面部之后，换一盆清水加1勺匙敷醋再洗一次，然后再换清水洗净，这样就更易上妆了。

如外出忘带面霜、乳液等化妆品时，用牛奶数滴擦于脸上和手上，可作为化妆品。

皮肤干燥的女人涂上胭脂后，一般过1~2个小时就会消失。如先涂薄薄一层凡士林，再涂胭脂，则可避免胭脂消失，因为凡士林会将胭脂粘住。

人的肤色会因季节而变化，春天的粉底不一定适合夏季使用，粉底的颜色过深或过浅，都会影响仪容，故应随肤色的改变而调整粉底的颜色。

粉底的作用在于掩盖脸部的某些缺陷，令脸部显得光滑细腻之感。一般人过了 25 岁，眼角、眉心、嘴角就会开始出现或多或少的皱纹。在打粉底时，切忌重重地涂抹。

还应注意，不能将粉底垂直于皱纹的走向或直线抹擦左右横向的皱纹，而应顺着皱纹的走向轻轻敷粉底。否则，会使皱纹更为显眼。

脸上的雀斑、黑痣、疤痕，可用不透明的盖斑膏、掩盖霜掩饰，也可用油性的浓稠粉底来掩盖。

在抹普通粉底时，应将长有雀斑等斑痕的地方突出不抹，然后在这些地方涂以较浓的油性粉底，并以之为中心向周围伸展，使颜色自然而不留痕迹的由浓转淡。采用这种手法时，应注意先抹的普通粉底与用来掩饰的浓粉底一定要相融合，不留痕迹。打完粉底后，可用香粉扑面，以达到更好的效果。

如果斑痕的颜色与肤色相差不大，可选用与粉底颜色相似的盖斑膏；若斑痕为红色或黑色，要用较浅色调的盖斑膏遮掩；白色的疤痕等则可用较暗的盖斑膏，涂在所要掩饰的部位，轻轻揉匀，令其边缘与粉底相融合。脸色较深者，可使用控制色来调整皮肤的色彩。控制色可用补色或调整色，如绿色、灰色、粉红色，通常用绿色。

怎样巧用胭脂改变脸型呢？

一般说来，椭圆形的脸庞被认为最富魅力的。我们可以利用胭脂使自己的脸型变得美丽些。

方形脸。将胭脂由颧骨底略微向上，抹成略大的三角形，可将方形脸变为杏形脸。

长形脸。将胭脂轻轻往上抹成一圆形状，同时在下巴处加上胭脂，产生阴影作用，令脸型趋于圆形。

圆形脸。在颧骨下，将胭脂作横条状略斜往上轻涂。

腮骨突出。将胭脂在面颊上涂成略大的三角形，由颧骨到腮骨。不过面颊处色调要略浅，而腮骨处要采用较深色的。这样，过大的腮骨会被掩盖住。

尖形脸。用较深色的胭脂抹在下巴处，面颊的胭脂要涂成圆形横条状，并且距离鼻翼要稍远一点，使脸显得短些。

同涂眼影一样，不同形状、不同大小的眼睛，涂用睫毛膏的方法也不相同。

圆形的眼睛，可从眼睛中央开始，逐渐加浓向外侧伸展，使眼尾部的睫毛显得更长更浓密，令圆形眼睛变为杏形。眼睛太小的人，不能平均地在睫毛的每一部分涂睫毛膏，只要涂在睫毛的尖端部位即可；大眼睛不宜更加突出睫毛，以免使眼睛显得更大，只要轻轻涂抹上眼皮的睫毛即可。

睫毛短而直的人，可先用睫毛夹弯曲睫毛。使用睫毛夹时，一定要格外小心，切勿钳得太紧、太深，然后再涂上睫毛膏。

化妆专家认为，使用假睫毛来补充睫毛的不足，要比使用睫毛膏的效果更好。

自然的睫毛很少能长得十分浓密，使用假睫毛会使人的脸部更显年轻。假睫毛的色调，应比本人的毛发的色调暗一些。

使用假睫毛前，可将新的假睫毛放入温水中浸泡几分钟，以溶解存在的胶水。根据自己睫毛的状况，选择是否全部粘贴或部分粘贴。

若是全部粘贴，首先要量一下假睫毛的长度，从内眼角侧开始到外眼角，不应超过外眼角，长的部分可用刀片裁去。用牙签蘸胶水，沿假睫毛根部涂一道线令其有黏性。用手拿起假睫毛，尽量靠近自然的睫毛根部贴住，并用牙签压住睫毛，令真假睫毛合一。然后，可用眼线来填补睫毛的空隙，并遮掩多出的胶水。还可用睫毛膏修饰一番。

若是部分粘贴，先用刀片裁切出所需的长度，再把假睫毛绕着手指卷一圈，贴时就可顺着眼睛的弧度附在眼上。

取下假睫毛时，应先从外眼角开始撕起，取下的假睫毛应放入温水中清洗，若能用特定的液剂冲净最好，晾干后用干净薄纸包好，卷在笔上。

1. 眼妆

①眼线的画法

眼线可以勾勒出眼睛的轮廓。娴熟的画线技巧可以改变不完美的眼睛形状，使其变美。

画眼线所需的工具是眼线笔或眉笔、液状眼线和粉状眼线。液状眼线含有油质，可用质量好的毛刷涂抹；粉状眼线可用刷沾上水后涂在眼睛上，用法与粉饼类似。

画眼线时要考虑自己眼睛的形状。眼睛较小的人，画眼线可以重一些；圆形的眼睛，可以从中间处开始往外画，使圆变得更像杏形的；眼尾下垂，可以画得稍高一些；眼尾斜的，画时可在尾部微微往下垂。眼睛过大或"金鱼眼"，最好不画眼线。

画眼线时，可令眼睛往下，一只手将眼皮拉紧，沿着上睑，尽可能画一条细线，至外角就不要再往外画了。如能在睫毛下再画一长线更好，线要画得细而匀。使用液状眼线和粉状眼线效果甚佳，只是不易控制。

在选用眼线液颜色时，皮肤黑的人宜用黑色眼线，其他肤色用深棕色的为宜。眼线和睫毛液、眼影同时使用，能产生极妙的效果。若是晚上，可将有色眼线液与眼影混合使用，效果更好。

②眼距太小怎样做眼部化妆

两眼太靠近，会使人产生愤恨、忧虑之感，须通过眼部美化消除之。应把美化重点部位放在两眼的外围。

在两眉之间，用眉钳将多余的眉毛拔去，以加大两眼间的距离。还应在双眼的内侧、鼻子外侧涂上粉底。

涂眼影时，可在上眼皮靠近睫毛处涂一些淡淡的明亮眼影，在其外部至眉骨处，抹以较柔和的暗色调眼影。应将两者均匀揉开，以免留下较明显的分界线。

画眼线时，可从上眼睑中央稍外处开始，往外画至眼角。

涂睫毛膏时，也应强调两眼的外侧部分。上下睫毛均应从内向外逐渐加浓，便可将两眼距离拉远一些。

③眼距太大怎样做眼部化妆

同两眼距离太近的化妆法相反，眼距太大者化妆应把重点放在双眼的内侧。

选用的眼影应为暗色调的。涂时，可从双眼间鼻子外侧处往外涂抹，至眉毛下部。靠近鼻子处的眼部宜抹稍深色调的眼影，眼尾处则宜用柔和些的眼影。

画眼线时，也宜用暗色调的眼线液。可从内眼角处起，较清晰、较重地画至眼睑中央，再往外侧画时则逐渐变浅。

可在眼睫中央加上假睫毛。涂睫毛膏时，也宜在睫毛中央部分涂刷。

④凹眼怎样做眼部化妆

可在上下眼睑涂抹浅色调的眼影，并使之向眉部伸展、融合。在眼皮上涂一些棕色、暗灰、褐色的眼影，但不能抹在眼睛凹处，应在凹处稍上面一点的位置，这样，可以使眼睛有凸出感。在眉骨和上眼皮中央稍涂一点色彩较明亮的眼影，会更强调这种凸出感。

在画眼线时，不应在上眼睑勾勒，而宜在下睫毛处轻轻地画上。可以多涂一些睫毛膏，若使用假睫毛会更好，可以令深陷的眼睛更美。

⑤凸眼怎样做眼部化妆

凸眼睛在做眼部化妆时，应选用深暗色的眼影、眼线，绝不可用浅色调。

可在上眼皮涂上深色的眼影，使之与眉毛下面的部位衔接好。紧贴眉下的部位用肉色或粉红色调的眼影。眉骨突出的人，不宜在此处再涂抹。

画眼线时，宜用深色眼线，使眼泡显得小些。

可以多用一些睫毛膏，以强调上睫毛为宜，可先使其卷曲，再涂上睫毛膏。

⑥圆眼睛怎样做眼部化妆

由于使用眼影会使眼睛看上去变宽一些，所以圆眼睛的人应选用淡一些的浅色眼影。

在涂眼影时，可以用一种色的眼影涂满整个眼皮，从眼皮中央开始向斜上方一直涂至眉骨处。在下眼睫中央以下眼尾处，可用眼影抹成晕状，使上下眼影在眼角处相交成倒三角形，然后用同色系的、较暗些的眼影涂在眼窝线上，其尾部应与眉毛平行。

画眼线时，整个眼睑均应画上，可用深色的眼线液，并往双眼眼角外稍稍延长一点。

涂睫毛膏时，只从中间向外眼角涂即可。靠近内眼角的睫毛不宜涂，但外眼角应涂上少许。

⑦厚眼皮怎样做眼部化妆

有厚眼皮的女士做眼部化妆时的要诀是，尽可能地突出眼睛本身而淡化眼皮部分。涂眼影时，可选用中间色调的眼影。从眼角的内侧始，涂至眉毛下部和眼角外侧，形成一个三角，然后可在眼睑中间处涂上一点较明亮色调的眼影，并用眼线液在双眼尾部画上暗色调的眼线。

涂睫毛膏时，只宜涂在上睫毛处，切不可上下睫毛都涂。

⑧眼睛浮肿巧掩饰

眼影掩饰法。眼睛皮下脂肪较多的人，化妆时可在上眼皮的中央涂以稍浓的眼影，周围的眼影则描淡些。眼影颜色以棕色为佳。描眼线就沿上眉毛轮廓细细地画，并要画成自然的曲线，这样可以掩饰眼睛浮肿的缺陷。

化妆水掩饰法。闭上眼睛，用浸泡过温和收敛性化妆水的面纸盖住双眼，休息10分钟后取下。如果只用冷水拍洗脸部，然后就涂上粉底或灰褐色而有掩饰效果的化妆品，那只会更显现眼部的浮肿。

⑨眼角皱纹巧掩饰

粉底掩饰法。将乳液状粉底薄涂面部，然后在小皱纹处以指尖轻敲，使粉底有附着力地填进去，减缓其凹陷程度，并可突出重点化妆。如施眼影膏时，选颜色应避免暗色，以免眼睛色沉而不突出重点，而应选用鲜艳的暖色系并有珍珠感的。

眼线掩饰法。眼周的小皱纹最好再用眼线来掩饰一下。画眼线时，上眼睑不画，下眼睑画以清晰线条但不要画全长，只在眼尾处画全长的即可，眼线笔为 0.2～0.5 毫米，颜色开始用棕色，以后可用黑色。

⑩有眼袋巧化妆

化妆时用暖色粉底调整面部的肤色，使眼袋部位的肤色与面部协调，切忌在眼袋处涂亮色，否则会使之更明显。另外，适当加强眼睛、眉毛和嘴唇的表现力，转移别人对眼袋的注意。

2. 怎样修饰出理想的唇形

①修饰唇形，令唇形显得更为美丽

嘴唇的两角要涂画得稍微上翘一些，显出微笑的唇形。这样既能给人微笑的观感，又避免了垂嘴角的衰老感。

唇形的大小，要配合脸型和身材。

唇线勾勒时，应根据不同表情而描绘，避免过于平直而显得呆板。同时，唇峰也不应因涂得太尖而突出，唇线应以平滑、浑圆为佳。

上唇、下唇的薄厚、形状要相互配合。下唇若是太薄，应配合上唇而酌量加厚；上唇太薄时，则应将下唇描细一点。

嘴唇短的人，涂时可将两端略微拉长一些，唇峰至嘴角稍为加宽一些，以缓和短小感。

嘴唇左右不对称的人，可以小的一边配合大的一边，即在小的一边加大涂唇的厚度，宜使用暗红色唇膏。

为能较久地保持理想的唇形，涂唇膏前，应先涂一层粉底或化妆粉。

应尽量控制和避免咬唇、含唇、嘟嘴等嘴部的不良习惯性动作。这些小动作，会破坏涂后唇形的美丽。

②口红、肤色巧搭配

用手指在耳垂处略加摩擦，耳垂呈现红色时，再把口红的颜色与耳垂颜色对照，与耳垂的红色相同或相近的就是比较适合自己肤色的。

选择合适的发型

①柔软的头发选择什么发型

柔软发质的头发比较服帖，很容易做发型。

柔软的头发以选择短发为宜，因短发型俏丽、花样多，且梳理方便。可选择将刘海斜披在前额上、横发向后梳而将耳朵露在外面的发型。如在烫发时使用油质烫发剂，效果更为理想。

发质柔软而发量多的人，可选择波浪样式的发型。在烫发时，不应让波浪过多，适当压抑头发的卷曲感，能使发尖呈动态而有轻快感。

②长方脸应怎样选择发型

长方脸同方脸一样，都需要缓和脸部的棱角感，不同的是要缩短脸的长度，增加脸部的宽度。

可以选择两侧做成波浪或小卷的发型，以增加脸部的宽度。这种发型宜留中等长度的头发，波浪可从耳旁变宽、变蓬松。可采用三七分或更偏分的发型，增加宽阔感。

在发型的整体轮廓上，应控制头顶部的丰隆感，而使前发略微下垂，使发型横向扩张。如果要露出额头，应用轻柔的卷曲与波浪保持整体的均衡。应避免头发梳理成紧紧贴着头皮的式样。

③方形脸应怎样选择发型

方形脸的特点是棱角突出、下巴稍宽，显得个性倔强，缺乏温柔。因而，在选择发型时，宜掩盖太突出的棱角感，使脸部看上去长一些，增加柔和感。

可以利用波浪形增加脸部的温柔感。宜将前额和头顶的头发上扬，露出部分额头，但切忌全部露出。方脸型的人在留额发时，宜遮掩额部的两角，额发要有倾斜感，使方中见圆。头发的两则可选择卷曲的波浪发型，以改善方脸的形状。还可利用卷曲的长发部分遮住下颌两侧，转化太宽的下颌线条。

由于近年来人们审美标准逐渐改变，方脸型因其极富个性而得到青睐，所以不少女性愿意不加掩饰，选择富于个性的发型。

④三角脸应怎样选择发型

三角形脸的特征是上窄下宽，所以在选择发型时应平衡上下宽度，可用波浪形发卷增加上部分的分量，也可用头发掩饰较为丰满的下部。

不宜将额发向上梳，以免暴露额头太窄的缺陷。分缝可采用中分或侧分。耳旁以下的发式不应再加重分量；也不宜选择双颊两侧贴紧的发型。

⑤倒三角脸应怎样选择发型

倒三角脸与三角脸恰好相反，可以选择掩饰上部、增宽下部的发型。发型要造成大量的蓬松的发卷，并遮掩部分前额。

　　具体选择时，最忌选往上梳的高头型，这样只会突出细小的下巴，使整个脸部更不平衡。可运用额部线条之美，使耳边的头发产生分量，并显出额角，令脸部变得丰满一些。

　　这样的脸型不应选择直的短发和长发等自然款式，这样会使窄小的颚部更加单调。刘海儿可留得美观大方而不全部垂下。面颊旁的头发要留得蓬松，显得很多，以遮掩较宽的上部分。

　　⑥脸部其他缺陷应怎样选择发型

　　脸庞较大的人，可选择使头发自然松垂在脸上、盖住部分脸颊和前额的发型。

　　脸庞较小的人，可选择尽量露出五官的发型，把头发往上、往后梳。

　　额头太大的人，可将额发剪成一排刘海儿。

　　鼻子过于突出的人，可选择留浓密的刘海儿或将长发向上梳的发型，以平衡脸部，强调顶部。

　　下巴内陷的人，可将头发留长，以使下巴显得丰满起来。

第六章　一切努力只为我们生活得更好

敞开心扉，快乐生活——心理卫生

保持心理愉悦

一、心理健康的主要标志

1. 一个心理健康的人会表现为情绪稳定，生活态度积极乐观，能将大部分精力放在工作和学习上，不会产生莫名的紧张或焦虑等不良情绪。心理健康的人能够坦然面对挫折与失败，能够通过自我调节化解一些消极情绪。在生活中有较强的安全感，能够乐观地接受周围人的优缺点。

2. 心理健康的人往往都有明确的生活目标，会通过自己的努力来达到这一目标，而非空想或盲目追求一些遥不可及的目标。心理健康的人能够对自己做出较客观而正确的评价，做事有主见，不随波逐流，而且有较强的社会适应能力，能够与周围环境很快地融合到一起。

3. 心理健康的人往往能建立良好的人际关系，与人交往时有很强的自信心，同时也能包容别人的缺点。

二、人际关系和谐有益健康

在良好的关系中生活会使人觉得身心愉悦。如果人际关系紧张，整天在压抑的环境下工作学习，整个身心都会受到影响。

平稳的情绪能够使内分泌达到相对平稳的状态，而情绪紧张时，内分泌系统也会随之发生紊乱。所以说，与人们和谐相处，保持正常良好的人际关系，不仅有益心理健康，也对生理功能的正常发挥有很大帮助。

如果一个人长期处于人际关系紧张的环境中，心情压抑，会影响到血压调节功能，引起血压升高。不仅如此，身体的其他系统也都会受到影响。例如人体在高度应激的状态下，内分泌失调，导致抗胰岛素分泌量大大增加，这会引起体内胰岛素不足，糖代谢功能随之失调，从而引发糖尿病。在长期紧张的状态下消化系统同样会受到影响，导致消化腺不能正常发挥应有的消化吸收功能，轻者消化不良，重者引起胃溃疡甚至十二指肠溃疡。如果长期在人际关系紧张的状态下生活会出现月经失调、痛经等妇科疾病。因此建立良好的人际关系对每个人的健康都极为重要。

三、如何忘记烦恼

当被烦恼困扰，情绪陷入低迷状态时，就应该去做一些自己感兴趣的事。这样精神才会集中，烦恼也就自然抛开了，同时还能在其中得到很多的快乐。如果现在没有什么感兴趣的事可做，那么可以做一些自己最拿手的事情或想像一下获得荣誉的过程，通过这些事情得到内心的满足，在自信心增强的同时也可以顺利地忘却不愉快。另外，找个朋友或亲人倾诉自己的烦恼也是不错的办法。

总之，忘记烦恼最主要的方法就是转移，这样才能将那些给你带来痛苦的烦恼排挤出去。

四、适当哭泣是必要的

中医理论中对于哭泣的医疗作用做过具体的论述，认为人以气为本，气不畅会引发很多种疾病。哭泣不但可以宽胸理气，使郁闷消除，而且还可以把压抑在体内的感情都发泄出来。如果在该哭泣的时候却忍住不哭，将强烈的悲伤情绪抑制在体内，会导致全身气机不畅，心中郁闷无法排解。不但中医有此认识，国外的医学家也都对此非常重视，他们通过实验得出这样一个结论，适当的哭泣可以使人们的负担减轻，从而避免头痛、溃疡、抑郁症等多种身心疾病，使良好的情绪和愉快的生活长期地维持。

可见，哭泣不但有帮助人们脱离悲伤痛苦的作用，还能保持人体的健康。

五、舒心愉悦的窍门

1. 到野外去郊游，到深山大川走走，散散心，回归自然。荡涤一下胸中烦恼，清理一下浑浊的思绪，净化一下心灵尘埃。

2. 与同事、同乡、同学、好友相比，虽说比上不足，但比下有余。这样可及时调整心理平衡。

3. 如果不是急事大事，索性放下不去管它，过几天再说，或许会有个更清晰的认识，更合理周密的打算。

4. 人生如狭路行车，该让步时姿态高些，眼光远点，不在一时一事上论短长。

5. 一首优美动听的抒情歌曲，一支欢快轻松的舞曲或许会唤起我们对美好过去的回忆，引发我们对未来的憧憬。

6. 想想开心的事，可笑的事；或拿本脍炙人口的书，读几个幽默风趣的章节。

六、保持积极心态的窍门

一个人倘若想保持乐观的情绪、轻松的心境等积极心态，不妨记住下面的诀窍：

1. 勇于承认自我弱点。世上没有完美的人，所以一个人有缺点是不足为奇的，但我们必须承认自己的弱点；乐意接受来自老人、平辈乃至比我们年轻的人的忠告。只有我们勇于承认自己需要帮助，成功必定在望。

2. 在挫折中吸取教训。在面对失败或挫折时所抱的态度应该是不灰心气馁，而是找出症结，更加努力。

3. 不被永无穷尽的卑劣念头困扰的人，他的心胸就会宽广，就不会因眼前的不快而抑郁终日。

4. 能屈能伸。无论在顺境或逆境之中，生活的态度都应处之泰然，眼光不妨放得远些。

释放心理压力

一、运用"行为处方"为心理减压

1. 听音乐。有关保健专家认为，乐曲、节奏、光线、色彩、形态及词语等，对人神经系统和内分泌系统都有积极的冲击力，使人精神上容易产生一种无法用语言表达的欢快感，忘却常存心中的忧愁和痛苦，并给人以奋进向上的信念。这些研究中最被人看好和推崇的是音乐处方，音乐有助于提高人的免疫功能和减轻压力。

2. 哭出来。哭虽然不能解决根本问题，但它可以消除积蓄已久的压力和悲伤，有助于鼓舞我们重新生活的勇气。

3. 动动手。医生或疗养院内常鼓励患者亲手作画或雕塑，让患者能从创作中体验到快乐，常能收到意想不到的治疗效果。

此外，园艺劳动、游戏竞赛、欣赏景色、品尝美味等，都属于"行为处方"的范畴。只要有度，也对健康有益。

二、心理平衡的秘诀

1. 不苛求自己。不要把奋斗目标定得过高，使得自己无法实现，从而造成心理压力过大，终日郁郁寡欢。不要苛求自己什么事都做得十全十美，那样会因一些微小的不足而深感不安。

2. 不苛求他人。不要对别人寄托过高的期望，这样就会减少自己的失望。其实，每个人都有自己的意识，都有自己的优点和缺点，何必要求别人合乎自己呢？

3. 娱乐。娱乐是消除心理压力的最好办法，娱乐的方式并不重要，重要的是让自己心情舒畅。

4. 与人为善。如果在适当的时候表现自己的善意，多交朋友少树敌，心境自然会平静。

三、克服气量小的秘诀

1. 拓宽心胸。要想改掉自己心胸狭隘的毛病，首先要加强个人的思想品德修养，破私立公，心底无私天地宽。

2. 多学习知识。人的气量与人的知识修养有着密切的关系。一个人知识多了，立足点就会提高，眼界也会相应开阔起来。

3. 缩小"自我"。气量小的人往往计较别人的一言一行，总感到这是针对自己的。其实，许多事情确实只是由于自我暗示的心理作祟。如果我们遇事不以自我为中心，对别人的计较就会少得多，我们的气量也就会不知不觉地大起来。

四、排解激愤妙法

1. 疏导情绪。当勃然大怒时，很多蠢事都有可能做出来，与其事后后悔，不如事前自制，把愤怒平息下去。

2. 学会妥协。处事要从大处着眼，学会心胸开阔，只要大事不受影响，小事上不必过分拘泥，以减少自己的烦恼。

3. 暂时避开。遇到挫折时，应该暂时将烦恼丢开，去做些自己喜欢做的事。

4. 善于倾吐。把所有的抑郁埋藏在心里，只会使自己郁郁寡欢，如果把内心的烦恼向朋友、师长倾吐之后，就会感到轻松和舒畅。

五、怎样治疗抑郁症

抑郁症一般很容易治疗，而且愈后多数良好。抑郁症的治疗方法一般包括三种，即药物治疗、心理治疗和电击治疗。其中，最常见常用的是心理治疗和药物治疗。

心理治疗要贯穿整个治疗的始终，因为抑郁症病人多半在病前都受到过刺激。可能是一次剧烈的精神刺激，也可能是长期精神折磨（包括他人折磨和自我折磨）。医生针对病人不同的情况，进行不同的心理辅导治疗。在医生努力的同时，患者的家人和朋友也可以不时地帮助病人心理重建。但是要注意，由于病人在认识和评价自我方面有偏见，以悲观的眼光审视自己，过分夸大自己的缺点，有时会让人觉得不可理喻、无法沟通。所以，作为亲友一定要保持冷静和耐心。

药物治疗通常都能起到良好的效果，国内常用的抗抑郁药物有阿米替林、马普替林、氯米帕明、多塞平等。这些药物主要通过提高情绪、减轻焦虑、镇静心神来达到治疗抑郁症的目的。其中阿米替林的镇静作用相当明显，宜在中午和晚上服用。此类以镇静、嗜睡作用为主的药物还有马普替林和多塞平。多塞平还偏重于抗焦虑，氯米帕明能明显提高病人情绪。

六、环境调节心理情绪法

1. 在一个阴暗、脏乱、充满刺激的色、音、味环境里，会显得心烦意乱，劳神费力，很快就变得疲惫不堪，而在一个光明、整洁、井然有序的环境里，就会心情舒畅，精神倍增。

2. 居室要整洁有序，光线充足，通风良好。墙壁、桌椅的色调要柔和协调，这样会给人宁静平和的感觉，减轻情绪的紧张。室内的装饰摆设要有章法，避免多余的陈设，否则会使人觉得拥挤，产生压迫感。同时，房间不宜用红、黑等暖色或重色以及炫眼的强烈光源，这给人以燥热感，提高情绪的兴奋度。

七、怎样推迟心理衰老

1. 保持积极乐观向上的精神状态。想要使自己的生活充满活力，就应该为自己设定一个人生目标，人一旦有追求就会变得充满希望，并且为之付出不懈的努力，也能够使自己保持一个良好的精神状态。而这种目标往往应该是那些人们最希望达到的境界，这种追求还可以根据自身的需求进行不断地改变，从而使自己永不懈怠。

2. 多动脑，勤思考。使大脑时常保持思考的状态，是预防大脑功能性疾病的最好手段。每天在买菜时算算账也不失为一种动脑的好方法。

3. 多参加各种体育锻炼。每天进行适度的体育锻炼，可以增强体质，提高人体对疾病的免疫力。

4. 处理好人际关系。有良好的人际关系，不但可以使人们在苦闷时有倾诉对象，还可以让人们对生活充满美好的希望。

把握爱情的艺术——婚恋生活

追爱"大布局"

一、求爱秘笈

想求爱而又怯于当面表白，可试用下列办法：选择适当的机会，用语言或眼神巧妙地给对方暗示；写一封信，简便易行，保密性好；大胆约会属变相的直接表白，需要有一定的勇气；托能言善辩的人转达，可事半功倍，但人选不适当，可能会前功尽弃。

二、塑造良好的第一印象

与人交往中的"第一印象"可能会影响到社交的成败，不可大意。初次见面，对方往往首先从你的衣着来判断你的性格、爱好、身份、修养等内在素质，人们都喜欢同衣着整洁、举止高雅得体的人交往；幽默、风趣、得体的言语会给人们留下美好的记忆。

三、树立"好男人"形象的几个关键

1. 要体谅妻子，克服"大男子"主义。

2. 上进心强，在事业上作出成绩。

3. 防止懒散，不修边幅。

4. 有家庭观念，能协助妻子当家理财。

5. 对妻子忠实。

6. 心胸宽阔，性格开朗。

7. 注意用正确的方法管教子女。

8. 能经常同妻子和子女外出购物或游玩。

9. 举止文雅，无不良嗜好。

模范夫妻养成记

一、"贤妻良母"的十五个标准

1. 给丈夫以施展才干、成就事业的自由，不要阻止其正常交往。

2. 掌握烹饪技艺，时常变换菜肴，使丈夫用餐时感到满足。

3. 培养对丈夫所从事的事业的兴趣，并参与或给予力所能及的帮助。

4. 经济拮据时，不埋怨，不攀比，不用别人来贬低丈夫。

5. 尊敬公婆，与丈夫的亲属和睦相处。

6. 衣着的款式颜色，要顾及丈夫的好恶。

7. 同丈夫意见分歧时，非原则问题要能够忍让、顺从，或平心静气地商讨解决。

8. 努力适应丈夫的兴趣爱好，一起参加运动及娱乐。

9. 丈夫失意时，要宽慰丈夫，促使其树立信心，转向成功。

10. 丈夫身体不适时，要主动关心照顾，必要时督促、陪同丈夫到医院检查治疗。

11. 持家有方，日常开支量力而行，不超出经济能力地追求时髦。

12. 克服好争辩、爱唠叨的习惯以及使人讨厌的嗜好。

13. 对丈夫忠实，不无端猜疑。

14. 对子女不娇惯、溺爱，不干涉丈夫对孩子的管教。

15. 心胸宽阔，性格开朗，言谈举止文雅温柔，体现女性美。

二、增强夫妻感情的秘密

感官方面的适度表达是增强感情最直接有效的方式。比如在语言表达上适当多讲些甜言蜜语，会使夫妻之间的感情得到增进。然而有很多夫妻不愿意用语言表达感情，他们认为这种方式很肉麻。其实，语言表达是除去性生活以外最能表现出我们对对方爱慕之情与依恋的方式。如果夫妻双方都觉得对方很死板，认为无话可说，那么就会导致婚姻触礁。其实，每个人都处在不断变化中，只不过由于不善表达而使自己没有发现，这就需要双方互相帮助而不是过多的抱怨与不满，这样才能使夫妻双方在心灵上共同成长。

在情绪方面坦诚是最重要的，不要总隐瞒自己的真实情绪，不愿让家人知道自己在家庭以外感受到的不快。其实，就算我们不说，对方也可以看出一些端倪，而不主动说明反而有可能使对方误解。而如果对方恰巧也是一个不善于表达的人，就会造成更多不必要的麻烦，使夫妻感情越来越糟。所以，使对方了解自己性格和情绪变化有利于夫妻间的情感培养。许多深厚的感情都是这样培养出来的。

在理智方面应注意在表现情绪时掌握一定的度，不表现出自己的情绪和心情会使对方起疑、猜忌，而表现得太过分反而会使对力厌烦。这就对夫妻双方提出很大的要求，要能够理智地调适自己以了解对方。

三、夫妻间忌互相隐瞒

许多夫妻间常会有这种情况，发生不愉快的事后，往往拖一段时间再吞吞吐吐地讲出来。但细心人一见对方的脸色就会觉得不对头，因此从心理学角度讲，还是早些讲出来为好，否则对方会焦躁不安或引起误解。一位妻子有事未告诉丈夫，丈夫却从别人那里知道了，于是大为不满，责怪妻子。可见，夫妻间保守秘密超过一定时间，一旦披露，反而会产生更坏的心理影响。

四、忌忽视爱的求援"信号"

夫妻之间是以"亲密意识"形成的特殊人际关系，在共同利益的基础上，无所不谈，没有什么难以表达的感情。唯独涉及到个人隐私，则"不可告人的意识"便占据优势。此时，为了维护家庭内部环境的稳定，男女都会有意无意地发出信号，以可意会不可言传的方式来表达，借以争取对方的理解和给予支持。如果一对伴侣在情感危机时刻，彼此所做的求援信号都因对方不理解而失败，这就会给事态发展蒙上一层阴影。男女双方愿意相互观察是爱情的第一象征。一旦双方由于某种原因不再从对方身上寻求有趣的、使人感兴趣的东西，不再互相谅解，不再彼此重新发现对方，这就意味着双方关系中有生命力的火焰已经趋于熄灭。

五、夫妻争吵不宜回避

过去，长辈们一直教育年轻的夫妻要避免争吵冲突，认为双方忍让一点，迁就一点婚姻就会美满。实际上，这种人为的自我压抑会导致夫妻情绪上的日渐隔阂。

平时，双方都把不满情绪强行压制下来，日积月累之后，会转化成愤怒，达到一定程度，就会如火山爆发，一发而不可收拾。其实，夫妻之间不可能没有矛盾、冲突，出现争吵也在所难免，问题在于，此类争论必须具有建设性。所谓建设性的争论，就是允许双方有不同意见和想法，而又以冷静、理智的态度去处理彼此的分歧。然而许多人遇到这种情况时常用针锋相对的态度来处理，让自己的情绪主宰一切。此种处理方式，对夫妻关系会造成极大的损害。

当分歧出现时，没必要一方向另一方屈服，也不要对对方的观点加以恶意的批评或攻击，要冷静地听取对方的陈述，然后加以辩解。

六、夫妻隐私不宜张扬

夫妻间的隐私，对于中国人来讲，属于"核心机密"不可泄露。在国外，隐私权也是受到法律保护的，如果有人侵犯将会受到控告。夫妻间也是这样，一方对另一方的隐私是无权张榜公布的。

将夫妻间的隐私道出示众，是一种低级趣味的行为，它不是可以随便挂在嘴边，以供人取乐的。隐私属于个人的生活范畴，对他人正常生活毫无妨碍，法律保护个人隐私，文明和道德原则也维护公民的这一权利。

七、夫妻之间忌固执己见

夫妻间的良好沟通，应该建立在从经验中学习的基础上。正当的沟通技巧是，当我们发现事情对己对人有害或不能达到预定目标时，要会立刻修正自己的行为。心理健康的人不固执，有弹性，要学会用各种新方法来解决问题，而不会执著于无用的老办法。尝试与努力不全是靠理智的判断，而是靠自己反省自己的过去所得的情感领悟。

要改变"病态相处"的状况，夫妻双方至少要有一方明白自己固执的反应，一个人对自己有了领悟，能够从过去的经验中学习，便不至于陷入病态的相处中了。

八、夫妻之间忌误解

误解是很多矛盾的原发点，夫妻之间有许多误解是由于模糊不清的沟通而产生的。为避免误解，首先双方沟通时要注意具体地、清楚准确地表达自己的期望。否则对方会以自己的理解来解释，这样就容易曲解而产生冲突和误会。

其次，当决定一件事时，一定要向对方解释原因，对方如果能明白我们决定的原因，便会比较容易接受，愿意同我们开诚布公地交换意见。

九、夫妻之间忌吹毛求疵

夫妻之间只要一方吹毛求疵，便可能会造成关系紧张，产生逆反心理。吹毛求疵的主要特点是不分大事小事，该管不该管的都要管。要知道吹毛求疵会破坏夫妻间的感情交流，因为它表现出对人采取不能接受的态度，使对方产生反感。同时，往往把自身的毛病投射到别人身上，处处挑剔别人，指责对方。这是一种病态心理，不仅容易在对方心里埋下积怨的种子，还会使对方将你的重要意见也忽略掉，失去应有的价值。避免吹毛求疵最好的办法，就是要抓夫妻间的大事，而不去指责那些鸡毛蒜皮的小事。对重要的事，就用言语和行动清楚地表达出来，不重要的事情就忽略过去。合理的判断，加上善意的批评，便可以帮助对方改正错误，也能发展两人之间的和谐关系。

十、夫妻争吵时要冷静

夫妻间并不是天天甜甜蜜蜜的，有时也难免发生口角和冲突。如何驾驭冲突朝着良好的愿望转移，发挥冲突的正常功能，使之成为夫妻增进交流，获得深层了解的手段，这就需要双方掌握尺寸，掌握冲突的艺术。

1. 忌动手。当夫妻双方各自进行情绪宣泄时，要理智地掌握用词分寸。不要口出恶言，不要去刺伤对方的心灵。若一旦失控而动手打斗，事后一定要互相道歉。

2. 冲突发生后，千万不要离家出走。离家不归会使冲突更趋激化而产生新的危机，甚至导致夫妻关系破裂。

3. 忌攻击对方的弱点。每个人都有脆弱的一环，甚至有"隐私"，冲突时不揭短，以免挫伤对方的感情。

把孩子培养成天才——子女教育

新生儿的训练法

一、感官训练

新生儿发音训练法：经常与新生儿谈话、嬉笑，可使小儿较快分辨出父母与陌生人，同时也是对孩子发音的前期训练。

新生儿动作训练法：将有柄玩具塞在新生儿手中让其练习抓握。洗澡后，给小儿做做体操，使小儿四肢都活动几秒钟。

新生儿听觉训练法：可以经常让孩子听些抒情音乐，既训练听觉，又可陶冶孩子性情。还可摇铃，让孩子寻找铃响的方向，可止孩子的哭闹。

新生儿视觉训练法：可将一只红气球放在新生儿眼前缓慢移动，使孩子的眼睛随球转动，对孩子进行视觉训练。

新生儿触觉训练法：经常抚摸小儿肌肤，亲吻小儿，小儿会感到舒适、愉快，一方面也对小儿的触觉进行了训练。

二、故事益智技巧

讲故事、评故事、按故事情节绘画和用橡皮泥制作模型，均能增进孩子的智慧，具体做法是：

1. 讲一段故事，让孩子接着讲下去。故事可有几个不同的结尾，以激发孩子的创造性思维。

2. 可给孩子指定时间、地点、人物、情节，让孩子自编故事，以锻炼孩子的逻辑思维能力和口头表达能力。

3. 讲完故事后，让孩子进行评论。以故事中人物的行为和品质启发孩子自己教育自己。

4. 带孩子外出参观游览时，让孩子随看随讲，孩子讲得形象生动，就及时加以鼓励，从而培养孩子的观察力。

5. 可引导孩子按故事中人物形象和情节动手画，或用橡皮泥制作模型，把想的、听的、看的、说的、做的创造性地结合起来，使孩子心灵手巧。

三、音乐益智技巧

美好的音乐可以使人精神振奋，心旷神怡，获得精神上的满足。具有欣赏音乐能力的人，其感情是丰富的，智力也会随之提高。因此，为了使儿童更健康更聪明，应从小就给儿童聆听音乐，引导儿童跟着唱，并培养他们对音乐的爱好和理解。

儿童的训练法

一、培养儿童节奏感

节奏是音乐的第一要素。培养孩子的乐感，要从节奏感开始。要让孩子聆听节奏感鲜明的音乐；让孩子配合音乐的节奏拍手、摇头、屈膝、踏步等；还可以让孩子练打击乐，为一支乐曲打节拍，学会调整节奏。

二、培养儿童记忆力

记忆力是可以锻炼提高的，科学地掌握以下四个方法，就能达到事半功倍的效果：1. 阅读过程中，可帮助孩子用不同色彩的笔标出需要记忆的重点，反复背诵，以重点带动一般。2. 抽象概念或有关数据可以联系其日常生活中的有关事项帮助其记忆，效果比死记硬背好。3. 培养记忆力时，不要让孩子干情绪容易激动的事情，或者从事剧烈的体育运动，使孩子能集中精力，从容记忆。4. 帮助孩子安排好作息时间，可在一段时间内交替干几种不同的事情，以调节精神。

三、培养儿童好奇心

儿童的好奇心常常是智能发展的前奏，不能加以挫伤，而应采取正确的态度加以培养。不但要热情耐心地回答孩子提出的问题，还应经常向他们提出问题，引导他们去观察、试验，促进他们求知欲的发展。一时回答不了的问题，不能一推了之，更不能胡编乱造，给孩子不正确的回答，而应努力与孩子一起寻求正确的答案。

四、培养儿童自信心

培养儿童的自信心，对其心理发展和行为情感调节有着很重要的作用。在日常生活中，家长应经常诱导孩子多说自信的话，如"我不怕"、"我敢"、"我会"之类，随着时间推移，孩子自然会养成用自信的语言来表达自己意愿的习惯。几个孩子争着干一件事或玩某种游戏时，教师与家长要为孩子创造正常竞争的氛围，让有充分自信的孩子优先做，使竞争意识逐步得到发展和体现。教师和家长要鼓励和督促孩子实现自己的诺言，使孩子懂得，每说出一句自信的话，都要负起一定的责任，反复多次后孩子行为的目的性和责任感会逐渐增强。引导孩子将自信建立在比较全面了解自己的基础上，当孩子表达了充满自信的意图后，再鼓励孩子说出"凭什么"。避免在他人面前讲孩子的缺点或加以惩罚，否则孩子会产生自卑心理，养成自暴自弃的不良心理。当孩子遭到挫折时，应和孩子一起商讨解决的办法，树立克服困难的信心，培养百折不挠的毅力。关心孩子在校的情况，不提不切实际的过高要求。

五、培养儿童自尊心

正确对待孩子的提问，尽自己所能给予解答，或买一些有关书籍让孩子自学。孩子出于好奇拆散玩具装不起来时，不要责怪，应耐心地给以帮助。孩子有了缺点、错误，不能不分场合给以批评。对孩子知识的增长、思维和想象力的发展要给以鼓励和赞扬。

六、培养儿童语言能力

经常给孩子讲有趣的故事，也让孩子讲故事以丰富孩子的语汇，锻炼孩子的口头表达能力。经常领孩子外出、上公园，让孩子描述自然界万物的形象，在社会环境中学习语言。指导孩子做游戏，可采用猜字谜、挂字板、打词牌、字组词等方法教孩子学语言。教孩子读书，在教孩子认识若干字后，要给他们买些儿童读物，让孩子划词句、组词句、摘词句，积累语汇。

七、培养儿童学习兴趣

对不同智商的孩子，兴趣培养也应不同。对智商一般的儿童不宜提出过高的要求，应随时注意并尽力帮助其克服畏难情绪，增强自信心，养成迎着困难上的习惯。对智商较高的儿童适当增加其学习的难度与强度，常肯定与鼓励他们取得的进步，激发向更高台阶迈进的浓厚兴趣。对智商低的儿童提出实事求是的要求，利用其好强心理，发掘孩子对某一学科的

"兴奋点",并作为"突破口",使其学习成绩接近或超过智商较高的同学,从而克服自卑心理,培养其学习兴趣。

八、诱导儿童潜能

从孩子的日常言行中发现孩子潜在才能的萌芽,以便有意识地加以诱导激发。为孩子经常创造表现潜能的机会,让其在实践中不断增强勇气和信心。不要因急于办成一件事而代替孩子去做,无意中取消了让孩子发挥潜能的机会;而要沉得住气,耐心等待,从心理上"迫使"孩子投入锻炼。对于孩子的各种尝试,尽量给予肯定、鼓励、赞扬;即使有不足,也不要指责、打击,否则会助长其依赖性和羞怯感。

九、矫治儿童骂人

家长应以身作则,说话文明。教育孩子懂得骂人是不文明的行为,不要受别人骂人的不良影响。平时要培养孩子文明礼貌的良好习惯和表达各种感情的能力,增强孩子对脏话的免疫力。

十一、矫治儿童撒泼

孩子撒泼的起因大都是大人过分溺爱和娇纵。孩子撒泼,不能去哄他,可不予理睬,任其表演。不能让爷爷、奶奶护着他,让他以为自己有后盾,可以故伎重演。不因孩子哭闹而满足其不合理的要求,让孩子知道撒泼毫无用处。当孩子停止哭闹时,应主动给予关心,适时地给以教育。

十二、矫治儿童撒谎

孩子有了过失,要耐心教育,不要横加指责,使孩子觉得没有必要撒谎。要向孩子说清楚撒谎不是好孩子。当孩子承认自己的过失时,要给予鼓励,使孩子体验到讲真话能得到父母的谅解和帮助,逐渐养成说真话的习惯;切不可在孩子说了真话后仍采用打骂、恫吓等粗暴方法来惩罚孩子。对于想象力丰富的孩子说的有些"谎话",不必追究,以免损伤孩子的自尊心,熄灭孩子智慧的火花。

十三、帮忙儿童克服的窍门

要使孩子克服学习马虎、粗枝大叶的不良习惯,可采用下列方法:孩子复习功课、做作业后,家长帮助检查、发现错误时,不要急于指出,而应让孩子自己检查、纠正;培养其认真学习的态度,可让孩子将写错的作业和纠正的试卷重抄一遍,不整洁的作业要认真重写,以此纠正孩子的不良习惯;当发现孩子的学习态度和成绩有了进步时,要及时予以肯定,使孩子更加坚定克服不良习惯的信心。

十四、如何防止儿童丢失

为预防孩子丢失，应采取下列措施：要求孩子牢记父母或其他亲人的姓名、住址、工作单位、电话号码；嘱咐孩子不要答应陌生人的任何邀请，不要陌生人的玩具、食物；告诉孩子及所在幼儿园，除了你和你所指定的人外，不能让其他人接送；不将孩子的姓名绣在衣服上；教会孩子如果一起上公园、去商店买东西时失散了怎么办。

做个处处受人欢迎的人——交往处世

规范自己

一、怎样才算有社交风度

1. 神采奕奕，精力充沛，显得自信和富有活力。饱满的精神状态，就能激发对方的交往动机，活跃交往气氛。

2. 诚恳的待人态度。端庄而不矜持冷漠，谦逊而不矫饰造作。

3. 洒脱的仪表礼节，使人乐于亲近。

4. 高雅的言词谈吐。要用词恰当，言之有物。

5. 适当的表情动作。

二、如何展现自己的风度

1. 态度安详。谈话时应泰然自若，落落大方，不应缩手缩脚。

2. 表情自然。说话者的表情，受到两种因素制约，一是对听者的感情与态度，二是所说内容的表达。就对听者的感情和态度来说，说话者的脸部表情应以微笑为基础，就内容的表达来说，脸部表情就更丰富了，表情应是内心感情的自然流露，不要矫揉造作，要有分寸感。

3. 动作稳重。善于说话的人，手势或姿态丰富多彩，不仅可以吸引听者的注意力，而且可以使话说得有声有色。

4. 声音适度。交谈声音要轻重适度，强弱得当，充分显示一个人的涵养，既不要声音低得让人听不清楚，也不要大吵大嚷，旁若无人。

5. 语速适中。凡是口齿清楚而合理缓慢的话音，总比连珠炮式的含混语言容易叫人听得进去。

6. 语调明朗。说话喃喃，欲言又止，"阿、呃、这个、就是"等等的口头禅，都应该注意克服。

7. 神态专注。认真听取他人讲话是交谈风度和涵养的一个重要部分，交谈时精神涣散，心不在焉地左顾右盼，或者面带倦容，直打哈欠，搔头掏耳，都会失去对方的尊重。

8. 有所反馈。与没有反应的人说话就像对着木偶人谈话一样，说话中的反馈方式，可以通过眼神的交流、点头示意、手势等方式进行。

三、怎样给人留下好印象

1. 说话声音响亮清晰，充满信心：声音是除外表之外给别人形成印象的第二个因素。在与人交谈时，声音低沉会显得对自己缺乏信心，会给对方造成不好的印象。当然说话声音响亮清晰还要注意礼貌而热情，不能让人有种上司训话的感觉。

2. 说话简明扼要。在社交中，说话简明扼要，有的放矢，会得到别人的尊敬与亲近。说话让别人能够正确和及时得到答复，是一门高超的艺术。

3. 要彬彬有礼，但不宜过分。许多人总是把"对不起"或"谢谢"挂在嘴上，即使自己没有错或对方没有什么值得感谢的也要说。讲礼貌并不意味着在交往中过分贬低自己和失去平等与正义。有了过错才需要道歉，受到他人的帮助时才需要表示感谢。

四、怎样正确认识自己

首先，要多听取他人对自己的认识，他人的评价在很大程度上能够做到客观、准确，即使会有误解产生也一定有造成它的理由。

其次，进行比较分析也很有效果，查看别人的得失，多与自己比较，对于每个人的成长都有很大益处。

最后，我们还要改正妄自菲薄或妄自尊大的毛病。

社交的技巧

一、如何了解别人

首先，对于第一次见面的人，我们对他的看法不应受到其他人评价的影响。应当做到从实际客观的角度出发，参考他的职业、背景和经历，通过与他的亲身接触来真正了解、正确评价这个人。

其次，消除情绪因素。情绪会对人的行为产生很大的影响，就好比许多孩子之所以偏科是因为他们讨厌这个任课老师，或者这个老师曾经批评过他们，甚至只是因为不喜欢老师的穿着打扮。这不仅影响自己的心情，还会导致课业上的损失。进入社会后，人们虽然变得相对成熟，但由于对自己的心理因素了解不够，很有可能让情绪影响到自己对他人的认知。这种情况我们应当极力避免。

最后，多观察、多交往才是最直接有效的方法。通过人际交往我们可以很直接地了解他人。只要注重这种实践活动，并在其中总结经验，使自己的认知能力得到锻炼，正确认识他人并不难。只有做到多了解他人，才能在为人处世中做出正确的、有利的判断。

二、怎样对待别人

容纳：容纳在人际交往中非常重要。人人都渴望自己能被社会和他人接受，希望轻轻松松地与人相处。因此，在交往中不应要求别人的行动合乎自己的标准，不应要求对方完全符合自己的爱好，不要故意挑剔，吹毛求疵。

赞扬：得到社会与他人的赞扬是一种积极的行为。因此，在交往中不要吝啬自己的赞扬声，要时时去挖掘对方的长处，尤其去夸奖别人未曾发现的优点。

重视：人的第三渴望就是得到社会的重视。每个人都认为自己重要。当然也要求别人承认他们重要。因此切勿怠慢他人。

三、如何结交新朋友

1. 以闲谈方式开始。在初次相识时，人需要点时间来估量对方，然后才能较认真地沟通，所以开始时不妨说些无关痛痒的闲话，如"今天天气真好"之类的话。

2. 令人留下印象。说话时不妨用比较夸张或突出的字眼与言辞，使对方知道我们的性格与兴趣。

3. 善于幽默。幽默能令人感到轻松，降低自卫本能，也使我们更容易表现自己或提出建议。

4. 观察对方的反应。当我们与一个特别吸引自己的人说话时，看看对方的反应是否也表现出对自己有兴趣，比如向我们稍微接近，笑得很灿烂，有很想详谈的态度。

5. 找出共同点。尽快找出对方喜欢的话题，如烹饪、音乐之类。对方在讲自己喜欢的东西时，自然会较轻松。

6. 要接受别人。我们自己胸襟广阔，对方就容易向我们开放。

四、怎样成为受欢迎的人

1. 不要忘记"恕"字。遇到矛盾要多把自己和别人的心理位置加以调换，设身处地为别人着想。

2. 笑脸常开，亲切有礼。

3. 原则性与灵活性兼顾。与人相处难免有矛盾。在对立发生时，必须学会内刚外柔。

4. 以信义为重。

5. 做明人，堂堂正正处事，切忌背后耍手段。常与人为善。多道人之长。

6. 不要过分显示自己。切忌傲慢。受教于他人，要虚心听取；训勉别人，不要居高临下；不要冷淡不如自己的人，这样便会得到别人的尊敬。

7. 生活中不可能做到人人对我们满意。对无理的非议要心中有数，但不可无端猜疑别人。

五、应邀的技巧

当收到邀请时，除了面邀和电邀之外，对请柬邀请一般都应即刻回函或用电话回复，表示自己很高兴应邀出席，或因故无奈只能谢辞。后者可免得主人不知道自己到时不能赴宴，而浪费精力和财力。

应邀赴会还要遵守请柬上写明的时间，既不能太早，更不可迟到。到达主人寓所后，应先和主人打招呼、握手，然后和其他宾客点头致意。对后来的客人，不管相识与否，都应该笑脸相迎、点头致意和握手寒暄。对长辈老人的到来，更要主动起立相迎，让坐问安。对女客应举止庄重、彬彬有礼，不要主动握手，应先等对方伸出手来。对小孩则宜问明年岁、多加爱抚。总之，应邀参加亲友举办的聚会，要做到仪态端庄、遵守时间、讲究文明礼貌。

六、邀请的方式

1. 口头邀请。

口头邀请的方式比较自然，常用于相互比较熟悉的亲友。邀请可在休息时间或平时的晚上，到被邀请者家中亲口邀请以示郑重。这种方式，不但可以让被邀请者了解赴会的目的，而且当时就可知道被邀请者是否有时间并乐意参加。

2. 电话邀请。

打电话邀请的方式比较灵活。不论什么时候，只要主人有空就可以邀请客人。采用这种方式既可节省亲自去邀请的时间，还可马上知道对方的意见。

3. 请柬邀请。

发请柬邀请的方式，一般在举办较为隆重的宴请而且被邀请者也比较多的情况下采用。发请柬的优点在于既郑重又能起到对客人提醒和备忘的作用。请柬上的内容包括举办活动的形式、时间、地点以及主人的姓名。为了确切掌握被邀者是否赴会，后面还可注明"盼复"两字，并写清自己的通讯地址和联系电话号码。对不熟悉地址的人，可附带说明一下交通情况或乘车路线。请柬要提前一周至两周发出，以便被邀请人及早安排。

七、家庭待客的注意事项

事先知道朋友要来，应准备些糖果糕点，并对室内稍作整理，使客人走进房内感到清洁整齐，心情舒畅；若朋友突然来访，也应将零乱的物品，如孩子的玩具、自己摊开的针线活等赶紧收拾一下，并向客人表示歉意。

客人进门，主人要热情迎接，并把室内最佳座位让给客人，以茶水、水果等招待。

朋友第一次来访时，应表示欢迎、让座。接着沏好茶，双手端上，以示尊重。

倘若来客是好友，平时又常来常往，彼此相熟，则可与爱人一起陪坐，随便拉拉家常，询问对方爱人、孩子的情况。若是朋友夫妇俩同来，则备茶让座后，可先大家在一起聊聊，然后女宾也可分开交谈。若是爱人单位的同事来，多数是谈及工作、商量事情，那么可以同客人打完招呼、沏茶后离去，隔一会儿进来，给客人添水倒茶。

好久不见的朋友来访，应挽留他吃顿便饭，即使一般客人，到了用餐时间也应邀请他们一起用餐。待客吃饭时，应将好菜放在靠近客人的席位面前，夹菜给客人时应使用公筷，用酒时客人表示不喝不要勉强，决不能让客人喝醉。

和客人交谈时，应尽量引开孩子，以免打搅谈话。孩子顽皮时，应向来客表示歉意，并设法把孩子哄开。切忌当着客人的面训斥甚至责打孩子，使朋友感到难堪。

对亲戚、长辈来访，更应礼貌周到。迎进屋后，除备茶让座外，还应主动询问对方身体，以示小辈对长辈的关心和尊重，并和老人叙家常，切莫冷淡。

八、送客的常识

当客人来访告辞的时候，通常主人都应真诚挽留，表示希望多坐一会儿；或恳请下次再来。但也要尊重客人的意见，如其确有要事，就不能强行挽留，以免贻误客人的工作或其他事情。

客人提出要告辞，主人应待来客先起身后，自己再起身相送；不可当客人一提出要走，就摆出送行的姿态。

送客时一般都要送出房门，然后才握手道别。对长辈和体弱的老人，还要扶下楼或走出楼房以外到平坦的路面，再与之道别。切记不要刚和客人握手道别，马上就转身进门。

如果客人告辞，自己因为身体欠佳实在不能起身相送时，应诚恳地向客人说明原因，表示歉意；并吩咐其他家属代为陪送出门。对远道而来的客人，主人还应和家人一起送客至门外。

九、怎样说实话不伤人

有时不得不说实话，但说实话易伤人，怎样说实话才不会伤人呢？

1. 注意对方的身体语言和脸部表情，看对方对我们所说做何反应。

2. 不要张扬事实。最好私下告诉对方事实。不要开对方玩笑。

3. 不要拿"事实"当武器，以此攻击对方。应该告诉他，我们不过是想坦诚相助。

4. 要施展策略。先想想应该如何跟对方说实话而不会让对方受伤害。同时想想一旦对方拒绝，我们该作何反应，千万要耐得住，善于等待，不要急于求成。

十、怎样表示歉意

做错了事，应及时向人表示歉意。

1. 道歉越早越好，不要拖延时间。

2. 倾听对方的诉说，包括他需要什么，需要听到什么意见。

3. 向对方赔罪。

4. 对自己所做的事应勇于承担全部责任。

十一、请人帮忙时要注意什么

请人帮忙时要注意以下几点：

1. 平常应保持与他人的往来，他人有难，要真诚地帮助，将来请别人帮忙时，也好开口。

2. 不要直接提着礼物去求别人。

3. 坦率说明为什请求帮助，不要拐弯抹角。

4. 最好在一阵寒暄之后，趁着畅谈无阻之际提出自己的要求。

5. 有求于对方时，说话的态度要客气、谦虚，但也不必自卑或作践自己。

十二、初次相会应回避什么

每个人都在不断地认识新朋友，初次相会要注意以下情况：

1. 传播或议论他人的私生活时，我们最好回避。

2. 别人谈论第三者长短时，最好是淡然一笑，漠然置之。

3. 别人在发牢骚，宣泄心中怨恨时，别火上浇油。

4. 男女初次相见，不要讨论对方的相貌。

5. 青年男女初次幽会，要避免打听对方经济情况。

十三、使来客不吸烟的方法

现在，戒烟的人越来越多，"无烟家庭"也多了起来。但时常会有一些瘾君子"入侵"这些清洁的无烟家庭，家庭主妇们常常碍于面子对此束手无策。其实只要掌握了一定的方法，就可以应付这种情况。

1. 进行必要物质准备。

干净整洁的环境，有助于禁止来客吸烟。如果在一个一尘不染、铺有地毯的客厅里，客人自然会想到，烟灰应弹到哪儿，抽烟是否影响室内空气。

其次，尽量不要在客厅放置为客人吸烟提供方便的东西，如纸篓、簸箕等，尤其是不要放置烟灰缸。

再次，准备一些备用品。一杯茶、一盘水果、一碟糖，会减轻客人吸烟的要求。

2. 先声夺人，防患于未然。

即在客人提出请求之前，通过各种方式，将主人不愿意对方吸烟这个信息传递给对方，使对方无法提出吸烟的要求。比如，客人落座，主人马上泡上一杯茶，并随口说，我这儿什么都有，就是没有烟，我们家的人都讨厌烟味。与此同时，再递上一只削好的苹果，客人自然不会做主人讨厌的事。

第七章 家庭保健养生小窍门

卫生保健

晨起一杯水

晨起喝一杯开水，有利健康。人在夜间，呼吸、出汗和排尿，消耗大量水分，肌体在清晨相对缺水，容易引起血黏度增高和血栓的形成。体内缺水，排尿减少，尿液浓缩，也成为尿路结石的隐患。晨起先喝一杯水，可稀释血液，促进正常循环，也有利于改善脏器循环和供血，有利于肝肾代谢，排泄废物。此外，还有润喉、醒脑、防治口臭和便秘的作用。

糖尿病患者少食米饭

糖尿病患者饮食结构要合理，碳水化合物的摄入量要控制好，米饭、面条要少吃，因为这些食物很容易被身体吸收，产生的热量很多，血糖就会很快上去。患者应少食多餐，一顿饭不要超过 1 两半的米饭，严重的糖尿病患者不宜超过 1 两。另外，增加维生素、蛋白质、纤维素的摄入，适当吃一些粗粮，如玉米、燕麦等。

不要用牛奶服药

有些人为了图方便，常在喝牛奶时顺便服药，这是不妥当的。因为牛奶中的钙质能与不少药物（如红霉素、强力素等）发生化学反应，生成难溶性的结合物，不仅影响药物的疗效，还会使胃肠道出现不适之感。据报道，牛奶中的钙与药物发生反应会使药物的疗效减少75%以上。

同样的道理，最好也不要用果汁服药，尤其是孩子。

平躺有利健康

如果在一天之中，能每隔 2 ~ 3 小时平躺 10 分钟左右，就可大大减轻全身各个部位尤其是内脏器官及腰膝等关节的负荷。对患有痔疮、高血压、下肢静脉曲张、腰椎间盘突出、腰及踝关节伤痛和身体过度肥胖的人，每天平躺几次，尤为有益。

主动咳嗽可防心肌梗死

如果冠心病患者感觉心前区疼痛，或出现早搏，并感到胸闷等症状，应及时躺下休息，减少心肌耗氧量。然后采取主动用力咳嗽的方法，这样可以增加冠状动脉的血流量，改善心肌缺血症状，争取更多的抢救时间。此外，用右手握拳轻叩左心前区几下，也可预防心肌梗塞的发作。

止牙痛方法多

引起牙痛的最常见病就是龋齿病，俗称蛀牙。当病变严重时，就会感到牙痛，尤其在吃较硬食物或遇甜酸冷热的剧烈变化时，疼痛加剧。中老年人若因牙龈萎缩和牙根暴露，也会有酸痛感。可用新鲜大蒜头去皮、捣烂成泥，填塞于龋齿洞内；也可取云南白药适量，用温开水调成糊状，填于龋齿洞内，或涂于牙周及齿龈部位；或连续用防酸性牙膏刷牙，均会使疼痛缓解，继而消失。

双手并用可防脑溢血

有60%的脑溢血发生在大脑右半球，因而医学界提出，应鼓励人们多使用左手和左半身，让左右手并用，有利于健康长寿。大脑的左右半球是交叉支配对侧肢体和躯干的，长期使用右手和活动右半身的人会导致左侧大脑半球负担过重，以致神经疲劳，记忆力减退，对外来刺激反应迟钝。而长期不用或少用左手和左半身，右侧大脑半球就得不到锻炼。提倡左右手并用，既可减轻大脑左半球的负担，又能锻炼大脑右半球，从而加强大脑右半球的协调机能，防止或延迟脑溢血的发生。

喝冷饮的最佳温度

喝冷饮的最佳温度是10℃左右，口感好，解渴作用显著。如温度过低，造成胃肠黏膜血管收缩，胃液分泌减少，影响营养物质的吸收，容易引起消化不良、腹痛腹泻等症状。咽喉黏膜遇冷收缩，抵抗力降低，易患感冒、咽喉炎等病。喝冷饮应适量，空腹或饮餐半小时内不应喝冷饮，以免损体伤胃。

倒行百步胜过向前走万步

因为总是向前走，无意中产生了弊病，使身体的肌肉分为经常活动的部分和不常活动的部分。倒行可给不常活动的部分以刺激，促进血液循环，进而能够促使机体平衡。腰背痛的人，不妨试一试。另外，倒行，在某种意义上是不自然的，因此，一步一步地不得不让意识集中，用这样的训练能够安定自律神经，高血压病、胃病等患者也不妨试用倒行的方法。

高抬脚利健康

每天至少把脚抬高一次，每次十几分钟，因为当一个人跷起脚之后，脚部的血液就可流回肺部，使心脏得到充分的氧化，让静脉循环活跃起来，大大有利于心脏的保健。双脚翘起高于心脏，腿和脚部的血液产生回流，长时间绷紧的大小腿得到了松弛，双脚就得到了充分的休息。

伸懒腰有益健康

当身体长时间处于某种姿势时，如打字、绘图、操作电脑等工作时，肌肉组织内的静脉血管就会松弛、扩张，并淤积很多血液，使循环血量减少，胸腹部的心、肺、胃、肠、肝、脾也因此受到挤压而使血液流动不畅，使大脑及内脏器官的功能受到限制，新鲜血液供不应求，产生的废物不能及时排掉，便产生了疲劳现象。

但当你伸一个懒腰，使全身大部分肌肉产生强烈收缩，让淤积的血液回到心脏，各组织的血液流动加快，便可增加循环血容量，改善血液循环。由于肌肉的收缩和舒张作用，亦可增进肌肉本身的血液流动，把肌肉里的一些废物带走，从而消除了疲劳。

打哈欠好处多

一个姿势坐久了，不妨起身伸伸懒腰，将头后仰，深深地打一个哈欠，对于工作疲劳的人来说它可以促进血液的回流，帮助新陈代谢，使细胞获得更多的氧气。同时打哈欠时会张口大大地吸一口气然后再快而短地呼气，在短时间内将胸中的废气吐出，增加血中的氧气浓度，对于大脑中枢神经有去除困倦感的作用。

打哈欠最好的方式是起身站立，将双臂张开尽量向外扩，向后伸展，将头后仰，身体挺直，让上半身的肌肉绷紧，然后张嘴深深地打一个哈欠，再吸一口气，闭气一会儿再慢慢地吐气。这样可以增加呼吸的深度，使更多的氧气进入身体各部位，大脑也同时吸收了大量的氧气，能提神醒脑，对于用脑过度或是工作疲劳的人来说也是一种很好的抗疲劳运动。

朝暮叩齿三百六

叩齿，就是指用上下牙有节奏地反复相互叩击的一种自我保健法，民间俗称"叩天钟"。事实证明，经常叩齿，不仅能强肾固精，平衡阴阳、疏通局部气血运动和局部经络畅通，从而增强整个机体健康，还可促进口腔、整个牙体及周围组织的健康，增强牙齿的全面抗病能力，使牙齿变得更加坚硬稳固、整齐洁白、润丰光泽，充满精健之象。其具体做法可概括为：精神放松，口唇微闭；心神合一，默念叩击；先叩臼牙，再叩门牙；轻重交替，节奏有致。终结时，再辅以"赤龙（舌头）搅海，漱津匀吞"，效果更佳。

日梳五百保平安

勤梳头是一项积极的最简单、最经济的保健方法。为此，有人主张"日梳五百不嫌多"，要求最好"晨梳2~5回，下午再梳一回"。

因为梳子齿与头发频繁接触产生的电感应会疏通经脉，促进血液循环，使气血流畅，调节大脑多路神经功能，增强脑细胞的新陈代谢，延缓脑细胞的衰老，增益脑力，聪耳明目，以及消除劳累。

日咽唾液三百口

中医理论认为，唾液在体内化生为精气，为生命须臾不可缺少的物质，具有强肾益脑等作用。现代医学证实，唾液除具有灭杀微生物、健齿助消化等功能外，还含有能促进神经细胞生长和皮肤表皮细胞生长的神经生长因子和表皮生长因子，唾液能消除从氧气和食物中产生的对人体十分有害的自由基；唾液还有很强的防癌作用。因此，如果每口饭咀嚼30次，就可以清除大部分有害物，有益健康。正因为如此，古今中外的养生学者才把它誉为"金浆、金津、玉液、天然抗癌剂"等，听从"日咽唾液三百口"的忠告是很明智的。

蚊虫叮咬，花露水没用

夏天一到，人们在室外乘凉时常被蚊虫叮咬，胳膊上、腿上起了红肿的大包，甚至一片水泡。为了止痒，不少人会在患处涂抹一些花露水，然而这样不但不能减轻炎症，有时反而会加重皮肤损伤。

蚊虫叮咬可产生虫咬皮炎或丘疹性荨麻疹。前者表现为局部出现明显红肿；后者多数与被臭虫、跳蚤、螨虫等叮咬有关，会产生水泡状的皮疹，皮疹多见于四肢、躯干，通常让人感到异常瘙痒。

花露水虽然有清凉止痒的作用，但不具有治疗功效。尤其对于一些皮肤敏感的人，花露水中的薄荷、樟脑等成分非但不能改善其局部的炎症，反而会产生过敏反应，导致接触性皮炎。

不慎被毒蚊虫叮咬后，千万不要用手搔抓患处，以免导致即发感染。如果是单纯的虫咬皮炎，涂抹虫咬药水即可；如果是丘疹性荨麻疹，可涂抹炉甘石洗剂或含皮质类固醇激素霜；如果起了水泡，要及时到医院把泡液放出。此外，如果发生继发感染，尽量避免使用外用药，而应口服抗生素治疗。

早晨赖床九分钟

手指梳头一分钟

用双手手指由前额至后脑勺依次梳理，增强头部的血液循环，增加脑部血流量，可预防脑部血管疾病，且使发黑有光泽。

轻揉耳轮一分钟

用双手指轻揉左右耳轮至发热舒适，因耳朵布满全身的穴位，这样做可使经络疏通，尤其对耳鸣、目眩、健忘等症，有防治之功效。

转动眼睛一分钟

眼球可顺时针和逆时针运转，能锻炼眼肌，提神醒目。

轻叩牙齿一分钟

轻叩牙齿和卷舌，可使牙根和牙龈活血并健齿。卷舌可使舌活动自如且增加其灵敏度。

伸屈四肢一分钟

通过伸屈运动，使血液迅速回流到全身，供给心脑系统足够的氧和血，可防急慢性心、脑血管疾病，增强四肢关节的灵活性。

轻摩肚脐一分钟

用双手掌心交替轻摩肚脐，因肚脐上下是神厥、关元、气海、丹田、中脘等穴位所在位置，尤其是神厥穴，能预防和治疗中风。轻摩也有提神补气之功效。

收腹提肛一分钟

反复收缩，使肛门上提，可增强肛门括约肌的收缩力，促使血液循环，预防痔疮的发生。

蹬摩脚心一分钟

仰卧，以双足跟交替蹬摩脚心，使脚心感到温热。蹬摩脚心后可促使全身血液循环，有活经络、健脾胃、安心神等功效。

左右翻身一分钟

在床上轻轻翻身，活动脊柱大关节和腰部肌肉。

劳累后喝点醋

不常活动的人，突然劳动或运动过度，会出现肌肉酸痛的现象。原因是劳动、运动使新陈代谢加快，肌肉里的乳酸增多。如果喝点醋，或在烹调食物时多加些醋，则能使体内积蓄的乳酸完全氧化，加快疲劳的消失。吃些含有机酸类较多的水果也有效。

葱白治鸡眼

取靠近根部比较好的新鲜葱白一小段，剥下最外层的薄皮，将双脚用水洗干净后，把葱白皮贴在脚鸡眼上，并用干净白布包好。经过一昼夜，患处压痛会明显减轻，连贴数日，脚鸡眼便变软，最后痊愈。

巧排耳道进水

游泳时耳朵很容易进水，若不及时排出，既影响听力，也容易患外耳道炎或中耳炎。下面介绍三种能排出耳朵内进水的办法。

重力法：如果左耳进水，就把头歪向左边，用力拉住耳朵，把外耳道拎直，然后右腿提起，左脚在地上跳，水会因重力关系流出来。

负压法：如果左耳进水，可用左手心用力压在耳朵上，然后猛力抬起，使耳道外暂时形成负压，耳道里的水就会流出来。

吸引法：用脱脂棉或吸水性强的纸做成棉棍或纸捻，轻轻地伸入耳道把水吸出来。

巧治烫伤

取鸡蛋1个，放入锅内煮熟。将蛋黄取出，入锅翻炒，待有油溢出时，取蛋油涂于患处，可治各种烫伤、皮破焦烂。

巧治小腿肚抽筋

脚肚子抽筋了，可掐按压痛穴。此穴位在大拇趾外侧第二道横纹下缘，脚掌与脚侧结合部，哪侧腿抽筋就按掐哪侧。还可用圆珠笔尖扎按一下，如感到刺痛，就是此穴位。对着穴位用力掐按两三分钟，抽筋即可缓解。常按此穴还可预防腿肚抽筋。

巧治肩周炎疼痛

肩周疼痛，用按摩法仅5分钟即可止痛，方法是：先用食指在患处寻找痛点，找到后即可用拇指、食指、无名指并拢在痛点上用力旋转揉拧（以能承受为限），同时再将患肢作摇绳子状大幅度摇动（如病人自动困难，别人可帮助摇动），5分钟即止疼。

牙膏治皮肤损伤

小面积皮肤损伤（渗血或出血），抹上一些牙膏，既能止血止痛，也可防止感染。

食养食疗

正确的进餐习惯：少吃零食；少荤多素；少肉多鱼；少细多粗；少油多淡；少盐多醋；少烟多茶；少量多餐；少吃多动；少稀多干。

冬季适当食"冷"有益健康

寒冬季节，对于肠胃健康的人来说，适当地吃些性冷食物和凉菜，喝些凉开水，不但对身体无害，反而会有益。

冬天"上火"的现象很多，故民间有"冬吃萝卜夏吃姜"的说法。冬天外界气候虽冷，但人们穿得厚，住得暖，活动减少，可造成体内积热不能适当散发，加上很多人的冬令饮食所含热量较高，很容易产生胃肺火盛，甚至由此导致上呼吸道或胃肠疾患。因此，冬天不妨吃些性冷的食物，如萝卜、莲子等。

冬天适当吃点凉菜还有利于减肥。由于天冷人们喜欢吃油脂多、高热量的食品，加之户外活动减少，因此易发胖，除了注意体育锻炼外，适当吃些凉菜，能"迫使"身体自我取暖，多消耗一些脂肪。

冬天如能经常饮用凉开水，有预防感冒、咽喉炎之功效。尤其是早晨起床喝杯凉开水，能使肝脏解毒能力和肾脏排洗能力增强，促进新陈代谢，加强免疫功能，有助于降低血压、预防心肌梗塞。

想排毒吃什么

喝动物血汤。动物血有鸡、鸭、鹅、猪血等，以猪血为佳。由于血中的血浆蛋白经过人体胃酸和消化液中的酶分解后，能产生一种解毒和滑肠的物质，可与入侵肠道的粉尘、有害金属发生化学反应，使其成为不易被人体吸收的废物而排泄掉。做成汤喝能清除体内污染。

饮鲜果汁和鲜菜汁。鲜果汁和不经煮炒的鲜菜汁是人体内的"清洁剂"，能解除体内堆积的毒素和废物。因为当一定量的鲜果汁或鲜菜汁进入人体消化系统后，便会使血液呈碱性，将积聚在细胞中的毒素溶解，再经过排泄系统排出体外。

吃菌类植物。菌类植物，特别是黑木耳，有清洁血液和解毒的功能。

吃海藻类食物。海藻类食品有海带、紫菜等，由于其成分中的胶质能促使体内放射物质随同大便排出体外，故可减少放射性疾病的发生。

葱的妙用

冻伤：葱根、茄根各 120 克，煎水洗泡患处。

衄血不止：以葱榨汁，加酒少许，滴入鼻中。

胃痛、胃酸过多、消化不良：葱白 4 个，红糖 120 克。捣烂葱头，混入红糖，放在钵内用锅蒸后食用。每日 3 次，每次 9 克。

蛔虫：将锅置于旺火上，加菜油 15 克，加热，再放入葱（切成段），爆炒后食用。

痢疾：葱白榨汁，加同量醋混合，煮开服用。

巧用调料来治病

茴香：可以消除痉挛的炎症。用茴香籽泡茶喝，或在牛奶和蜂蜜中放入茴香粉，有助于防治肠胃传染病、缓解饱胀和腹部痉挛。

丁香花：牙痛和口腔、咽喉感染时，把一至两根丁香花干放到嘴里咀嚼，几分钟就能起到止痛和杀菌的作用。

姜：用姜泡茶喝对消除神经性胃痛有疗效。出门旅行时备一块蜜饯甜姜，可防止晕车、晕船和晕机。

月桂叶：月桂叶可增强人的抵抗力。在传染病多发季节，每天早晨和晚上喝月桂叶牛奶，能有效抵抗流行病传染。制作方法是，将半升牛奶和一片月桂叶放入锅内慢慢煮，煮开后关火，盖上锅盖泡20分钟即可。

胡椒：胡椒是最有疗效的调料之一。有感冒症状时，只需每隔4个小时嚼烂一些胡椒，就能抑制感冒。

藏红花：最昂贵的调料之一，但它特别有利于健康。煮一杯牛奶并加入少量藏红花，可以缓解痛经、下腹疼痛和恶心。

吃碱性食物可缓解旅游疲劳

人在旅途疲劳时，应适当多吃一些碱性的食物，如海带、紫菜、豆制品、乳类以及各种新鲜蔬菜、水果等。这些食物经过人体消化吸收后，可以迅速地使血液酸度降低，使其保持在正常的弱碱性状态，以利疲劳消除。另外，也可喝些热茶来帮助缓解机体的疲劳感。茶中含有咖啡碱、茶碱、可可碱、黄嘌呤等生物碱物质，是一种优良的碱性饮料。

失眠食疗方十则

灵芝15克，西洋参3克，水煎代茶饮。

龙眼肉10克，莲子50克，大枣20枚，水煎后加糖少许食用。

龙眼肉10克，酸枣仁10克，五味子5克，大枣10枚，水煎代茶饮。

鹿茸片1克，生晒参或西洋参3克，五味子5克，水煎代茶饮。

五味子10克，灵芝10克，西洋参5克，大枣5枚，水煎代茶饮。

五味子10克，龙眼肉10克，酸枣仁5克，合欢皮5克，水煎代茶饮。

龙眼肉200克，核桃仁100克，西洋参薄片10克，大枣肉200克，蜂蜜50克，熬煮至烂熟后制膏，每日早中晚各服1~2汤匙。

百合30克，龙眼肉15克，生晒参5克，大枣10枚，水煎早晚服用。

莲子50克，百合10克，酸枣仁5克（打碎），水煎1小时，吃莲子喝汤。

莲子50克，龙眼肉30克，瘦肉200克，调料少许，炖煮1小时，吃肉喝汤。

越喝粥越漂亮

萝卜粥：大白萝卜一个，粳米50克。先将萝卜丁和粳米一起煮成粥，随意食之，可令人面净肌细。

芝麻粥：芝麻炒熟，加上少量细盐，撒在粥里拌匀，每碗粥放半两芝麻，每天喝两碗，可使肌肤红润。

红枣粥：取红枣 10 枚，与 50 克粳米同煮成粥，可健脾益气，养血润肤。

百合粥：取鲜百合 30 克（干者 15 克），粳米 50 克，冰糖适量。先将粳米煮粥，在粥八成熟时加入百合，再煮至熟，食时加冰糖少许即可。可补肺养阴，润肤美颜。

猪肉粥：取瘦猪肉 60 克，切成碎块，以麻油稍炒一下，与粳米 90 克同煮，粥将熟时加入食盐、生姜、香油少许，复煮片刻即可。有补中益气、滋养肌肤的作用。

吃野菜时尚又抗癌

随着人们生活水平的提高，吃野菜也成为时尚之举。野菜的吃法很多，可清炒，可煮汤，可做馅，营养丰富，物美价廉，殊不知野菜在抗癌方面也有一手。

蒲公英：其主要成分为蒲公英素、蒲公英甾醇、蒲公英苦素、果胶、菊糖、胆碱等。可防治肺癌、胃癌、食管癌及多种肿瘤。

莼菜：其主要成分为氨基酸、天门冬素、岩藻糖、阿拉伯糖、果糖等，对某些转移性肿瘤有抑制作用，可防治胃癌、前列腺癌等多种疾病。

鱼腥草：亦称折耳根，其主要成分为鱼腥草素。通过实验将鱼腥草用于小鼠艾氏腹水癌，有明显抑制作用，对癌细胞有丝分裂最高抑制率为 45.7%，可防治胃癌、贲门癌、肺癌等。

魔芋：其主要成分为甘聚糖、蛋白质、果糖、果胶、魔芋淀粉等。如甘聚糖能有效地干扰癌细胞的代谢功能，魔芋凝胶进入人体肠道后就形成孔径大小不等的半透明膜附着于肠壁，能阻碍包括致癌物质在内的有害物质的侵袭，从而起到解毒、防治癌肿的作用。可防治甲状腺癌、胃贲门癌、结肠癌、淋巴瘤、腮腺癌、鼻咽癌等。

西红柿汁防雀斑

每日喝 1 杯西红柿汁或经常吃西红柿，对防治雀斑有较好的作用。因为西红柿中含有丰富的维生素 C，被誉为"维生素 C 的仓库"。维生素 C可抑制皮肤内酪氨酸酶的活性，有效减少黑色素的形成，从而使皮肤白嫩，黑斑消退。

菠菜猪肝汤改善面色

新鲜连根菠菜 200～300 克，猪肝 150 克。将菠菜洗净，切段，猪肝切片。锅内水烧开后，加入生姜丝和少量盐，再放入猪肝和菠菜，水沸后肝熟，饮汤食肝及菜，可佐餐食用。猪肝、菠菜两味同能补血，用于缺铁性贫血、面色苍白者的补养和治疗。

鱼和豆腐一起吃最补钙

为什么要把两者搭配在一起吃呢？首先，鱼和豆腐中的蛋白质都是不完全的。豆腐的蛋白质缺乏蛋氨酸和赖氨酸，这两种成分在鱼肉中却较为丰富，鱼肉的蛋白质苯丙氨酸含量较少，但豆腐中含量较多。两者搭配可取长补短。

其次，鱼和豆腐一起吃，对于人体吸收豆腐中的钙能起到更大的促进作用。豆腐中虽然含钙多，但单独吃并不利于人体吸收，鱼中丰富的维生素 D 具有一定的生物活性，可将人体对钙的吸收率提高 20 多倍。易患佝偻病的儿童及易患骨质疏松症的女性和老年人多吃鱼和豆腐有好处。

另外，鱼肉内含有较多的不饱和脂肪酸，豆腐蛋白中含有大量大豆异黄酮，两者都具有降低胆固醇的作用，一起吃对于冠心病和脑梗塞的防治很有帮助。

豆腐和鱼的搭配吃法很多，其中鱼头豆腐汤比较常见，做起来也方便。下锅时先把鱼头煎好，再加水放入豆腐一起炖。熟时汤汁为乳白色，浓似鲜奶，豆腐滑嫩，吃起来不油腻。如果是女性，可以选择鲫鱼和豆腐搭配，还能起到养颜作用，红烧则可选鲤鱼。

在外就餐吃什么

餐厅的食物虽然美味可口，但往往脂肪和糖的含量过高，而维生素和矿物质不足。因此，经常在外就餐的人，平常应摄取蔬菜、水果、乳制品、豆腐、海带、紫菜类的食物。例如，在外吃早餐时，应加一杯蕃茄汁，餐后再喝一杯牛奶；喝酒时，多吃些豆类食品或是鱼类等蛋白质高的食物，并养成吃完饭菜再吃水果的习惯。

经常呆在办公室的人吃什么

对预防视力减弱，维生素 A 极具功效。眼睛使用过度时，可食鳗鱼，鳗鱼肝的维生素 A 含量丰富，约为鱼肉的 3 倍。韭菜炒猪肝也有此功效。此外，整天在办公室里的人容易缺乏维生素 D。虽然食用香菇等菌类食品后再晒太阳，体内会产生维生素 D，但是日晒机会少时，就需要多吃富含维生素 D 的食物，如海鱼类、鸡肝等。

丝瓜能调理月经

盛夏时节，很容易上火，丝瓜是一道具有清热泻火、凉血解毒作用的好菜。此外，它还可使气血畅通，对女性月经不调能起到治疗作用。

丝瓜在烹制时应注意尽量清淡、少油，可勾稀芡，用味精或胡椒粉提味，以保持其香嫩爽口的特点。另外，吃时最好去皮。

下面，推荐几种比较好的丝瓜吃法：

把丝瓜洗净、切片，经开水焯后，拌上香油、酱油、醋等，可做成爽口的凉拌丝瓜。

清炒丝瓜，能起到清热利湿的作用。

香菇烧丝瓜，可益气血、通经络。

西红柿丝瓜汤，能清热解毒、消除烦热，尤其适合暑热烦闷时食用。

取生丝瓜适量，洗净榨汁，按10∶1的比例调入蜂蜜搅匀而成的生丝瓜汁，具有清热、止咳、化痰的功效。

连夜加班吃什么

理想的夜宵应易消化，不含过多热量，具有丰富的维生素和蛋白质。不过也应视情况而定。若工作结束吃夜宵，则选择易消化而不会加重胃负担的食物，如蔬菜、蛋花汤、馄饨等。若吃过夜宵尚需工作，则可随意选择，但吃得太饱容易打瞌睡。

精疲力竭吃什么

可在口中嚼上一些花生、杏仁、腰果、胡桃等干果，这类小食品对恢复体力有神奇的功效。因为它们含有丰富的蛋白质、维生素 B 和维生素 E、钙、铁以及植物性脂肪，却不含胆固醇。

电脑族每天必喝的四杯茶

面对电脑时间长了不好，那该怎么办？每天四杯茶，不但可以对抗辐射的侵害，还可保护眼睛。

上午一杯绿茶：绿茶中含强效的抗氧化剂以及维生素 C，不但可以清除体内的自由基，还能分泌出对抗紧张压力的荷尔蒙。绿茶中所含的少量咖啡因可以刺激中枢神经，振奋精神。

下午一杯菊花茶：菊花有明目清肝的作用，有些人就干脆用菊花加上枸杞一起泡来喝，或是在菊花茶中加入蜂蜜，都对解郁有帮助。

疲劳时来一杯枸杞茶：枸杞含有丰富的 β 胡萝卜素、维生素 B_1、维生素 C、钙、铁，具有补肝、益肾、明目的作用。其本身具有甜味，可以泡茶，也可以像葡萄干一样作零食，对解决"电脑族"眼睛干涩、疲劳等都有功效。

晚间一杯决明茶：决明子有清热、明目、补脑髓、镇肝气、益筋骨的作用，若有便秘的人还可以在晚餐后饮用，对于治疗便秘很有效果。

蜂王浆留住"女人味"

进入更年前期的妇女应该每天服用10克左右的蜂王浆，来补充雌激素。在国外治疗更年期综合征时，用蜂王浆涂抹于大腿内侧，一个疗程后潮红燥热的症状渐渐消失。因为蜂王浆有保水的作用，所以不妨在成分简单的护肤品中加入黄豆大小的蜂王浆，拍打涂抹在脸上，不仅补充了雌激素，还起到了驻颜的作用。

多吃海鱼补头脑

保护大脑应多吃鱼，尤其是海鱼，对脑最有补益。鱼类含有丰富的不饱和脂肪酸（比肉类高约10倍），是健脑的重要物质。海鱼中含二十二碳六烯酸和二十碳五烯酸，是促进神经细胞发育最重要的物质，具有健脑的作用。此外，专家还向用脑过度者推荐两种极不起眼的食物，即蒜和葱。蒜和葱中都含有一种叫"前列腺素A"的物质，能舒展小血管，促进血液循环，降低血压，具有较好的健脑功能。

餐前喝水六大好处

英国伦敦大学圣玛丽医学院专家宣布，餐前喝水有提高人的注意力等六大好处。

1. 提高注意力：能帮助大脑保持活力，把新信息牢牢存到记忆中去。
2. 提高免疫力：可以提高免疫系统的活力，对抗细菌侵犯。
3. 抗抑郁：能刺激神经生成抗击抑郁的物质。
4. 抗失眠：水是制造天然睡眠调节剂的必需品。
5. 抗癌：使造血系统运转正常，有助于预防多种癌症。
6. 预防疾病：能预防心脏和脑部血管堵塞。

餐桌上的心理卫生

在进餐前要尽力排除头脑中的不快，不去想一时难以解决的矛盾，餐桌上更不要谈论不愉快的事；在情绪不佳时，可稍候一会儿，待情绪好转时再进餐；进餐环境应尽量布置得洁净、安静，杂乱、肮脏及噪音会引起心绪烦躁，有碍消化；有条件者可放一些悦耳柔和的轻音乐，但音量不宜过大；不要看书、看电视；当你在进餐时，不宜辩论问题，甚至为此争得面红耳赤，当家长的更切忌在餐桌上训斥孩子。

吃鱼可以赶走抑郁

吃鱼可改善精神障碍，这是因为鱼肉中所含的Ω-3脂肪酸能产生相当于抗抑郁药的作用，使人的心理焦虑减轻。美国学者曾经对精神障碍患者进行研究，结果发现患者在加服鱼油胶囊后发生抑郁症的间隔时间比只服常规药物的患者明显延长。另外，吃鱼对妇女乳汁中的$\Omega-3$脂肪酸的浓度也能产生影响，进而降低抑郁症的发生率。

摇篮曲胜过安眠药

国外专家对一批志愿者进行了各种催眠法效果的试验。在用安眠药与听古老摇篮曲的对比试验中，专家们惊奇地发现，通俗的摇篮曲竟然使各种安眠药物甘拜下风。人们在摇篮曲的陪伴下睡得特别香甜。

常在花间走，能活九十九

花朵中有许多制造香气的小工厂——油细胞。当骄阳当空，气温不断上升时，油细胞开始不断释放芳香油，许许多多芳香分子便扑鼻而来。不同种类花朵的油细胞蕴藏着不同的芳香族化合物，与人的嗅觉细胞接触后，会产生不同的化学反应，通过嗅觉神经传到大脑皮质，对人的神经有兴奋作用，使人消除疲劳、增进身心健康。

香水可调节精神

香水如果使用得当，其幽雅持久的馨香，会令人心旷神怡，产生愉快和舒畅之感，起到调节心情的作用。美国科学家对香水进行研究和分析后发现，香水有缓和神经紧张的作用，它可使血压下降，注意力提高，并能辅助治疗忧郁症。日本心理学家提出一项新的措施，即让适宜的香气充满工作环境。试验表明，利用通风系统散发一种花香型的香水味，可提高工作效率，降低由于过度紧张而带来的精神萎靡。

自言自语也是一种放松

由于自言自语多表现在精神病人身上，故长期以来，人们总觉得那些自言自语的人都是不正常的。现代心理学家则认为自言自语是一种最健康的解决精神压力的方法，是一种行之有效的精神放松术。

第一，大声讲话可以调整头脑中紊乱的思绪，尤其是在紧张劳累之时。另外，在大声讲话的同时，身体也投入劳动，一方面起到"一吐为快"的效果，另一方面造成体力消耗而无力顾及精神刺激，以减少对别人的侵犯行为。

第二，自己声音的声调有一种使自己镇静的作用，使自己保持安全地与人接触交际的感受，从而能很快走出阴影，积极投入于社会交往。

良性暗示助健康

一位退休职工患了癌症，也曾复发，但他却仍然愉快地活着，他说战胜病魔的法宝之一就是"良性暗示"。具体做法包括三个方面：首先要多回忆过去美好愉快的事，使自己保持平静愉悦的心情；其次是排除杂念，默念良性用语，例如早晨起床时默念"今天感觉特别好"，吃饭前默念"这饭菜又香又好吃"，睡觉前默念"今晚一定睡得香"，吃药时默念"这药对治病特别有效"等等。

良性暗示也叫积极暗示，是心理暗示的一种，能够对人的心理、行为、情绪产生一定的积极影响和作用。从心理学角度来分析，言语中的每一个词、每一句话都是外界事物和生活现象的代表，在人的大脑中都有反映，对人体起着重要的启示作用。

玫瑰花茶可解抑郁

中医认为，玫瑰花味甘微苦、性温，最明显的功效就是理气解郁、活血散淤和调经止痛。此外，玫瑰花的药性非常温和，能够温养人的心肝血脉，舒发体内郁气，起到镇静、安抚、抗抑郁的功效。女性在月经前或月经期间常会有些情绪上的烦躁，喝点玫瑰花水可以起到调节的作用。

克服怯懦的五个诀窍

盯住对方的鼻梁，让人感到你在正视他的眼睛。

开口时声音洪亮，结束时也会强有力。

学会适时地保持沉默，以迫使对方开口。

会见一位陌生人之前先列一个话题单子。

想方设法接触能力强的人，这样既可以增长知识，更可观察强者的弱点和缺点，增强自信心。

受突然打击时的应变四法

自我鼓励。面对突如其来的打击，要学会用生活的哲理和理智的思想进行自我鼓励，一个人在痛苦和逆境中善于有效地进行自我鼓励，就能坚强地挺起身，迅速振作起来，摆脱打击的困扰。

改善环境。环境能有效地调节人的感情。当你突然遭受打击时，不要沉溺于其中，一蹶不振，不妨到湖岸、山野等风景秀美处去走一走，美丽的湖光山色一定会帮助你消忧解愁，茅塞顿开。

转移目标。寻求新的奋斗目标来摆脱情感的打击。找到了新的人生目标，打击带来的痛苦也就自然被冲淡了。

学会调节和控制自己的情绪，保持良好的情绪状态，让自己的理智和意志有效地抵御来自精神打击的冲击力。

生活每天都是新的

室内家具摆设不时地改变移动，不但可以增加生活情趣，还会使人的精神获得新的刺激，产生积极的效果。从心理学观点来说，改动家具布置是一种求新求变的潜在意识的外射，对无法负担购置新家具的人，会使生活变得更有生气、更有活力。

经常更换一日三餐的饮食种类和花样，既有助于激发食欲，又可避免因偏食造成机体缺乏某些营养成分而引起疾病。

因为动物性脂肪易造成血脂、胆固醇增高，所以很多人偏食植物油。其实，偏食植物油会造成血管脆弱，容易发生出血。因此，要偶尔更换食用油，吃些动物油，做到素荤搭配。

长期使用某一种牙膏，特别是药物牙膏，就可能使口腔中某些对此敏感的细菌被抑制，其他一些细菌大量繁殖，从而引起"菌群失调"，发生口腔疾病。所以，在选用牙膏时也要经常换换牌子。

感冒时适时地更换药品，可以避免多次重复用药而产生抗药和耐药性，从而增强药物疗效。

寻找轻松心态的秘笈

散步：美国心理学家研究证明，短短几分钟的散步就有明显的消除紧张的效果。

冥想：是印度瑜珈功经常运用的一种很好的休闲方法，它可以使人达到一种超越自我的精神境界，只需5分钟的时间。

听音乐：音乐不仅是人类通用的语言，也是很好的心理医生。

吸氧：到大自然中呼吸新鲜的氧气效果比城里的氧吧更好。

浸浴：许多人都喜欢在临睡之前泡个热水澡，这确实是个好办法。此外还可以尝试一下中草药浴等洗浴手段。

放慢速度：把生活的速度放慢，吃饭的时候细细品味，开车的时候不要为堵车烦心。整个节奏慢下来，心情也就会舒缓一些，做事情也会有条理。

写日记：写日记是一个很好的发泄渠道。当你有了什么心事，又不便对他人提起，或者有什么委屈和愤恨，都可以用笔记下来。在写的过程中，你会感到情绪渐渐稳定下来，当初的激动不见了。

笑出来的健康

经科学研究发现，笑对调节情绪、养生等大有裨益，因此，每天笑一笑，对你的身心有很多好处。

笑一笑，病痛消。笑有助于治愈哮喘病、肺气肿、偏头痛、关节痛、胃肠功能紊乱、更年期综合征等疾病，笑还增强心肺功能、降低血压、刺激消化、促进睡眠。

笑一笑，除烦恼。笑在调整心理活动方面具有重要作用。笑能帮助人们驱散忧愁、解除烦恼、散发积郁、克服孤寂、振奋精神，并能活跃生活、调节气氛。

笑一笑，似做操。笑是一种连续性的张口呼吸动作，它可形成过渡通气。大笑时，将大量二氧化碳排出体外，同时反射性地摄入更多的氧气。笑使交感神经兴奋性增高，心跳节律加快，心肌收缩增强，血液循环加速，并使胸腹肌肉和脏腑活动加大。1分钟的笑抵得上45分钟的松弛活动。

笑一笑，容颜俏。笑能加速呼吸和循环，使全身血流加快，面部和眼球供血格外充分。因此，在欢笑的时候，面颊红润、容光焕发、眼睛明亮、神采奕奕。笑使人感到愉快，提上唇肌等80多块不同的笑肌协调运动，使面部皮肤保持弹性，平滑细嫩，给人美感。

心情不好时做这25件事

如果您觉得力不从心，那么应坚决地拒绝任何额外的加班加点。

拥有一两个知心朋友。

犯错误后不要过度内疚。

正视现实，因为回避问题只会加重心理负担。

不必事事、时时进行自我责备。

有委屈不妨向知心人诉说一番。

常提醒自己：该放松放松了。

少说"必须"、"一定"等硬性词。

对一些琐细小事不妨任其自然。

不要怠慢至爱亲朋。

学会"理智"地待人接物。

把挫折或失败当作人生经历中不可避免的有机组成部分。

实施某一计划之前，最好事先就预想到可能会出现坏的结果。

在已经十分忙碌的情况下，就不要再为那些份外事操心。

常常看相册，重温温馨时光。

常常欣赏喜剧，更应该学会说笑话。

每晚都应洗个温水澡。

卧室里常常摆放鲜花。

欣赏最爱听的音乐。

去公园或花园走走。

回忆一下一生中最感幸福的经历。

结伴郊游。

力戒烟酒。

邀请性格开朗、幽默的伙伴一聚。

做 5 分钟的遐想。

如何消除双休日综合症

"双休日综合症"不仅属于心理疾病，也是一种社会病。

易受侵袭的人群多为出国人员、身处他乡者、长期两地分居的夫妻、离异独居的女性、性格内向的年轻白领女性。其中，夫妻长期在两地工作和生活，是部分人群产生抑郁心理的重要原因，尤其看到周围家庭团聚，焦躁情绪就会更加突出。

类似现象在一些特殊职业中也时有发生，如海员、警察等，星期天、节假日休息无规律，周围环境不尽如人意，心中如果有不满无处发泄，最后就会形成心理重压。

如何消除双休日综合症？

有关专家建议，要较好地消除"双休日综合症"带来的不适感，单身男女人群可寻找多种方法充实自己的时间，如双休日早起写封信或打个电话给远方的伴侣、亲朋；发展一些有益身心的个人爱好，外出旅游或参加一些社交活动，尽量建立起自己的社交圈，多与朋友、同事沟通；做一些家务劳动，转移注意力使心理平衡。

心理保健歌

心无病，防为早，心理健康身体好。气平衡，要知晓，情绪稳定疾病少。调心理，寻逍遥，适应环境病难找。练身体，动与静，弹性生活健心妙。要食养，八分饱，脏腑轻松自疏导。七情宜，不暴躁，气愤哀怒要去掉。人生气，易衰老，适当宣泄人欢笑。想得多，童颜少，心胸狭窄促人老。事不急，怒不要，心平气和没烦恼。品书画，溪边钓，选择爱好自由挑。与人交，义为高，友好往来要做到。动脑筋，不疲劳，息睡养心少热闹。有规律，健身好，正常生活要协调。生命壮，睡足觉，劳逸结合真需要。性情温，自身药，强心健身为至宝。

妇婴保健

孕妇睡觉的姿势有学问

一般说，孕妇在妊娠中期以后应采取侧卧位，最好是左侧卧位，不要采取仰卧位。这是因为80%的孕妇子宫都向右旋转，向左侧卧位不仅改变了原先子宫压迫下腔静脉、腹主动脉的不利状况，还可以使向右旋转的子宫向左方回移。因此，左侧卧位是孕妇最佳的睡觉姿势。

运动胎教五大妙处

妙处一：防止胎宝宝长成肥胖儿

经常适当运动，可控制孕妇体重增长，减少脂肪细胞，还可起到给胎宝宝"减肥"的作用，即出生少脂肪细胞宝宝的几率大。这样，既可防止生出巨大儿，有利于自然分娩，又为避免肥胖症、高血压及心血管疾病奠定了良好的基础。

妙处二：帮助胎宝宝形成良好个性

孕期不适常会使孕妇情绪波动，胎宝宝的心情也会随之变化。运动有助于改善孕妇身体疲劳和不适感，保持心情舒畅，利于胎宝宝形成良好的性格。

妙处三：可促进胎宝宝的大脑发育

孕妇运动时，可向大脑提供充足的氧气和营养，促使大脑释放脑啡肽等有益的物质，通过胎盘进入胎宝宝体内；孕妇运动会使羊水摇动，摇动的羊水可刺激胎宝宝全身皮肤，就好比给胎宝宝做按摩。这些都十分利于胎宝宝的大脑发育。

妙处四：为顺利分娩创造良好条件

通过运动，可增强孕妇腹肌、腰背肌和盆底肌的力量和弹性，使关节、韧带变得柔软、松弛，有利于分娩时放松肌肉，减少产道阻力，增加胎宝宝娩出的动力，为顺利分娩创造良好的条件。

妙处五：有利于产后体形恢复

运动可使孕妇在分娩时减轻产痛，缩短产程，减少产道裂伤和产后出血。临床研究结果显示，坚持做孕妇体操的孕妇，正常阴道分娩率明显高于未做健身操者，产程也往往较短。

帮助胎儿做操

给胎儿做体操的具体方法如下：孕妇躺在床上，全身尽量放松。在腹部松弛的情况下用双手捧住胎儿，轻轻抚摸，然后用一个手指轻轻一压再放松。这时胎儿便会作出一些反应。胎儿的情况不一样，反应的速度也有快有慢。如果此时胎儿不高兴，就会用力挣脱，或者蹬腿反对，这时应该马上停止。在刚开始的时候，胎儿只作出响应，过几个星期后，胎儿对母亲的手法熟悉了，一接触妈妈的手就会主动要求玩耍。胎儿六七个月时，母亲就能感觉出他的形体，这时就可以轻轻地推着胎儿在腹中"散步"了。

育龄妇女需补铜

美国科学家研究证实，女性体内铜元素不足，会影响卵泡的生长、成熟、抑制输卵管的蠕动，不利于卵子的运行，从而导致不孕。在妊娠期间，如果体内缺铜，其血液就难以"富积"到足够的铜元素，临床观察发现，母体缺铜会使羊膜的韧性和弹性降低，脆性增强，容易造成膜早破而流产或早产。同时，还影响胚胎的正常分化，胎儿的正常发育，有可能造成胎儿畸形或"先天性发育不足"，并导致新生儿体重减轻、智力低下及患缺铜性贫血。

铜在人体内不能贮存，必须每日补充。为了优生优育、育龄妇女特别是孕妇要注意补铜。补铜的途径以食物为主，主要有动物肝脏，肉类（尤其是家禽）、水果、硬壳果、西红柿、豌豆、马铃薯、贝类、紫菜、可可及巧克力等。

几种治痛经的方法

姜红糖治经痛小窍门

方法一：将50克姜洗净切成碎末，与500克红糖拌匀，放蒸锅蒸20分钟。经前3～4天开始服用，每天早晚各服一勺。

方法二：红糖和鲜姜各150克，捣碎，加入适量白面一起揉成丸状，用香油炸熟吃。经前3天服用，每天服3次，服3～5天，轻者1～2个经期，重者3个经期可好。

方法三：红糖100克、生姜15克、红枣100克，用水煎服，当茶饮，能治疗痛经及闭经。

盐醋热敷治痛经

老陈醋90克、香附30克（捣烂）、青盐500克。先将青盐爆炒，再炒香附末，半分钟后，将陈醋均匀地洒入盐锅里，随洒随炒，炒半分钟，装进布袋里，袋口扎紧，放脐下或疼痛处，进行热敷。

熟芝麻粉泡茶可治痛经

在生理期的两三天前，将芝麻炒熟研碎，放入茶中并趁热食用，可有效地防治生理期间的疼痛。

花椒姜枣汤可治疗痛经

将 20 克生姜洗净，切片，与 6 克花椒及 15 枚红枣一起熬成浓汤热服，每日两次。

红葡萄酒纠正月经紊乱

每晚在睡觉之前喝一小杯红葡萄酒，可帮助提前来的月经恢复正常。

黑木耳治月经过多

方法一：取黑木耳焙干碾碎，用红糖水送服，一日两次，每次 3~6 克，即可有效止血。

方法二：黑木耳 30 克、红枣 20 枚，煮汤服用，每日一次，可有效治疗月经过多。

微波炉消毒新买卫生巾

将新买来的卫生巾，用纸包好，放进微波炉微热 2~3 分钟，可以有效地起到杀菌消毒的作用。专家指出，引起大多数无性生活的女性月经后瘙痒的主要因素，是卫生巾的消毒没到位。

孕期适度的性生活有益于健康

妊娠 3 个月以后，胎盘逐渐形成，妊娠进入稳定期，早孕反应过去了，孕妇的心情开始变得舒畅。由于激素的作用，孕妇的性欲有所提高，加上胎盘和羊水的屏障作用，可缓冲外界的刺激，使胎儿得到有效的保护。因此，妊娠中期可适度地进行性生活，这也有益于夫妻恩爱和胎儿的健康发育。国内外的研究表明，夫妻在孕期恩爱与共，生下来的孩子反应敏捷，语言发育早而且身体健康。

妊娠中期的性生活以每周 1~2 次为宜。值得注意的是，妊娠期的性生活应该建立在情绪胎教的基础上。所以，舒心的性生活充分地将爱心和性欲融为一体。白天，丈夫给妻子或者妻子给丈夫亲吻与抚摸，爱的暖流就会传到对方的心田，这样对于夜间的闺房之爱大有益处。反过来，夜间体贴的性生活又促进夫妻白天的恩爱，使孕妇的心情愉快，情绪饱满。

别给新妈妈送鲜花

鲜花对婴儿的眼睛不利：鲜花的颜色鲜艳光彩，会刺激新生儿的眼睛，影响其视力。新生儿应该先接触外界的一些较柔和的光线，接触色彩要渐渐地由弱到强。

鲜花使婴儿过敏：有的新生儿是过敏性体质，抵抗力又很弱，鲜花很容易使过敏性体质的婴儿因花粉过敏而休克，如抢救不及时，还可能引起死亡。

因此，探望产妇和新生儿还是送些水果、营养品之类的礼品比较好，即实惠又安全。

给婴儿吃肉的加工窍门

从为家人准备的肉类中取出一部分，即可供婴儿食用。

肉类纤维较粗，可将其与牛奶或奶油拌匀，放入绞肉机内搅碎；如是鸡肉，可和香蕉、牛奶一块放入果汁机搅拌，会使肉质更细滑可口，易为婴儿吞咽。

用肉末蒸鸡蛋，或放到稀饭、米粉中，再加点青菜等等，做成肉末粥，也是很好的办法。有的父母给婴儿喂肉，自己嚼过后再给宝宝吃，这样很不卫生。

给婴儿喂药有学问

让孩子平躺在床上，围上围嘴，用一个比孩子嘴要小的勺盛上药，慢慢喂进去。

给孩子喂药后，紧接着喂上两勺水，去去药味。再抱起宝宝轻拍后背，让药顺畅地流进胃里。

宝宝睡着后再离开

宝宝躺下后，不要立刻走开，你可以看着他的眼睛，跟他说话，轻轻哼歌或者拍拍他的身体，各种温和的适合你的宝宝的活动都可以，直到他睡着。有些妈妈在宝宝闭上眼睛后就会马上起身去做其他事情，其实，这个时候很有可能宝宝并没有真正睡着，你一走开，他就会醒，这样的过程有过几次后，你就发现宝宝变得好像不容易睡着了。正确的做法是，看见宝宝闭上眼睛，将刚才的活动延续一会儿，然后不妨坐在宝宝身边找本书看，一段时间后再离去，这样做的目的是要和宝宝之间建立起足够的信任感。

添加辅食的最佳时间

世界卫生组织以及大部分营养及儿科专家都认为，在婴儿4个月时，开始为他添加辅食最理想。在4个月前，宝宝应完全由母乳喂养，不必添加任何食物、水及其他饮料。当婴儿满四个月后，不论母乳分泌量多少，都应开始给孩子添加辅助食品。

为什么选择这一时期添加辅食呢？从4个月开始，宝宝进入了学习咀嚼及味觉发育的敏感期。一般情况下，婴儿五六个月开始对食物表现出很大的兴趣，此时添加辅食，宝宝乐意接受，也很容易学会咀嚼吞咽。如果过早（4个月以前）添加辅食，因消化器官未发育成熟，会影响营养的消化和吸收，进而影响宝宝的健康。

宝宝吃奶时间长怎么办

宝宝以吸奶为乐是他不肯松开乳头的一个原因。如果宝宝没有真的在吸奶，妈妈就听不到宝宝吞咽的声音。虽然宝宝真正吸奶的时间只有开始时的三五分钟，但让他多享受一下妈妈的怀抱也并无不可。这时，妈妈最好微笑地注视宝宝，和他说说话、唱唱歌，这可是增近母子感情的最佳时机（享受不可无限制，吃奶时间以 15～20 分钟为佳）。

新生儿应常换睡眠姿势

新生儿初生时保持着胎内姿势，四肢仍然屈曲，为了帮助他们把产道中咽进的一些水和黏液流出，在出生后 24 小时以内，仍要采取低侧卧位。侧卧位睡眠既对重要器官无过分的压迫，又利于肌肉放松，万一婴儿溢乳也不致呛入气管，是一种应该提倡的小儿睡眠姿势。

但是，新生儿的头颅骨缝还未完全闭合，如果始终或经常地向一个方向睡，可能会引起头颅变形。例如长期仰卧会使孩子头型扁平，长期侧卧会使孩子头型歪偏，这都影响外观仪表。

正确的做法是经常为宝宝翻身，变换体位，更换睡眠姿势，吃奶后要侧卧不要仰卧，以免吐奶。左右侧卧时要当心不要把小儿耳轮压向前方，否则耳轮经常受折叠也易变形。

孩子半岁前要多看黑白色

多数家长都有这样的常识，买玩具要挑颜色鲜艳的。然而，孩子并不是从一出生就喜欢鲜艳色彩的。在半岁前，他们对黑白色更感兴趣。这个时期，孩子的视觉皮层神经细胞还没有发育成熟，只能看到光影，所以不论你拿的是什么颜色的东西，在他们的眼里都会变成对比最强烈的黑白色。有研究表明，在这段时期给孩子多看黑白色，引导他们去捕捉黑白相间的图案，能够更好地刺激视觉细胞，为进入色彩期做好准备。

怎样给幼儿刷牙

6 个月到 1.5 岁的幼儿刷牙的方法：母亲坐在沙发或床边，让幼儿躺在母亲怀中。母亲用一只手固定幼儿的头部和嘴唇，另一只手拿清洁的纱布或婴幼儿专用的指套牙刷，蘸温开水为孩子清洁牙齿的外侧面和内侧面。

给 1.5 岁到 3 岁的幼儿刷牙的方法：幼儿可直立或坐在椅凳上，母亲在幼儿的背后或一侧，用一只手固定幼儿头部，另一只手持幼儿牙刷蘸温开水为幼儿刷牙（不用牙膏）。刷牙的顺序是：将牙刷的刷毛放在靠近牙龈部位与牙面呈 45 度角倾斜，上牙从上向下刷，下牙从下往上刷，刷完外侧面还应刷内侧面和后牙的咬面，每个面要刷 15～20 次，才能达到清洁牙齿的目的。

让宝宝的五官更和谐

人的五官长相虽然是天生的，但幼时的悉心照料可以避免产生一些不必要的麻烦，甚至可让孩子少受些折磨。有些孩子对眼和不正常的流口水就和幼时不恰当的照料方式有关。

1. 避免变成对眼

刚出生的婴儿，多数时间是躺着度过的，只能看到上方有限的空间，因此他很喜欢盯视眼睛上方的饰品和玩具，时间一长就容易变成对眼了。

不要在婴儿床或童车的上方固定悬挂任何物品。可以手拿玩具，来回晃动着逗宝宝，玩的同时还锻炼了宝宝眼睛的灵活性。

2. 避免碰触脸颊

看到婴儿粉嫩光滑的脸蛋，谁都忍不住想亲一亲、摸一摸，殊不知这样会刺激孩子尚未发育成熟的腮腺神经，导致口水流不停（不同于长牙时的流口水）。如果擦洗、清洁不及时，口水流过的地方还会起湿疹，这会令宝宝很难受。

宝宝牙齿养护技巧

经常发现有些人的上颌或下颌比较突出，这种现象被称为齿列错合，也就是所谓的暴牙或地包天。除了遗传因素外，这种情况一般是由于不恰当的喂养方式造成的。用奶瓶给婴儿喂奶时，应尽量用奶嘴去就新生儿的嘴巴，而不是让嘴巴去迁就奶瓶，否则时间一长，下颌会习惯性前伸，造成上下腭齿列（颌骨）处产生移位。

当宝宝学着自己用奶瓶喝奶时，可试着让宝宝用吸吸管的方式来吮奶嘴，让孩子面部向下，而不是奶瓶向上，需要孩子用牙齿顶着喝。

1 岁以后，不要让宝宝养成用奶瓶躺着喝奶和含着奶嘴睡觉的习惯。最好是改用杯、碗喝奶，这样就不容易造成宝宝日后牙齿排列不理想的情况。

口水宝宝怎么办

宝宝即将要长牙齿的时候，牙床会不舒服，导致口水一直流下来。由于小宝宝的皮肤极易受外界因素的影响，如果一直有水停在下巴、脸部，又没有及时擦干的话，就容易引起湿疹。因此，建议父母尽量看到宝宝流口水就擦掉，但不是用卫生纸搓，只需轻轻按干就行了，以免擦破皮。

如果用清洁用品洗脸，一天一次就行，以免皮肤变得太干燥，而且尽量不要用有疗效的药膏擦宝宝的皮肤，洗完澡后以乳液保护肌肤即可。

拿什么给宝宝磨牙

4～7个月，宝宝开始长牙了，要到3岁前后20颗乳牙才能全部长好。安静的宝宝开始流口水，烦躁不安，喜欢咬坚硬的东西或啃手，这时要给他点东西练练牙。

1. 柔韧的条形地瓜干

这是寻常可见的小食品，正好适合宝宝的小嘴巴咬，价格又便宜。买上一袋，任他咬咬扔扔也不觉可惜。

2. 水果条、蔬菜条

新鲜的苹果、黄瓜、胡萝卜或西芹，切成手指粗细的小长条，清凉又脆甜，还能补充维生素，可谓宝宝磨牙的上品。

3. 磨牙饼干、手指饼干或其他长条形饼干

既可以满足宝宝咬的欲望，又可以让他练习自己拿着东西吃。有时，他还会很乐意拿着往妈妈嘴里塞，表示一下亲昵。要注意的是，不要选择口味太重的饼干，以免破坏宝宝的味觉培养。

4. 妈妈的手

妈妈洗净自己的双手，用一根手指轻轻来回按摩宝宝的牙床，这对减轻宝宝的疼痛非常有效。小宝宝似乎都有过抓住爸爸妈妈的手使劲咬的经历，而且许多父母也乐意把这当一个小游戏。

宝宝的尿提示了什么

吃奶充足的小儿，小便的次数和量较刚出生时增多，尿的颜色也多趋于正常，为清澈、透明、无色尿。

如果母乳不足或人工喂养的孩子牛奶过浓，或天气热小儿出汗多，则小便颜色也可略呈淡黄色，提示小儿水分摄入不足。这时，母乳喂养儿应增加喂母乳的次数，人工喂养儿则应适当多喝点水，同时也要注意牛奶配制不能过浓。

要记得给宝宝穿袜子

对于不会走路的婴儿来说，体温调节功能尚未发育成熟，产生热量的能力较弱，而散热能力较强，加上体表面积相对较大，更容易散热。当环

境温度略低时，小婴儿的末梢循环就不好，摸摸小脚都是凉凉的。如果给婴儿穿上袜子，可以起到一定的保暖作用，避免着凉，孩子也觉得舒服。因此，家里的空调最好保持在 26～28℃。如果温度太低，宝宝又光着脚的话，很可能会导致宝宝着凉、拉肚子。而带宝宝出门散步时，也应给他穿上袜子，因为当起风或阴天时，宝宝不穿袜子也容易着凉。

给宝宝穿旧衣服

别人穿过的衣服在柔软性、舒适性等方面肯定胜过新衣服，宝宝皮肤特别娇嫩，会更适应旧衣裳。另外，经过洗涤多次的旧衣服基本上消除了甲醛、铅等安全隐患，可以放心穿着。但父母最好是挑选健康孩子的旧衣裳，要多洗两次再给孩子穿。除此，宝宝的衣服可以选择稍微大一点的，这样宝宝穿着宽松、方便，行动起来不会被束缚。关键是宝宝发育速度快，不会因为衣服过紧而引起皮炎。

预防宝宝吸吮手指的方法

母亲在喂哺时，要留意不仅给孩子营养，还要给予足够的爱和温暖。母乳喂哺是最佳的选择。

奶嘴洞口的大小要适中，不可太大，要让婴儿有足够的时间，满足吸吮的需要。

母亲在喂哺时，心境要保持平和，不急不躁，以免给婴儿造成压力。

当婴儿睡醒后，不要让他单独留在床上太久，以免孩子感到无聊而把手放进嘴里，养成吸吮手指的习惯。

当婴儿有吸吮手指的倾向时，尽量把他的手指轻轻拿开，并用玩具或其他东西吸引他的注意力。

为幼儿着想，父母应利用空闲时间和他谈话、唱儿歌、玩积木或看图书等，让幼儿在游戏活动中忘记吮手指。

在孩子刚有吸吮手指的倾向初期，把衣袖拉长遮盖着手指也是可行的措施。在手指上涂上苦、辣味的药，使孩子放弃吮手指的方法，不是不可行，但要特别留神，因为有很多外用的药物是不能舔食的，因此使用时要特别小心，以免发生意外。

常和父亲相处的女孩智商高

这是父亲对孩子特殊的教养方式和父亲的人格力量决定的。在与孩子玩的过程中，父亲往往比母亲更具创造性，而且动态性更强。社会学家发现，和父亲联系紧密的女孩，自信心、独立性、社交能力都很强，而且父亲在人际交往中的坦诚、粗犷、对新事物的探索精神和向往实现自我价值等优良品质，对女孩能起到潜移默化的影响。

疾病的预防与急救

准备一个家庭急救箱

当家人突遇疾病的时候，除了掌握必要的急救措施外，如果家里配备有一个急救箱，会给你带来很多方便。即使是应付常见的小伤小病，也能得心应手。

配置方法：

首先要准备一些消毒好的纱布、绷带、胶布，脱脂棉也要选购一些备用。如有条件，最好准备一块边长 1 米左右的大三角巾。

体温计是常用的量具，必须准备。医用的镊子和剪子也要相应地配齐，在使用时用火或酒精消毒。

外用药大致可配置酒精、紫药水、红药水、碘酒、烫伤膏、止痒清凉油、伤湿止痛膏等。

内服药大致可配置解热、止痛、止泻、防晕车和助消化等药品。

食物中毒怎么办

家人一旦出现食物中毒的症状，千万不要惊慌失措，要针对引起中毒的食物以及吃下去的时间长短，及时采取应急措施。

1. 催吐

如食物吃下去的时间在一至两小时内，可采取催吐的方法。具体方法是立即取食盐 20 克，加开水 200 毫升，冷却后一次喝下。如不吐，可多喝几次，促进呕吐；也可用鲜生姜 100 克，捣碎取汁，用 200 毫升温水冲服。如果吃下去的是变质的荤食品，可服用十滴水来促进迅速呕吐；还可以用筷子、手指或鹅毛等物品来刺激咽喉，引发呕吐。

2. 导泻

如果病人吃下中毒的食物时间超过两小时，且精神尚好，则可服用些泻药，促使中毒食物尽快排出体外。一般用大黄 30 克，一次煎服，老年患者可选用元明粉 20 克，用开水冲服。

3. 解毒

如果是吃了变质的鱼、虾、蟹等引起的食物中毒，可取食醋 100 毫升，加水 200 毫升，稀释后一次服下；还可采用紫苏 30 克、生甘草 10 克煎服。若是误食了变质的饮料或防腐剂，最好的急救方法是用鲜牛奶或其他含蛋白质的饮料灌服。

触电怎么办

发现有人触电后，应立即切断电源，或用不导电的竹竿、木棍将导电体与触电者分开。在未切断电源或触电者未脱离电源时，切不可直接触摸触电者。

对呼吸或心跳停止者，应立即进行拳击复苏或口对口人工呼吸和心脏胸外挤压急救法，直至呼吸和心跳恢复为止。

在就地抢救的同时，尽快向医疗单位求援，有条件时应直接输氧，还可采用针刺人中和十宣穴的抢救方法。

手指切伤

如果出血较少且伤势并不严重，可在清洗之后，以创可贴覆于伤口处。不主张在伤口上涂抹红药水或止血粉之类的药物，只要保持伤口干净即可。

若伤口大且出血不止，应先止住流血，然后立刻送往医院。具体止血方法是：伤口处用干净纱布包扎，捏住手指根部两侧并且高举过心脏，因为此处的血管是分布在左右两侧的，采取这种手势能有效地止住出血。使用橡皮止血带效果会更好，但要注意，每隔20～30分钟必须将止血带放松几分钟，否则容易引起手指缺血坏死。

家庭急救的几项禁忌

急性腹痛忌用止痛药，以免掩盖病情，延误诊断，应尽快去医院查诊。

腹部受外伤内脏脱出后忌立即复位，须经医生彻底消毒处理后再复位，以防止感染而造成严重后果。

使用止血带结扎忌时间过长，止血带应每隔1小时放松1刻钟，并作记录，防止因结扎肢体过长造成远端肢体缺血坏死。

昏迷病人忌仰卧，应使其侧卧，防止口腔分泌物、呕吐物吸入呼吸道引起窒息，更不能给昏迷的病人进食、进水。

心源性哮喘病人忌平卧，因为平卧会增加肺脏瘀血及加重心脏负担，使气喘加重，危及生命。应取半卧位，使下肢下垂。

脑出血病人忌随意搬动，这会使出血加重，应平卧，抬高头部，即刻送医院。

小而深的伤口忌马虎包扎，若被锐器刺伤后马虎包扎，会使伤口缺氧，导致破伤风杆菌等厌氧菌生长，应清创消毒后再包扎，并注射破伤风抗毒素。

腹泻病人忌乱服止泻药，在未消炎之前乱用止泻药，否则会使毒素难以排出，肠道炎症加剧。应在使用消炎药之后再用止泻药。

酒精中毒

对于昏迷者，要确保气道通畅。

如果患者出现呕吐，立刻将其置于稳定的侧卧位，让呕吐物流出。

保持患者的身体温暖，尤其是在潮湿和寒冷的情况下。

检查呼吸、脉搏及反应程度，如有必要立即使用心肺复苏术。

将患者置于稳定的侧卧位，密切监视病情，每10分钟检查并记录呼吸、脉搏和反应程度。

胃穿孔

特别是春节期间由于情绪波动或暴饮暴食之后，胃溃疡患者很容易并发胃穿孔，一旦发生，在救护车到达之前，应做到以下几点：

不要捂着肚子乱打滚，应朝左侧卧于床。理由是穿孔部位大多位于胃部右侧，朝左卧能有效地防止胃酸和食物进一步流向腹腔，避免病情加剧。

如果医护人员无法及时到达，现场又有些简单的医疗设备，病人可自行安插胃管。具体方法是，将胃管插入鼻孔，至喉咙处，边哈气边用力吞咽，把胃管咽入胃中。然后用针筒抽出胃里的东西，这样能减轻腹腔的感染程度，为病人赢得治疗时间，记住此时病人也必须朝左侧卧。

木刺

注意有无木刺残留在伤口里，如果有残留就可能使伤口化脓，被刺伤口往往又深又窄，有利于破伤风细菌的侵入繁殖和感染，故必须取出异物，消除隐患。

手指被扎进木刺后，如果确实已将木刺完整拔出，可再轻轻挤压伤口，把伤口内的瘀血挤出来，以减少伤口感染的机会。然后用碘酒消毒伤口的周围一次，再用酒精涂擦两次，用消毒纱布包扎好。如果伤口内留有木刺，在消毒伤口周围后，可用经过火烧或酒精涂擦消毒的镊子设法将木刺完整地拔出来。如果木刺外露部分很短，镊子无法夹住时，可用消毒过的针挑开伤口的外皮，适当扩大伤口，使木刺尽量外露，然后用镊子夹住木刺轻轻向外拔出，将伤口再消毒一遍后用干净纱布包扎。

为预防伤口发炎，最好服新诺明2片，每日2次，连服3~5天。若木刺刺进指甲里时，应到医院里由医师先将指甲剪成V形再拔出木刺。

被较长的木刺刺伤后，应到医院注射破伤风抗毒素（TAT），以防万一。

眼中异物

灰尘、煤屑、谷物、金属碎屑等异物进入到眼睛，眼睛就会睁不开、流泪、疼痛、怕光、有异物感，十分难受，急忙之中用手揉挤，想将异物揉出，其实这种做法使不得。因为异物在眼里经过揉挤就可能损伤脆弱而敏感的角膜，造成角膜溃疡、感染，影响视力。揉挤还会使眼睛充血，结膜水肿。此外手上有许多细菌，揉眼时会把细菌带进眼里，引起炎症。

洗澡时突感眩晕的急救法

出现这种情况不必惊慌，只要立即离开浴室躺下，并喝一杯热水就会慢慢恢复正常。

如果情况较严重，要放松休息，取平卧位，最好用身边可取到的书、衣服等把腿垫高。待稍微好一点后，应把窗户打开通风，用冷毛巾擦身体，从颜面擦到脚趾，然后穿上衣服，头向窗口，就会恢复。

注意事项：

为防止洗澡时出现不适，应缩短洗澡时间或间断洗澡。另外，洗澡前喝一杯温热的糖开水。

有心绞痛、心肌梗塞等心脏病的患者避免长时间洗澡。

平时注意锻炼身体，提高体质，稳定肌体神经的调节功能。

为了预防洗澡时突然昏倒，浴室内要安装换气风扇，这样可保持室内空气新鲜。

洗澡时禁忌吸烟，洗完之后立即离开浴室。

崴脚的急救

一旦发生踝关节扭伤，正确的紧急处理方法如下：

立即停止行走、运动或劳动等活动，取坐位或卧位，同时可用枕头、被褥或衣物、背包等把足部垫高，以利静脉回流，从而减轻肿胀和疼痛。

立即用冰袋或冷毛巾敷局部，使毛细血管收缩，以减少出血或渗出，从而减轻肿胀和疼痛。

冷敷的同时或冷敷后可用绷带、三角巾等布料加压包扎踝关节周围。亦可用数条宽胶布从足底向踝关节及足背部粘贴，固定踝关节，以减少活动度。无论包扎或用胶布粘贴均应使受伤的外踝形成足外翻或受伤的内踝形成足内翻，以减轻对受伤的副韧带或肌肉的牵拉，从而减轻或避免加重损伤。

如已发生或怀疑发生骨折，应选用两块长约30厘米的木板或硬纸板分别放在受伤部位的内外两侧，并在受伤部位加放棉垫、毛巾或衣物等，然后再用绷带或三角巾等物把两块木板固定结扎。如为开放性骨折应加压包扎止血后再将骨折处固定。

受伤后切忌推拿按摩受伤部位，切忌立即热敷，热敷需在受伤24小时后开始进行。

最好用单架把伤员送往医院进一步诊断救治。必要时可拨打急救电话120，请专业急救人员作进一步处理。

中暑的急救措施

首先应将患者迅速搬离高温环境到通风良好而阴凉的地方，解开患者衣服，用冷水擦拭其面部和全身，尤其是分布有大血管的部位，如颈部、腋下及腹股沟，可以加置冰袋。给患者补充淡盐水或含盐的清凉饮料，或用电扇向患者吹风，或将患者放置在空调房间（温度不宜太低，保持在22～25℃）。同时用力按摩患者的四肢，以防止血液循环停滞。当患者清醒后，给患者喝些凉开水，同时服用十滴水或人丹等防暑药品。对于重度中暑者，除立即把其从高温环境中转移到阴凉通风处外，应将患者迅速送往医院进行抢救，以免发生生命危险。

煤气中毒的急救

迅速打开门窗使空气流通，把中毒者转移至通风处，同时注意保暖，保证呼吸道通畅，及时给氧，必要时做人工呼吸。

心绞痛的急救护理

心绞痛发作时，应就地停止活动，给予硝酸甘油舌下含化，严重者采取半卧位，绝对安静休息，注意保暖，室温不宜过低。

心绞痛缓解后应鼓励病人适当活动，如散步、气功等，以增加冠状动脉的血液循环，但应避免跑步等剧烈运动。心绞痛的饮食要限制热量，给予低动物脂肪、低胆固醇、少糖、少盐、适量蛋白质的食物，并需少量多食，不宜过饱，应戒烟酒，不饮浓茶、咖啡，避免辛辣刺激食物。若心绞痛持续不缓解，应及时到医院就诊，以防发生心肌梗塞。

指甲受伤的急救法

在日常生活中，常有指甲被挤掉的意外事故发生，或者是指甲缝破裂出血。

急救措施：

指甲被挤掉时，最重要的是防止细菌感染。应急处理时，首先把挤掉指甲的手指用纱布、绷带包扎固定，再用冷袋冷敷。然后把伤肢抬高，立即去医院。

指甲缝破裂出血，可用蜂蜜兑温开水，搅匀，每天抹几次，就可逐渐治愈。

如果是因外伤引起指甲床下出血，血液未流出，使甲床根部隆起，疼痛难忍不能入睡时，可在近指甲根部用烧红的缝衣针扎一小孔，将积血排出，消毒后加压包扎指甲。

火烧伤

如果衣服着火，注意不要让伤者跑动，因为这样做会煽起火焰。用一条大毯子、衣服、抹布或类似物覆盖大火。当衣服已经烧着时，应该将衣服脱去，但要留下与身体粘着的部分。用潮湿被单或类似物将伤者包裹，送医院检查。

如果皮肤已经烧坏，要用一块干净的垫子覆盖其上以保护伤处，减少感染的危险。如果患者烧伤的程度十分严重，有些皮肤已经出现炭化的迹象，这时千万不要触动患处，避免因处理过多，造成患处的二次损伤。

烫伤

首先要用冷水冲走热的液体，局部降温10分钟，并用一块干净、潮湿的敷料覆盖。如果口腔烫伤，由于肿胀可能影响呼吸道，因此急救一定要快，使患者脱离热源，置于凉爽处，并保持稳定的侧卧位，等待救援。

化学品烧伤

如果化学品烧伤皮肤时，应马上用干毛巾将残留的化学物轻轻除去，然后用大量的冷水冲洗。但有些化学品，如硫酸等能够与水起剧烈的化学反应，千万不可直接用水冲洗。

第八章　家庭美体修身小窍门

瘦脸

面部减肥操

有氧按摩：按摩过程中着重刺激睛明、太阳、四下关、颊车几个穴位，能有效预防面部赘肉横生。

准备运动：进行3分钟有氧运动。

第一步：从额头到太阳穴，双手按压3~4次。

第二步：双手中指、无名指交替轻按鼻翼两侧，重复1~2次；再以螺旋方式按摩双颊，由下颌至耳下、耳中、鼻翼至耳上部按摩，重复2次。

第三步：以双手拇指、食指交替轻挽下颌线，由左至右往返3次。

第四步：以双手掌由下向上轻抚颈部。

请腮红帮忙，让大脸变小脸

使用和肤色接近的自然色粉底打底，脸颊部位也要打得均匀，这样更利于腮红的着色，否则腮红会显得有些脏。

在颧骨部位以打圈的方式刷上稍深的腮红，腮红要逐渐晕开，和粉底自然衔接。

沿耳朵前方至下颌角的方向来回刷上稍浅的腮红，上深下浅，并充分揉开。注意深色腮红和周围色彩的衔接，均匀相融才到位。

水汪汪的大眼睛，让人忘记脸的大小

精致的眼线，长而浓密的睫毛，以及选用深浅不同的眼影，所画出来的深邃眼眸往往会使人将注意力放在眼部，相对忽略脸部轮廓的大小。

采用局部打底的方法，把比肤色稍浅的粉底打在除腮部以外的部位。

用深蓝色的眼线笔或眼影在上眼睑描画出0.3厘米左右宽的眼线。刷上浓密并有增长效果的睫毛膏，增加双眸的神采。

用亮蓝色的眼影均匀地涂在双眼皮内，在瞳孔上方点一些亮珠粉会让眼睛很有神采。

蘸取少量亮片眼影，淡淡地涂于眉骨部位，增加眼妆效果。

最后用无色的唇膏来收尾，如果自己的唇色不够漂亮，还可以用肉粉色的唇膏覆盖唇部。

冬瓜玉米瘦脸汤

原料：胡萝卜375克、冬瓜600克、玉米2个、冬菇（浸软）5朵、瘦肉150克、姜2片、盐适量。

做法：

胡萝卜去皮洗干净，切块。

冬瓜洗干净，切厚块。

玉米洗干净，切块。

冬菇浸软后，去蒂洗干净。

瘦肉洗干净，氽烫后再洗干净。

煲滚适量水，下胡萝卜、冬瓜、玉米、冬菇、瘦肉、姜片，煲滚后以慢火煲2小时，下盐调味即成。

沐浴也瘦脸

高温沐浴是瘦身的好方法，同样高温沐浴也可以瘦脸。可以每天在38℃的水温中在浴缸里沐浴，水深达心窝处，并配合瘦脸霜按摩面部，浸浴时间以20分钟为宜。

5分钟脸部消肿法

有时由于晚上临睡前喝水太多，早上起来会发现脸比平常肿了，眼皮也肿肿的，试试这套脸部消肿法，5分钟就可以解决问题。

改变平常洗脸的方式，用温水冷水交互洗脸，来促进血液循环及新陈代谢。

喝杯利尿的乌龙茶（或咖啡），将脸上多余的水分迅速排出。

用毛巾包住冰块，敷在浮肿的眼皮上3分钟，利用热胀冷缩的原理消肿。

让双下巴快消失

早上起床后，跪在床上，双膝分开同肩宽，脚尖着床，挺胸抬头，慢慢后仰，直到双手抓到双脚，身体尽量弯成弓形，保持20秒钟。注意不要张嘴，否则效果就不明显了。

工作间隙时，轻轻闭合双唇，舌尖用力顶住上腭，保持6秒钟（手摸下颏可感到肌肉绷紧）。此练习一天做几次，双下巴就会在不知不觉中消失掉。

洗澡时，在身心完全放松的情况下，一手按额部，脖子后仰，另一手蘸上浴液或抹上香皂，在颈和下巴部位由下向上做环形揉摩可以消除下巴肌肉的松弛和皱纹，效果极佳。

双下巴与全身脂肪的增多紧密相关。因此，欲消除双下巴还不能忽视全面的体育锻炼，这一点对女性来说尤其重要。

穴位按摩法

与单纯按摩不同的是，瘦脸按摩前要先抹瘦脸霜，再按压穴位并进行按摩。步骤如下：

涂上瘦脸霜，放松脸部肌肉。按摩从下颚开始，到耳边，然后再以额头为中心点向外侧按摩。眼周的按摩方法是从鼻子到眼角两侧做旋转式按摩。

用手掌或手指按压锁骨凹陷处，刺激淋巴。如果指甲太长，则用"手指肚"紧紧压住锁骨的凹陷处，3 秒钟后放开手指，连续做 3 次。

用大拇指顶起下颚两侧的凹陷处。将头部的重量全部由大拇指来支撑，也就是用大拇指托起头部，每次动作 3 秒钟，同样做 3 次。

将下颚的凹陷处往上压。顺着脸的线条向上压，让脸部线条逐渐清晰起来，动作要有力但避免戳伤下巴的凹陷处，同样做 3 次，每次做 3 秒钟。

从下颚到耳边轻轻抚摸。从下颚到耳根背后，再从鼻翼两侧到颧骨下的凹陷处，最后回到耳边，做来回的平滑按摩，共 10 个来回。

按摩额头。用食指、中指、无名指三根手指，轻轻横向按摩额头，做 10 个来回，让额头舒展开来。

内眼角用大拇指往下压。用大拇指紧紧将内眼角往下压，让眼皮的肌肉变得紧实，但注意眼睛要放松，做 3 次，每次 3 秒。

从内眼角到外眼角轻轻按压。紧实眼部肌肤，一定要沿着眼睛下方的骨线往下压。从内眼角到外眼角，由内到外地按压，做 3 次，每次 3 秒。

沿着眉骨按摩眼皮。两眉用食指轻压，要沿着眼睛的上方骨，按摩到眼尾处。同样也是做 3 次，每次 3 秒钟。

拍掉脸上的赘肉

最简单的方法是用丰富的表情来运动肌肉，例如张开大口、紧闭双唇等。25 岁以后，皮质便无法负担下赘的肌肉，所以必须以辅助手法防止下赘的肌肉，同时还可以预防皱纹。

1. 抓出脸颊的赘肉

涂上按摩霜之后，在颊骨的部分纵拉赘肉，并向外拉开。然后位置慢慢向下移，到鼻翼为止。一次动作约5秒，持续进行1分钟。

2. 伸展鼻唇沟的皱纹，使脸部光滑

双手贴在脸颊上，着重于抚平鼻唇沟的皱纹（鼻翼的细纹），皮肤以横向拉开，手掌由内向外推，至外围轮廓为止停2~3秒。反复进行1分钟。

3. 托高脸颊的赘肉

涂上按摩霜后，轻轻摩擦皮肤，其指腹须朝内侧，由颊骨部分往上推托，并进行摩擦式的按摩。一个个动作慢慢进行，持续1分钟。

4. 以指尖拍打颊骨

最后沿着眼眶，以指尖拍打颊骨，进行到太阳穴时会觉得精神舒畅。按摩后，以混合的化妆水乳液涂抹均匀，即可完成。

化妆修饰下巴

长下巴

修长的下巴显得优雅而灵秀，但下巴过长的话，易给人以冷傲、矜持、不亲和的感觉。改善的方法是，将深色粉底或胭脂自下颚和下巴最下处开始扫抹，由下而上着色渐淡，同时用同色粉抹在紧贴下唇的下凳处制造唇影，以缩短下巴，加强唇部的立体感。上粉时注意要抹匀并与肤色柔和相混，使脸廓显出自然的温润甜美。

短下巴

下巴过短，会使整张脸在视觉效果上呈现比例失调的尴尬和局促，即使五官再有光彩，也挽救不了这种缺憾。相应的美妆措施是：在整个下巴涂上较肤色浅的亮光粉底，如果下巴短而凹，涂浅色粉底时注意，愈往下颜色应愈浅。涂完粉底后可视情况再点少许亮粉提亮下巴，浅色和亮色具有扩张的效果，能使下巴看起来比实际长一些。有必要的话，可在两腮、两颊两侧施暗色粉，并与下巴处的浅亮粉底自然过渡，不留相接痕迹。一个漂亮雅致的下巴即在如此一明一暗的渲染对照下产生了。

翘下巴

从侧面观察，下巴和眉心不在同一垂直线上，而明显在垂直线前，即为翘下巴。翘下巴使整个脸部线条侧面看起来有点像弯弯的月牙儿，显得端庄不足。修饰的要点是以暗色粉淡化下巴翘起的部分，取深色粉底或胭脂抹涂于下巴尖端翘起处，将影色一直延伸至下颚，可以有效地掩饰翘下巴，使脸庞显现大方的神采。

宽下巴

　　宽下巴给人以温和稳重之感，但同时也稍嫌拘谨、钝拙。由于宽下巴的人一般人型较圆或较大，所以重塑下巴的关键是要修饰宽展的面颊。施妆时宜以暗色粉渲染两腮、下凳两边、下颚及颈部上端，以修整脸型的视觉效果。下凳正中则抹上少许浅粉色或白色粉底，注意两色之间自然融合，不露妆痕。如此，宽宽圆圆的脸蛋立刻就会显得清秀俏丽许多。

　　肉下巴

　　充满赘肉的下巴，往往是由于肥胖造成脂肪堆积或肌肉松弛所致。化妆时，应在下颌轮廓线抹暗色粉并将影色顺下颚一直延伸至颈部和喉部。

　　瘦脸只需一颗小弹珠

　　首先，每天早晚洗完脸后不要用毛巾擦干，可用手轻轻把脸拍干，拍干以后用小弹珠在脸上来回滚动，哪里的肉多就滚哪里，一个月后就会自动消失，而且有一个意料不到的效果就是，皮肤会变得超好。

　　小弹珠大概滚 10 分钟，当然如果你想更有效果的话，可以加长时间，滚完之后有热热的感觉就对了，这就是燃烧脂肪。

　　按摩瘦脸两周见效

　　这套动作不仅会纠正左右不平衡的脸型，还会提拉脸部线条，只要天天坚持，不出两周，瘦脸效果就会惊喜展现。

　　头后部：两手在头后交叉，手掌根部压在最突起的地方，吸气的时候按摩，呼气的时候放松。（5 次）

　　侧头骨：用两手拇指根部的突起按住耳后的骨头，吸气时向内侧按压，呼气时放松。（3 次）

　　头顶骨：双手交叉放在头顶，吸气。同时两手向两侧用力，好像要将头顶分裂，呼气时，放松。（3 次）

　　太阳穴：将两手拇指肚放在太阳穴上，一边吸气，一边按照内侧→前方→下方的顺序轻轻按压。（3 次）

　　前头骨：两手放在额头上。吸气时，用两个拇指按压额角，呼气时放松。（3 次）

　　额头、鼻根：用一只手抓住额头，另一只手抓住鼻根，两手交换做同样的动作。（各 10 次）

　　颧骨：两手的食指、中指、大拇指放在颧骨周围。吸气时，向外侧轻轻用力，呼气时放松。（3 次）

　　上颌：双手托腮，将咀嚼肌肉向前下方轻拉，同时嘴一张一合。（10 次）

下颌：双手托腮，将咀嚼肌肉向前下方轻拉，同时张开嘴左右活动下颌。（各 10 次）

用发型瘦脸

圆脸

特点：对于拥有一张圆脸的美眉们来说，一方面圆圆的脸蛋会显得娇小可爱，但同时也会显得肉嘟嘟的。

瘦脸方案：若要"消除"这令人不快的"肉嘟嘟"，可以在头顶或两侧增加头发的高度，使用两边不对称的设计会瘦很多，这一方法对大多数的圆脸美眉来说是很有效的。如果颈部的头发采用碎发而且头发长度合适的话看起来更美，真可谓一举两得。

长方形脸

特点：长方形的脸型上下落差较大，横向距离又小，且额头较宽。

瘦脸方案：首先将刘海的长度剪短，并且做一些纹理丰富的造型。然后用蓬松卷曲的头发突出强调脸的宽度，特别是中部的宽度，这样会改变长方形脸型的视觉效果。最后选择一些明亮、艳丽的发色，鲜亮的颜色更有助于使长脸变小脸。

正方形脸

特点：脸的纵向距离比较短，且棱角分明，缺乏柔和感，太生硬。

瘦脸方案：柔软、浪漫的卷发会让脸部线条看上去柔和许多，再以两侧的头发自然地掩饰脸部鼓突出来的"刚硬"部分。为了使脸再变长一点，可以增加头发的高度，最后再配以片染或挑染的方法点缀发式，一个走在时尚最前端的小脸美女便"横空出世"了。当然长长的碎直发也适合这种脸型，让其自然垂下，盖住脸部鼓突出来的"刚硬"的部分，便会让脸变得曲线玲珑，十分可人。

三角形脸

特点：三角形脸的特征是窄额头、宽下巴。

瘦脸方案：为了达到视觉上平衡的效果，可以在脑门以上增加头发的宽度，下巴部分则减少宽度。脸瘦了，再加上你原有秀丽与时尚，魅力指数自然不言而喻。

伸舌头瘦脸

不时伸伸舌头，可以防止形成双下巴，或把舌头用力顶牙龈，同样可以收到收紧颈部肌肤的效果，从而减少脸部脂肪累赘。每天做 10 分钟的舌头瘦脸操，脸上赘肉会扫光光。

把舌头向里面卷，使舌尖能够到达喉咙的部位；

把舌头卷起，使舌头和嘴巴里的每一个部分都能接触；

做完舌头运动后把嘴里的唾液一点点吞下去；

把舌头伸到外边，尽量伸长，使舌头几乎能够舔到鼻子或下颚。

精油瘦脸配方

把调好的精油倒在掌心搓至温热开始按摩（手上不要有残留的化妆品）。

从脸部到颈部，促进淋巴的代谢，再运用拇指和食指，从嘴角到耳朵按摩，再从鼻角到耳朵重复按压。

有两点要注意：

脸部肌肤不同于其他部位，敏感程度相对较高，在用之前请先在头颈上做试验，等5分钟看有没有瘙痒、发红、起疙瘩的过敏现象。

眼睛周围一定不要用，不小心沾上了请用大量清水洗净。

"小脸"水果

苹果：丰富的果胶有排毒功效并降低热量的吸收，此外苹果所含的钾质还可防止腿部水肿。

葡萄柚：酸性物质可以帮助消化液的增加，促进消化功能，它还含有丰富的维生素C，既可消除疲劳，又可以美化肌肤。

西红柿：含有茄红素、食物纤维及果胶成分，可以降低热量的摄取，促进肠胃蠕动。

菠萝：蛋白分解酵素相当强力，可以帮助肉类、蛋白质的消化。但空腹吃很容易造成胃壁受伤，宜在餐后吃。

香蕉：含有丰富的食物纤维、维生素A、钾等，有很好的润肠、强化肌肉、利尿软便功能。对于便秘、肌肤干燥的美眉而言，这是不错的选择。

柠檬：柠檬酸是热量代谢过程的必然参与物质，而且有消除疲劳的功能。柠檬的维生素C含量也是众所皆知的，美眉们通常用它来美白肌肤。还有，它促进肠胃蠕动的功能也是相当出众的。

喝茶瘦脸

材料：干山楂2片，适量荷叶（中药店有售）。

用法：把山楂和荷叶用水熬煮，水烧开后关火，然后就把煮好的水倒在杯子里。喝多少没有规定，但是要天天喝。

效果：可以促进脂肪代谢，瘦身减肥，降低胆固醇，对瘦脸特别有效。

穿出小脸来——颜色篇

暗色系的衣物容易使身材看起来瘦些，因此建议想成为小脸族的美女们，不妨多穿着色泽较暗或者粉色系的衣物，因为低亮度或者粉色系的上衣会衬托出脸孔五官的精致及柔和，反之，高亮度的上衣则会让五官有膨胀的视觉效果，尤其是白色或接近肤色的乳色系最好少穿。此外，上下衣物的色系最好相同，下半身的搭配可以是一件低腰牛仔裤或者裙子等，如此一来兼具时髦又可以修饰脸型。

穿出小脸来——款式篇

脸部和颈肩是视觉效果的重点，因此能够使自己看起来脸更小的领子是小脸族应该寻找的款式。荷叶领的丝质衬衫就有小脸效果，另外开襟式的领口露出女性性感的锁骨，也很合适。除此之外，U型公主领的衣服也有使脖颈与脸蛋间看起来更加修长的效果，上班族的白衬衫可以将领子立起，也有小脸效果。喜欢穿套头高领毛衣的人，则可以选择大翻领的毛衣穿，下半身搭配长裙，则会使得全身视觉有逆三角形的效果，看起来脸更精巧。此外，喜好纯白色、粉红色衣服的可以找件V字有领上衣，或领口、胸前有蝴蝶领结的衬衫，如此也有拉长、修饰脸型的效果。

穿出小脸来——质料篇

看起来较轻薄质料的衣服，比如丝质或纱笼质地的上衣，会让脸型更加有立体的修饰效果，相反，厚重的毛料、棉质衣物则会让脸部线条较重。另外，严冬时女性最爱的动物毛领大衣虽然是较重质感的衣料，但如果选择的大衣是开襟毛领或是紫色、黑色等毛绒绒的毛领大衣，则有突出小脸的效果。若是较浅的咖啡色系毛领大衣或皮衣，则可以不扣扣子的穿着方式，制造出逆三角形的视觉效果，让自己成为严冬的小脸贵妇，美丽又贵气。

穿出小脸来——花纹篇

基本上，大家都知道过于繁复的花格子及直条、横条的上衣，甚至大点与几何方块图案的衣服都容易让身材看起来更胖，相对也容易使脸蛋看起来有膨胀的视觉效果。因此尽量避掉类似图案的衣服，善用视觉效果的原则，搭配上衣及下半身时最好上衣及下身只有重点花样，避免有两种或两种以上的花纹衣裤（裙）出现，以免视觉上过于繁复、眼花，而使自己的脸看来更大。此外，大胆或是特别的花样、图案，容易使脸蛋看来更细致，可以试试。

穿出小脸来——下半身搭配篇

上半身衣服搞定了，那下面的衣服该怎么搭配呢？如果上衣选择短而合身的款式，下半身可考虑穿着长裙或者是合身的小喇叭裤，如此可以使得脸部及全身的线条是纵长的三角形效果，而七分裤也有修饰腿部线条的功效，如果脚上再搭配帅气的靴子或是细高跟鞋，那就更有拉长的视觉效果。

束腰

伪装出细腰的招术

多喝水，少喝碳酸饮料。碳酸饮料和含糖量高的饮料会让肚子鼓得像个气球。

不要一直嚼口香糖。嚼口香糖会吞下过多的空气，肚子因此会发胀而鼓出。

如果感觉排便不顺，多喝咖啡。

束身内衣、高腰束裤或腹带，可以使人看上去瘦了很多。内衣的束身效果好，不过多余的赘肉在过紧的内衣里会凸显出来，所以要避免穿太紧的内衣。

选择最适合的衣服。如果衣服太紧，可能会把肉肚子暴露，要把自己身材最好的部分显示出来，吸引别人的目光，把注意力从你发胖的腹部转移开。手臂漂亮？那就穿一件无袖的衣服。小腿匀称？那就穿一件超短裙。有迷人的肩膀？那就穿一件细吊带或干脆无吊带的上衣。

选择不会凸显腹部的面料。丝绸、人造丝、针织服装以及表面粗糙的运动衫通常都会有很好的效果，会让腹部显得平坦。

别忘了穿上高跟鞋。它会时时提醒收腹，并显出身材高挑。

约会之前紧急瘦腰

1. 转腰运动

平躺，膝盖弯起，脚板着地，手指放在耳边；仰卧起坐后上身转向左面（此刻吐气、肩膀放松），再转回正面，缓缓躺下。右边的动作也一样，各重复10次。

2. 躺卧曲膝

平躺，双手平放两侧，膝盖呈90度。吐气并将膝盖拉往右肩，回复，再拉往左肩，重复 10 次。

3. 侧弯曲膝

平躺，双手平放两侧，膝盖呈 90 度。用双脚的力量往身边右侧压至距离地板 15 厘米，吐气，回复，再吸气，往左侧压。每边重复 10 次。

最佳瘦腰食品

豆类和浆果类，比如白豆、黑浆果、干杏和南瓜都是高纤维的食品。专家认为，纤维不仅可以使人感到饱胀从而帮助减重，同时也可以防止便秘，使腹部不至显得过大。每天理想的计量是 25~35 克。

清早喝水减肚腩

早上吃早餐之前喝杯白水、淡蜂蜜水或者添加纤维素的水，能够加速肠胃的蠕动，把前一夜体内的垃圾、代谢物排出体外，减少小肚腩出现的机会。

餐前喝水减胃口

餐前喝杯水，能够减轻饥饿感，减少食物的摄入量，时间长了胃口也就小了，同时也可以补充身体需要的水分，加速新陈代谢。

下午喝水减赘肉

肥胖最主要的表现形式就是赘肉，这是因为久坐和食用过多高热量食品造成的，而下午茶时分，正是人觉得疲惫、倦怠的时候，而此时更是因为倦怠情绪而摄入不必要热量的脆弱时间段，当然代价就是赘肉。可以喝一杯花草茶来驱散这种因为情绪而想吃东西的欲望，同时花草的气味还能降低食欲，也算是为只吃七分饱的晚饭打下了埋伏。

苹果牛奶瘦腹法

适合人群：轻微超重，且肠胃健康者。

每次减肥只减两天，第三四天恢复正常饮食，然后再开始两天。一般在第一个周期内就可以看到明显的瘦腹效果。如果重复 2~3 个周期，则效果更稳定。

第一天：苹果 1 公斤（5~6 个，最多不能超过 7 个）。在这一天里，全天只能吃苹果，不能喝水，不能喝酸奶，不能吃任何东西。吃的时候将苹果洗净，然后慢慢地一小口一小口地吃。

第二天：酸奶或脱脂牛奶 1000 毫升，分成 6~7 等份，每次喝一份。全天只喝牛奶，不能吃其他任何东西，渴了就用牛奶代替水（也可牛奶、酸奶同时喝，但要注意量）。

如果达到理想的体重后，就可以用这个方法再来一遍，中间是不能喝水的，也不能把苹果和牛奶混在一起吃，必须分开吃，这样才有效。不能喝水，因为我们在减肥期间如果摄入了水分，那么身体肯定先消耗摄入的水分，而不会消耗体内的水分。吃苹果日断水，基本上减的就是身体的水分；到了喝牛奶日，水分减得差不多了，就会减到脂肪，喝牛奶日很关键，不能喝水。循环几次，体重肯定可以下来，而且会比较切实地减掉体内的脂肪。建议把这个方法放在周末实行。

简单的收腹运动

这个运动虽然简单，但非常有效。躺在地上伸直双脚然后提升，放回，不要接触地面。重复做 15 次，每日 3～4 次。

仰卧起坐练正腹肌

膝盖屈曲成 60°，用枕头垫脚。

右手搭左膝，同时抬起身到肩膀离地，做 10 次，然后换手再做 10 次。

呼吸练侧腹肌

放松全身，用鼻吸进大量空气，再用嘴慢慢吐气，吐出约 7 成后，屏住呼吸。

缩起小腹，气上升到胸口上方，再鼓起腹部将气降到腹部。

将气提到胸口，降到腹部，再慢慢用嘴吐气，重复做 5 次。

转身练内外斜肌

左脚站立，提起右脚，双手握着用力扭转身体，左手肘碰右膝。

左右交替进行 20 次。

变形的仰卧起坐运动

这个运动对下腹部肥厚的人特别有效。

躺在床尾，臀部以下留在床外，然后膝盖弯起使大腿在腹部上方。双手伸直于身体两侧，手掌朝下放在臀部的下方。接下来腹部要用力，以慢慢数到 10 的速度，把腿往前伸直，脚尖务必朝上，使身体成一直线，然后再以数到 5 的速度将膝盖弯曲，大腿回到原来的位置。注意背部、肩膀和手臂都要放松，感觉到就是肚子在用力。

缩腹走路法

首先要学习"腹式呼吸法"：吸气时，肚皮涨起，呼气时，肚皮缩紧，有助于刺激肠胃蠕动，促进体内废物的排出，顺畅气流，增加肺活量。

平常走路和站立时，要用力缩小腹，配合腹式呼吸，让小腹肌肉变得紧实。刚开始的一两天会不习惯，但只要随时提醒自己"缩腹才能减肥"，几个星期下来，不但小腹趋于平坦，走路的姿势也会更迷人。

保鲜膜减肥

这种减肥方法在日本年轻女孩中相当流行。每周进行 1~2 次。

在赘肉横陈的腹部薄而均匀地涂上白色凡士林，然后用厨房用的保鲜膜包起来，诀窍是要包得够紧，包好后用透明胶带固定。之后浸泡于浴缸，水温以 40~42℃ 为宜。只需浸泡腰部以下的部分，泡 5~15 分钟，此时包着保鲜膜的腹部会大量出汗。

泡完半身浴后剥下保鲜膜，用热毛巾擦去凡士林，用香皂洗净。然后一边冲冷水，一边用双掌有节奏地拍击腹部。

不要忘记用力时呼气。

美臀

用臀部"行走"

坐在地毯上，膝盖伸直，手向前伸展，抬头，伸右手，并以臀部移动带动右腿，向前移动，然后用左手和左腿做同样的动作，这样向前移动两三次，逐渐加大距离，可使臀部和腹部减肥。

"立剪刀"

趴在地上，双腿靠拢，抬头，挺背，稍屈双肘，撑地，快速向左转，同时使腿做"立剪刀"动作。用手掌撑地恢复原位，并使双腿靠拢。然后向右做同样动作，每遍重复 5~10 次。刚开始做时显得复杂，要做得慢些，便于全身参加活动，使臀部和大腿肌肉变得坚实。

爬楼梯

爬楼梯有很多好处，可以消耗卡路里，另外，如果走楼梯时每次踏两个阶梯，可带动大腿及臀部肌肉群，紧实臀部。

立姿蹲举

最好能有弹力绳或是跳绳辅助，如果没有，也可以空手做。

首先，双脚张开与肩同宽踩住弹力绳，双手再握住绳子放在肩上，臀部往下蹲，使大腿与小腿间约成 90 度，静止动作维持 8 秒后，再站直。至于该做多少次，就依照个人情况调整。

美臀障眼法

为了美化臀部线条，呈现提高与紧绷的效果，善用束裤是必要的。依不同臀型，束裤的选择原则如下：

臀部大者：应选择裤裆较深的长型束裤，以包住整个臀部，并修饰腰线。千万不要选择尺寸较小的束裤，以免赘肉被挤出来更不雅观。

臀部下垂：通常大腿的赘肉也会下垂，所以在补强臀形时，也必须考虑大腿的部分。建议选择布料结实、支持力强的束裤。

臀部扁平：此类型臀部主要缺点在于腰部至臀部间的曲线欠缺立体感，所以必须穿有附垫的内裤，才能看起来挺立有型。

美臀饮食

医学研究表明，足量的钾可以促进细胞新陈代谢，顺利排泄毒素与废物。当钾摄取不足时，细胞代谢会产生障碍，使淋巴循环减慢，细胞排泄废物越来越困难，加上地心引力影响，囤积的水分与废物在下半身累积，自然造成臃肿的臀部与双腿。解决这个难题有两个要点：减少钠与增加钾的摄取。过量的钠会妨碍钾的吸收，所以必须少吃太咸与太辣的食物，这些都是钠的来源。至于钾的补充，就以青菜、水果为主食，糙米饭、全麦面包、豆类与花椰菜，这些食物含有大量的钾元素，有助于排除体内多余水分，使下半身更窈窕。

美臀来自巧妙衣饰

臀部是突出女性曲线美的焦点之一，如何显示健美的臀部和隐藏有缺陷的臀部，是女性着装时不得不考虑的问题。

瘦长型通常臀围在80厘米以下，这种臀形缺少丰满的肌肉，对合体的流行款式较适合。但这种臀形缺乏丰满感，适宜选用臀部感觉分量颇重的百褶裙等款式，以扩张臀形。同时强调肩部，使之与细腰对照，产生苗条而不失丰满的衣着效果。

肥胖型通常臀围在90厘米以上，腰围在73厘米以上，腰臀间的差数不大。这类臀形的人适合穿宽松些的连衣裙，而且不要系腰带，少配戴饰物。

下垂型臀部肌肉下垂，此臀形者适合以宽腰带来强调裙子的腰部，以掩饰下垂臀部的形状。

特大型臀围可选用大披肩与下半身保持平衡，系条细小的腰带也能使背部显得宽点，这样上半身就能显出重量感，起到掩饰臀围的作用。

弓箭型即所谓翘臀，形状美好，有重量感，腿部浑圆修长，是最佳身材。这种臀形的人可选择任何一类服装，如想突出健美身材，更可选穿紧身裤。

肚皮舞跳出性感臀部

双脚分开站立，双手放在臀部。

将右腿向后迈一大步，弯曲双膝直到右腿与地面平行，左腿与右腿垂直，保持一会儿，收回右腿站好，交换两腿进行上述动作。

每组练习做 8～15 个，做两到三组，每周至少两次。

踮脚尖法

针对臀部下垂的问题，踮脚尖运动很有效。首先，身体立正，双脚并拢；然后边吸气边踮脚尖，意志力集中在大拇趾与第二趾，脚跟踮起至离地约一个半或两个拳头的距离，肛门缩紧；最后吐气，慢慢将脚跟放下，肛门随之放松。重复踮脚至放下脚跟的动作 8 次即可。

美腿

用减肥盐做腿部按摩

从市场上购买专用减肥盐，或使用粗粒食用盐。每次洗澡时用少许盐在脚踝和小腿部位反复按摩，力度以不引起疼痛为宜。每次按摩时间为 15～20 分钟，按摩后用温度较高的清水浸泡几分钟后洗净，如能使用齐膝深的坐浴桶按摩和浸泡双腿更佳。

冷热浴交替法

盆浴或泡腿时，先在 38～48℃ 的热水中浸泡 5～10 分钟，让身体出汗。然后在冷水中淋浴或浸泡 3～12 分钟，使表皮温度下降。休息 15 分钟体温恢复正常后再重复 2～3 次。

每周可做 2～3 次，收效明显。但不可在饭后 1 小时内或过于饥饿时进行。

10 秒钟瘦腿绝对计划

瘦整个大腿

以立正的姿势站立，两手放在身体两侧。弯曲膝盖，两手碰触脚趾（此时不要太用力）。诀窍在于，不弯曲背部肌肉，只弯曲膝盖，再轻轻回到原来的姿势。这个动作大约为 3 秒，刚开始做的时候，以 10 秒钟做 3 次为目标，习惯后再加速。

瘦大腿内侧

从立正的姿势开始，将右脚向前跨一步，轻弯膝盖。两手插在腰上。跳起的同时左右脚互换（此时注意背部要挺直）。边数一二边跳起来两脚互换。刚开始做的时候以 10 秒钟做 10 次为目标，习惯后再加快速度。

瘦大腿内外侧

以立正的姿势站立，右脚伸直向右抬起，同时左手伸直向左抬起，此时注意身体的平衡。诀窍在于，腿部要使劲，轻轻回到原来的姿势。另外一侧同样做一遍。这个动作大约为 2 秒。刚开始做的时候，以 10 秒钟做 5 次为目标，习惯后加快速度。

利用复印空当的瘦腿操

通常在复印大量资料时，要花费很多时间，这时可利用空当做瘦腿操。

做法：

首先立正站好，左脚弯曲，用左手抓左脚脚背，并尽量贴到臀部，与地板成垂直，维持 10 秒钟。

然后换另一脚做相同动作，可重复数次。

久坐椅子的瘦腿法

上班族长时间地坐在办公桌前，腿部容易因缺乏运动而变胖，可利用坐着的机会做些运动，达到消除疲劳及瘦腿的双重效果。

做法：

坐在椅子上，两手扶着椅子两边，固定住身体，抬起一脚并伸直膝盖静止 30 秒钟。

然后换另一脚做相同动作。

需要注意的是，在伸直膝盖的同时，不可挪移膝盖的位置。

良好走姿的瘦腿秘诀

走姿对后天腿形会有很大的影响。走姿内八字的人，就容易变成开开的 O 形腿，走姿外八字的人，则容易变成怪怪的 X 形腿，所以走姿正确是美姿必修课。

女性正确走姿：

穿上高跟鞋，上半身挺直（注意姿势，不要前倾或后仰），吸气收小腹，把气停在胸腔的位置。

以大腿的力量，将大腿轻轻抬起带动小腿往前跨出步伐。切记大腿一定要抬起来，这样步伐才不会沉重疲累，而是干脆、轻盈。

跨步着地时，记得不要用脚跟或脚尖着地，要用脚板中间的部位着地才是正确的。这不但会让走路时对双腿产生的压力减轻，更是穿高跟鞋必备的礼貌，将鞋跟着地所产生的不悦耳噪音降至最低。

两脚交互跨出时，不一定要成直线，只要各脚自然往前走即可。两手则放松垂下，自然摆动，看起来就很大方了。

袜子搭配出美腿

袜子在整体的视觉效果上能给人以很大的影响，各款袜子只要搭配得宜，可以让双腿看起来更高挑修长。

上半身与下半身色系要协调，鞋子的颜色和袜子也要搭配，长度也要注意长裤配长靴。短靴配短或中长袜，都可让腿更修长。如果服装很有特色，可借由袜子来突出一下，如花纹衣＋花纹袜、格纹衣＋格纹袜。

袜子的穿法不是一成不变的，两层袜子穿搭也很酷，色系以深色＋深色、浅色＋浅色或内深外浅色为宜。颜色或款式很出位的袜子对腿型要求很高，对自己腿型没有自信的女孩不可轻易尝试。匀称的双腿才能衬出袜子的美感，所以健康的女孩平常别忘了多用心运动保养双腿。

白菜＋米醋瘦腿

材料：圆白菜2片、芹菜3根、米醋半勺、砂糖和盐少许。去除圆白菜的硬芯，切成细丝，芹菜切成小段备用。

做法：将切好的圆白菜和芹菜放入容器内，淋上搅拌过的米醋即可。

向萝卜腿说再见的美腿操

方法一：

坐在床上或地上；

将一只腿竖起放轻松；

用手掌由脚踝处往上摩擦小腿肚；

两手抓住整个小腿由下往上按摩，因按摩有促进脂肪分解、消除浮肿和疲劳的效果，可于睡前养成按摩的习惯。

方法二：

坐在地上或床上；

双脚伸直（此时应该是脚尖朝上）；

用双手握住脚尖部份向自己的方向拉（双脚不可弯曲）；

持续约20秒，可反复10次，这样能让小腿肚结实均匀，使脚踝变细。

久站的小腿不粗法

双手贴着墙壁，将脚尖向上翘，顶在墙壁上，身体往前倾，好像在拉小腿筋的感觉。此时小腿会感到非常酸，重复此动作5分钟，有助于小腿纤瘦。

9 分钟美腿操

下面介绍的这套操简便易学，行之有效，每天坚持锻炼 9 分钟。

大腿前部

直立，两手在脑后交叉或收在耳后，深深地吸口气。

向前迈出一步，同时下蹲。上体保持正直，大腿前部用力，稍停，吸气还原。左右腿交替进行。

大腿后部

屈膝屈肘俯卧。一腿单膝支撑身体，另一腿上抬，与身体成直线，吸气。

边呼气边弯举小腿，同时大腿后部肌肉用力收紧，稍停，还原。左右腿交替进行。

臀部

双手撑地，一腿屈膝撑地，一腿屈膝尽量靠近腹部，背不要提起，吸气。

一边呼气，一边将胸腹前的腿向后举起，至大腿与躯干成一直线，臀部用力。左右腿交替进行各 10 次。

大腿内侧

仰卧，一腿屈膝撑地，另一腿勾脚尖直腿向上举起。

边吸气边慢慢地把高抬的腿向外侧展开，大腿内侧肌肉用力收紧。呼气，还原。左右腿交替进行各 10 次。

小腿肚

双脚稍分开站立在台阶上，脚跟下垂，吸气。

边呼气边提脚跟，至水平处止，稍停。平衡好的人可双手插腰做，但不能拱背。

保鲜膜也美腿

在大腿及大腿和臀部相连处涂抹脂肪分解凝胶。

涂好后缠上有弹力的绷带。

大约 45 分钟后去掉弹力绷带。

用保鲜膜将腿全部裹住。出过汗后拿去保鲜膜，用冷湿毛巾擦汗，会感觉腿部肌肤更加光滑，富有弹性。

挑着吃

腿部变粗，跟日常饮食也有很大关系，如果想双腿变得纤瘦，不要贪吃，要挑着吃才行，在饮食方面注意以下几点：

蛋白质有助于肌肉生长，因此应多吃含蛋白质食物，如肉类及大豆制品等。但吃肉时，应去除肥肉，以免过多的脂肪积聚身体，导致肥胖。

吃含钙质的食物，如牛奶可预防骨质疏松。

多吃含钾的食物，钾可帮助把多余的水分排出体外，香蕉、大豆、菠菜、紫菜等均含大量的钾。

不喝含太多糖分的饮料或罐装果汁，因为糖分会转化成脂肪。吃水果时也要选取一些糖分含量较低的，如苹果、橙、西瓜等。

不摄取过多的盐分，因为盐分会使体内积水，形成水肿，所以应少吃薯片、香肠、咸鱼等高盐分食品。